高等学校数字媒体专业规划教材

Illustrator CS6 实训教程

夏敏 鲁娟 叶蕾 编著

清华大学出版社

北京

内 容 简 介

本书以 Illustrator CS6 软件的各项功能为纵向主线,以"知识准备—任务实践—独立练习"为横向结构,通过大量精选的实例来讲解 Illustrator CS6 软件在平面设计中的实际运用。

全书内容丰富、结构清晰、操作性强,精选平面设计中常见的案例进行讲解,主要案例涉及标志设计、贵宾卡设计、贺卡设计、名片设计、杂志内页设计、菜单封面设计、插画设计、包装设计、产品设计等。光盘中收录了本书中所有的实例源文件和素材,另外,本书的 PPT 教案可在清华大学出版社网站(www.tup.com.cn)上下载,供广大读者学习。

本书适合作为高职高专院校以及本科院校计算机、平面设计、多媒体专业学生的教材或参考用书。

图书在版编目(CIP)数据

Illustrator CS6 实训教程/夏敏,鲁娟,叶蕾编著. — 北京:清华大学出版社,2014(2020.2重印)
高等学校数字媒体专业规划教材
ISBN 978-7-302-36817-5

Ⅰ. ①I… Ⅱ. ①夏… ②鲁… ③叶… Ⅲ. ①图形软件—高等学校—教材 Ⅳ. ①TP391.41

中国版本图书馆 CIP 数据核字(2014)第 124306 号

责任编辑:张 玥 薛 阳
封面设计:何凤霞
责任校对:时翠兰
责任印制:刘海龙

出版发行:清华大学出版社
　　　网　　址:http://www.tup.com.cn,http://www.wqbook.com
　　　地　　址:北京清华大学学研大厦 A 座　　　　邮　　编:100084
　　　社 总 机:010-62770175　　　　　　　　　　邮　　购:010-62786544
　　　投稿与读者服务:010-62776969,c-service@tup.tsinghua.edu.cn
　　　质量反馈:010-62772015,zhiliang@tup.tsinghua.edu.cn
　　　课件下载:http://www.tup.com.cn,010-83470236
印 装 者:北京九州迅驰传媒文化有限公司
经　　销:全国新华书店
开　　本:185mm×260mm　　　　印　张:17.25　　　　字　　数:400 千字
　　　　　(附光盘 1 张)
版　　次:2014 年 12 月第 1 版　　　　　　　　　　印　　次:2020 年 2 月第 8 次印刷
定　　价:39.00 元

产品编号:056502-01

前言

  Illustrator 是目前在平面设计、印刷出版、专业插画、多媒体图像处理和互联网页面制作等方面应用最广泛的软件之一，也是目前各类本、专科院校平面设计类专业广泛开设的重要课程。但是目前市面上的教材或注重基础知识的讲解而忽视了实践操作，或注重实例的练习而忽略了系统的知识结构，无法较好地满足教学的要求。

  本书以 Illustrator CS6 的各项功能为纵向主线，以"知识准备—任务实践—独立练习"为横向结构，不仅系统讲解了理论知识，而且通过任务实践提高学生的动手能力，最后通过独立练习使学生将书本知识转换为自身的能力。本书中的案例均为作者精心挑选的平面设计中常见的案例，涉及标志设计、贵宾卡设计、贺卡设计、名片设计、杂志内页设计、菜单封面设计、插画设计、包装设计、产品设计等。

  全书共分为 10 章：内容包括认识 Illustrator CS6、绘制与编辑图形、图形的填色与描边、图形的高级编辑、文字的编辑与处理、符号与图表的应用、图层与蒙版、图形特效的运用、Web 图形对象以及综合实例。其中第 1～5 章、第 8 章由夏敏编写，第 6、7 章由鲁娟编写，第 9、10 章由叶蕾编写。参与本书编写的还有郭俐、芦娟、程永恒等。

  光盘中收录了本书中所有的实例源文件和素材，PPT 教案可在出版社网站上下载，供广大读者学习。

  本书适合作为高职高专院校以及本科院校计算机、平面设计、多媒体相关专业学生以及平面设计爱好者的教材或参考用书。

  由于时间仓促，本书中难免会有疏漏和不足之处，希望读者能够多提宝贵意见。

编 者

目录

目录

目录

目录

目录

目录

目录

第 1 章　认识 Illustrator CS6

本章学习目标
- 了解图形图像基础知识
- 了解 Illustrator CS6 软件的工作界面
- 掌握 Illustrator CS6 软件的基本操作方法
- 掌握标尺、网格和参考线等辅助工具的使用方法

　　Illustrator CS6 是 Adobe 公司推出的一种应用于出版、多媒体和在线图像的工业标准矢量插画的软件,作为一款非常好的图片处理工具,Illustrator 广泛应用于印刷出版、专业插画、多媒体图像处理和互联网页面的制作等,也可以为线稿提供较高的精度和控制,适合生产任何小型设计到大型的复杂项目。本章首先介绍图形图像的基础知识,然后介绍 Illustrator CS6 软件的工作界面、基本操作方法以及辅助工具的使用方法,最后通过任务实践来使读者掌握 Illustrator CS6 软件的基本操作方法,以及标尺、网格和参考线等辅助工具的使用方法。

1.1　知识准备

1.1.1　图形图像基础知识

　　在学习 Illustrator CS6 软件之前,了解图形图像的一些基础知识是非常重要的。

1. 矢量图与位图

　　位图图像,也称为点阵图像或绘制图像,是由称作像素(图片元素)的单个点组成的。这些点可以进行不同的排列和染色以构成图样。当放大位图时,可以看见赖以构成整个图像的无数单个方块。扩大位图尺寸的效果是增大单个像素,从而使线条和形状显得参差不齐。然而,如果从稍远的位置观看它,位图图像的颜色和形状又显得是连续的。一般情况下,位图是工具拍摄后得到的,如数码相机拍摄的照片。

　　矢量图使用直线和曲线来描述图形,这些图形的元素是一些点、线、矩形、多边形、圆和弧线等,它们都是通过数学公式计算获得的。例如,一幅花的矢量图形实际上是由线段形成外框轮廓,由外框的颜色以及外框所封闭的颜色决定花显示出的颜色。矢量图只能靠软件生成,如 Illustrator、CorelDRAW 等。

矢量图与位图最大的区别是：位图会受到分辨率的影响,当位图放大到一定级别时会出现马赛克现象。而矢量图不受分辨率的影响,无论放大多少倍都不会失真。图1.1显示了不同放大级别位图与矢量图的区别。

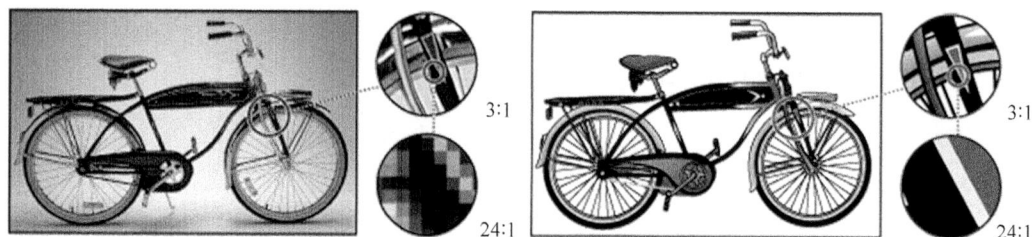

图1.1　不同放大级别位图与矢量图的区别

2. 颜色模式

颜色模式,是将某种颜色表现为数字形式的模型,或者说是一种记录图像颜色的方式。在Illustrator CS6中常用的颜色模式有:RGB、CMYK、HSB和灰度等。

RGB颜色模式:颜色是由红(R)、绿(G)、蓝(B)三原色混合而成的颜色模式。R、G、B颜色的取值范围均为0～255。当R、G、B值为0时,颜色为黑色;当R、G、B值都为255时,颜色为白色;当R、G、B值相等时,颜色为灰色。该模式主要用于屏幕显示或作为网页素材等情况。

CMYK颜色模式:是一种印刷模式。其中4个字母分别指青(Cyan)、洋红(Magenta)、黄(Yellow)、黑(Black),在印刷中代表4种颜色的油墨。CMYK颜色模式的取值范围用百分数来表示,当C、M、Y、K值都为0%时,颜色为白色,当C、M、Y、K值都为100%时,颜色为黑色。

HSB颜色模式:由色相、饱和度和亮度来表现色彩的颜色模式。H代表色相(Hue),指物体的固有色,如红、黄、蓝等,取值范围为0°～360°;S代表饱和度(Saturation),指色彩的纯度,取值范围为0%(灰色)～100%(纯色);B代表亮度(Brightness),指色彩的明暗程度,取值范围为0%(黑色)～100%(白色)。

灰度模式:由黑、白、灰构成的色彩模式,不包含任何其他色彩信息。在Illustrator CS6中,灰度模式的取值范围为0%～100%,0%为白色,100%为黑色,中间是不同程度的灰色。

3. Illustrator 支持的文件格式

文件格式是指文件在计算机中的存储方式,每种文件格式都有自身的特点和用途。Illustrator CS6中常用的文件格式有以下几种。

AI文件格式:是Adobe公司发布的矢量软件Illustrator的专用文件格式,用于保存矢量图形。它的优点是占用硬盘空间小,打开速度快,方便格式转换。

SVG文件格式:是一种可缩放的矢量图形格式。它是一种开放标准的矢量图形语言,可任意放大图形显示,边缘异常清晰,文字在SVG图像中保留可编辑和可搜寻的状态,没有字体的限制,生成的文件很小,下载很快,十分适合用于设计高分辨率的Web图形页面。

EPS文件格式:EPS文件格式是Encapsulated PostScript的缩写,是跨平台的标准格式,扩展名在 PC 平台上是 eps,在 Macintosh 平台上是 epsf,主要用于矢量图像和光栅图像的存储,EPS 格式常用于印刷或打印输出。

　　PDF 文件格式:便携文件格式,是由 Adobe 公司开发的、独特的跨平台文件格式。PDF 文件是以 PostScript 语言图像模型为基础,无论在哪种打印机上都可保证精确的颜色和准确的打印效果,即 PDF 会忠实地再现原稿的每一个字符、颜色以及图像。PDF 文件格式可以将文字、字形、格式、颜色及独立于设备和分辨率的图形图像等封装在一个文件中。该格式文件还可以包含超文本链接、声音和动态影像等电子信息,支持特长文件,集成度和安全可靠性都较高。

1.1.2　Illustrator CS6 的工作界面

　　Illustrator CS6 的工作界面主要包括:菜单栏、应用程序栏、工具箱、控制面板、绘图画板、浮动面板和状态栏这几个部分,如图 1.2 所示。

图 1.2　Illustrator CS6 的工作界面

　　1. 菜单栏

　　菜单栏位于工作界面的最顶部,共包括 9 个菜单命令,每个菜单中包含一系列子命令,在使用菜单命令时,要先选定对象,然后选择相应的命令即可。

　　2. 应用程序栏

　　应用程序栏位于菜单栏的右侧,其中"转到 Bridge"命令 Br 可以打开浏览图像的 Bridge 程序;"排列文档"命令 可以排列打开的多个文档;"工作区"命令 基本功能 可以切换 Illustrator CS6 的工作环境。

　　3. 工具箱

　　默认状态下,工具箱位于工作区域的最左侧,可以根据需要拖动到工作界面的任意位置。工具箱中包含几十种用于绘制和编辑图形的工具,如图 1.3 所示。根据用途的不同,可以将工具箱中的工具分为选择工具、绘图工具、变形工具、上色工具、符号与图表工具、视图工具、填色与描边工具、绘图模式工具和屏幕模式工具等几大类,每一个类别都用一条横线进行划分。

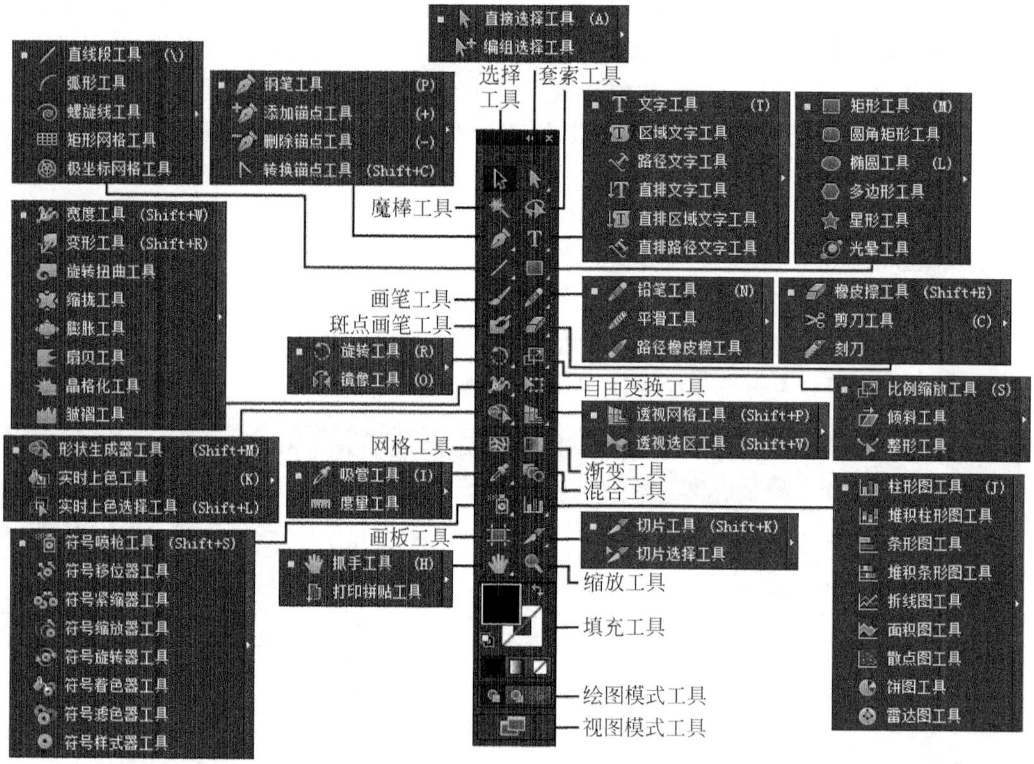

图 1.3　Illustrator CS6 的工具箱

如果要使用某个工具,只需单击该工具按钮或者按该工具的快捷键即可。有些工具的右下角带有黑色的小三角,表示该工具中还隐藏着其他同位工具。按住该工具不放,可以从弹出的隐藏工具组中选择隐藏的工具,如图 1.4 所示。

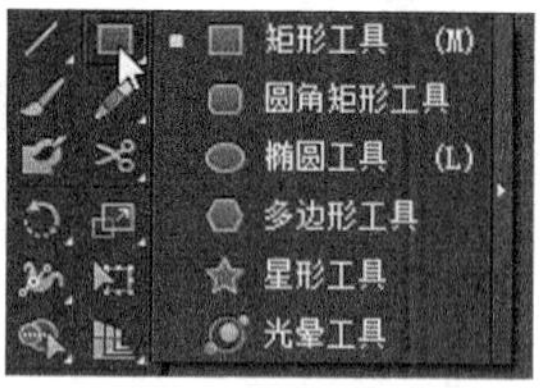

4. 控制面板

当选中某个对象后,在菜单栏的下方的控制面板中会显示所选对象的属性,用户可以修改对象的属性。例如,在画板中选中一个矩形,在控制面板中会显示矩形的填色、描边等属

图 1.4　选择隐藏工具

性,如图 1.5 所示。当控制面板中的选项内容以橙色显示并带下划线时,表示单击它可以打开相应的面板,以便对当前所选对象进行更多的设置。

图 1.5　选择矩形时控制面板的状态

5. 绘图画板

绘图画板是 Illustrator CS6 中用来创建和编辑图形的区域,可以配合使用绘图工具、浮动面板、菜单命令等来创建和编辑图形。新建文件时,可以设置画板的数量以及大小。默认情况下,画板数量为1,画板大小为A4纸的大小。

6.浮动面板

默认情况下,浮动面板位于绘图画板的右侧,也可以根据需要移动到任意的位置。所有的浮动面板都可以在"窗口"菜单中打开或关闭。单击右侧的 ▶▶ 图标,也可以将浮动面板折叠为图标。Illustrator CS6将一些性质相似的面板组成一个面板组,单击面板标签可以显示面板组中的对应面板,如图1.6所示。

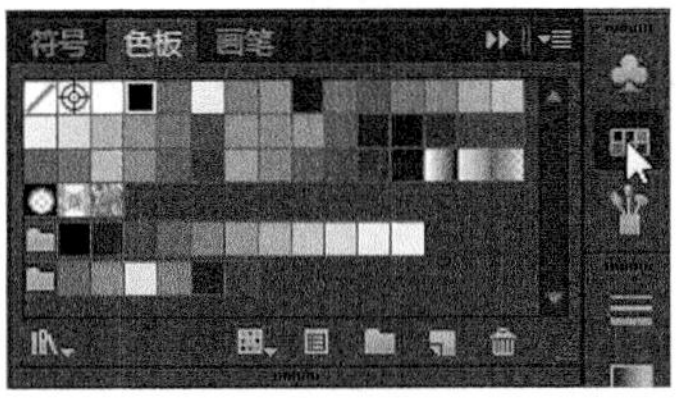

图1.6 面板组

7.状态栏

状态栏位于工作界面的左下角,由显示比例、画板导航和当前选择的工具名称三个部分组成。

1.1.3 Illustrator CS6 的基本操作

1.创建自定义文档

选择"文件"|"新建"命令,或者按Ctrl+N键,会弹出"新建文档"对话框,如图1.7所示。其中每个选项的含义如下。

名称:可以用来设置文档的名称。

配置文件:设置文档的输出类型。

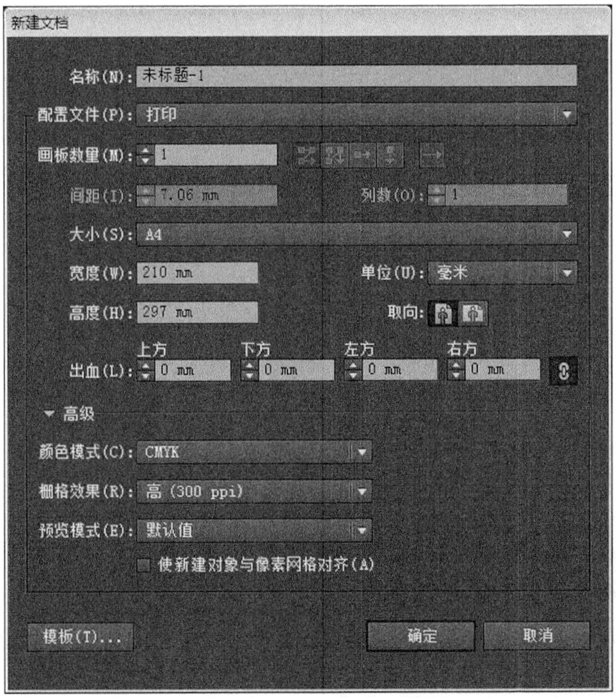

图1.7 "新建文档"对话框

5

画板数量：设置画板的数量，右边的按钮可以选择画板的排列方式。

间距与列数：设置画板的间距和每行的画板数。

大小：设置画板的大小。

宽度、高度、单位与取向：设置画板的宽度、高度、单位与取向。

出血：设置画板出血的大小。单击右边的链接按钮，可以使每个方向的出血设置都相同。

在"高级"选项中，可以设置文档的颜色模式、栅格效果和预览模式。

2. 从模板创建文档

Illustrator CS6 提供了一些模板，如技术、俱乐部、影片等，通过修改模板上的一些元素来创建文件，可以节省大量的创作时间，进而提高工作效率。选择"文件"|"从模板新建"命令，或者按 Shift＋Ctrl＋N 键，还可以在"新建文档"对话框中单击"模板"按钮，会弹出如图1.8所示的"从模板新建"对话框，从中选择一个文件夹进去后选择一种模板文件即可。图1.9为选择"俱乐部"文件夹中的"网站.ait"文件后的效果。

图 1.8 "从模板新建"对话框

3. 打开文档

选择"文件"|"打开"命令，或者按 Ctrl＋O 键，会弹出"打开"对话框，如图1.10所示。在"文件类型"选项中显示了 Illustrator CS6 可以打开的文件格式，默认情况下为"所有格式"，如图1.11所示。选择需要打开的文件，然后单击"打开"按钮，或者直接双击该文件即可打开文件。如果想要快速打开最近编辑过的文件，可以选择"文件"|"最近打开的文件"选项，最多看到最近打开的10个文件，从中选择需要的文件打开即可。

4. 保存文档

当用户第一次保存文件时，选择"文件"|"存储"命令，或者按 Ctrl＋S 键，会弹出"存储

图 1.9 选择"俱乐部"文件夹中的"网站.ait"文件后的效果

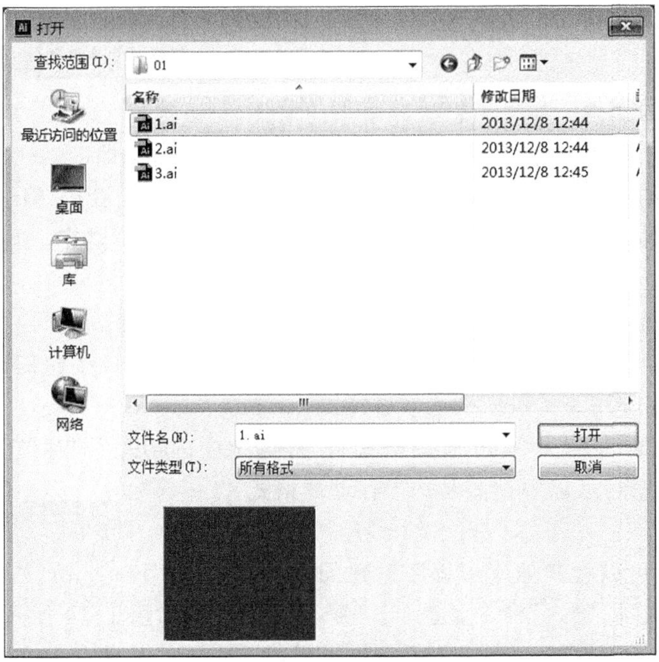

图 1.10 "打开"对话框

图 1.11 Illustrator CS6 可以打开的文件格式

为"对话框,如图1.12所示。在"保存类型"选项中显示了Illustrator CS6 可以保存的文件格式,默认情况下为".AI格式",如图1.13所示。在"文件名"选项中输入文件名,在"保存类型"选项中选择保存类型,然后单击"保存"按钮,即可保存文件。

当用户编辑过该文档,需要再次保存的时候,选择"存储"命令时,将不再弹出"存储

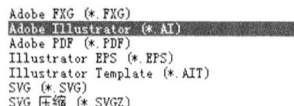

图 1.12　"存储为"对话框

图 1.13　Illustrator CS6 可以
保存的文件格式

为"对话框,而是直接覆盖原来的文件。如果不想放弃原来的文件,可以选择"文件"|"存储为"命令,或者按 Shift＋Ctrl＋S 键,弹出"存储为"对话框,重新命名该文件即可。

如果想保存一个当前文件的副本,可以选择"文件"|"存储副本"命令,或者按 Alt＋Ctrl＋S 键,会弹出"存储副本"的对话框,默认的文件名后会自动加上"复制"二字,单击"保存"按钮即可保存副本。

如果想把当前文件作为模板来保存,可以选择"文件"|"存储为模板"命令,在弹出的"存储为"对话框中文件的保存类型默认为".alt"格式的模板文件,单击"保存"按钮即可存储为模板。

此外,Illustrator CS6 还可以"存储为 Web 所用格式"、"存储选中的切片"、"存储为 Microsoft Office 所用格式"等,用户可以根据需要选择存储的格式。

5. 置入文件

在 Illustrator CS6 中,用户可以将其他应用程序创建的文件置入到 Illustrator 文档的页面中进行操作。选择"文件"|"置入"命令,会弹出"置入"对话框,如图 1.14 所示。选中需要置入的文件后,"文件名"和"文件类型"选项中将出现当前文件的文件名和文件类型。

勾选"链接"选项,被置入的图稿与当前文件是一种链接关系,页面中显示的只是这个图稿文件的一个"投影"。当把这个文件移动到其他计算机时,必须同时把被置入的图稿源文件一起复制过去,否则 Illustrator 会提示找不到该文件。如果不勾选"链接"选项,则会将图稿文件完全嵌入到当前文件中,会使文件变大,也会降低软件的处理速度。

如果想要替换当前的置入文件,可以将其选中后选择"文件"|"置入"命令,勾选"替

图 1.14 "置入"对话框

换"选项,即可替换当前的文件。

6. 导出文件

选择"文件"|"导出"命令,会弹出"导出"对话框,如图 1.15 所示,可以将文件导出成其他格式的文件。图 1.16 显示了 Illustrator CS6 可以导出的文件格式。

图 1.15 "导出"对话框

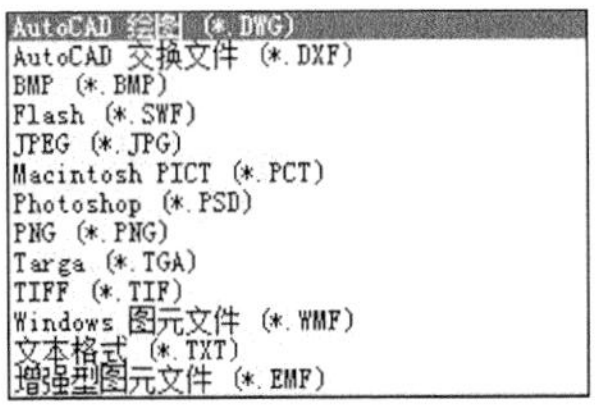

图 1.16 Illustrator CS6 可以导出
的文件格式

7．关闭文件

选择"文件"|"关闭"命令，或者按 Ctrl＋W 键，可以关闭当前的文件。单击文档窗口右上角的"关闭"按钮 ✕ ，也可以关闭当前的文件。

8．图像的显示效果

1）视图模式

Illustrator CS6 有 4 种不同的视图模式，即"预览"、"轮廓"、"叠印预览"和"像素预览"。默认情况下，文件以"预览"的模式显示，如图 1.17 所示。该模式与打印出来的效果十分接近，但占用的内存较大，如果图形复杂时，显示和刷新的速度会比较慢。"轮廓"模式隐藏了图像所有的颜色信息，只显示构成图形的轮廓线，如图 1.18 所示。该模式占用内存少，刷新速度快。"叠印预览"模式可以用于显示接近油墨混合的效果，如图 1.19 所示。"像素预览"可以将矢量图转换为位图，也可以用来预览导入的位图文件，放大后会出现马赛克现象，如图 1.20 所示。

图 1.17 "预览"模式

图 1.18 "轮廓"模式

图1.19 "叠印预览"模式　　　　　　　　　　图1.20 "像素预览"模式

2）视图的放大与缩小

在"视图"菜单中，选择"放大"或"缩小"命令，可以放大或缩小当前的视图；选择工具箱中的"缩放工具" 🔍 在画板上单击，或者在需要放大的区域拉一个框，也可以放大该区域，如果要缩小视图，可以在按住 Alt 键的同时单击鼠标或者在需要缩小的区域拉一个框。选择"画板适合窗口大小"，可以将整个画板显示在当前窗口中；选择"全部适合窗口大小"，可以将所有的画板都显示在当前窗口中；选择"实际大小"，可以以100％的比例显示当前文件。

3）更改屏幕模式

单击工具箱最下方的"更改屏幕模式"按钮，可以在三种屏幕模式之间切换，即"正常屏幕模式"、"带有菜单的屏幕模式"和"全屏模式"。

9. 辅助工具的使用

1）标尺

标尺可以帮助用户精确定位和度量画板中的对象。选择"视图"|"标尺"|"显示标尺"命令，或者按 Ctrl＋R 键，可以显示和隐藏标尺。默认情况下，标尺的原点在画板的左上角。如果需要调整原点的位置，可以将鼠标指针移到标尺的左上角，即水平标尺和垂直标尺相交的位置，然后按住鼠标左键，拖到文档窗口中的新位置即可。如果要恢复原点的位置，只需在标尺左上角双击鼠标即可。

2）网格

网格可以帮助用户精确定位对象的位置。选择"视图"|"显示网格"|"隐藏网格"命令，或者按 Ctrl＋"键，可以显示或隐藏网格，如图1.21所示。选择"视图"|"对齐网格"命令，当拖动对象时，会自动吸附到网格点上。选择"编辑"|"首选项"|"参考线和网格"命令，可以设置参考线和网格颜色和样式，以及网格线的间隔等。

3）参考线

参考线可以帮助用户排列与对齐对象。要创建参考线，必须先在窗口中显示标尺，然后将鼠标指针放到水平或垂直标尺上，按住鼠标左键并向页面区域内拖动，到合适的位置后释放即可。多次操作可以创建多条参考线，如图1.22所示。

创建好参考线后，还可以移动、锁定、清除和隐藏参考线。选中参考线，可以移动参

图 1.21　显示网格

考线的位置。选择"视图"|"参考线"|"锁定参考线"命令,或者按 Ctrl＋Alt＋;键,可以锁定或解锁参考线。选择"视图"|"参考线"|"清除参考线",可以清除所有的参考线。选择"视图"|"参考线"|"隐藏参考线"|"显示参考线",或者按 Ctrl＋;键,可以隐藏或显示参考线。

4）智能参考线

选择"视图"|"智能参考线"命令,或者按 Ctrl＋U 键,可以启用或取消智能参考线。智能参考线仅在需要的时候出现,比如创建、移动、编辑当前对象时,可以帮助用户对齐对象。图 1.23 显示了移动圆形时出现了两条智能参考线,分别对齐的是矩形的中心和移动前圆形的中心。

图 1.22　创建参考线

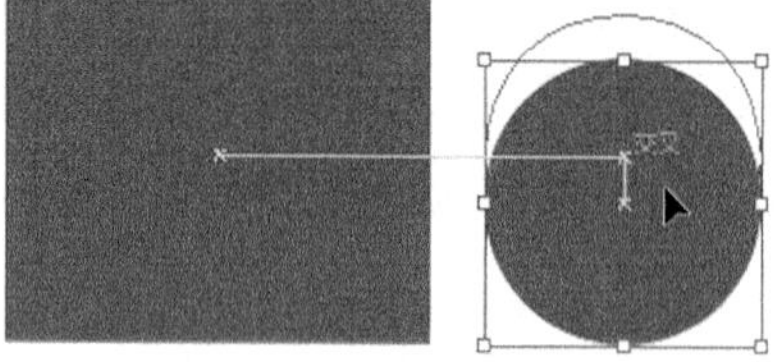

图 1.23　智能参考线

10. 操作的撤销和恢复

在使用 Illustrator CS6 绘制和编辑图形的过程中,难免会出现错误的操作,此时可以撤销之前的操作,选择菜单"编辑"|"还原××"命令,或者按 Ctrl＋Z 键即可。连续执行该命令,可以撤销多步操作。如果不小心将正确的操作撤销了,还可以将其恢复,选择菜单"编辑"|"重做××"命令,或者按 Ctrl＋Shift＋Z 键即可。连续执行该命令,可以恢复多步操作。

1.2 任务实践

1.2.1 制作某百货公司 VIP 卡

1. 任务说明

在本任务中,将通过制作如图 1.24 所示的 VIP 卡,学习新建文件、置入文件、显示标尺、创建参考线以及保存文件的方法。

图 1.24 某百货公司 VIP 卡

2. 操作步骤

步骤 1 双击 Illustrator CS6 启动图标,启动 Illustrator CS6 软件。选择菜单"文件"|"新建"命令,或者按 Ctrl＋N 键,在"新建文档"对话框中,设置名称为"某百货公司 VIP卡",画板数量为 2,宽度为 85.5mm,高度为 54mm,单位为"毫米",取向为"横向" ,如图 1.25 所示。单击"确定"按钮新建文档。

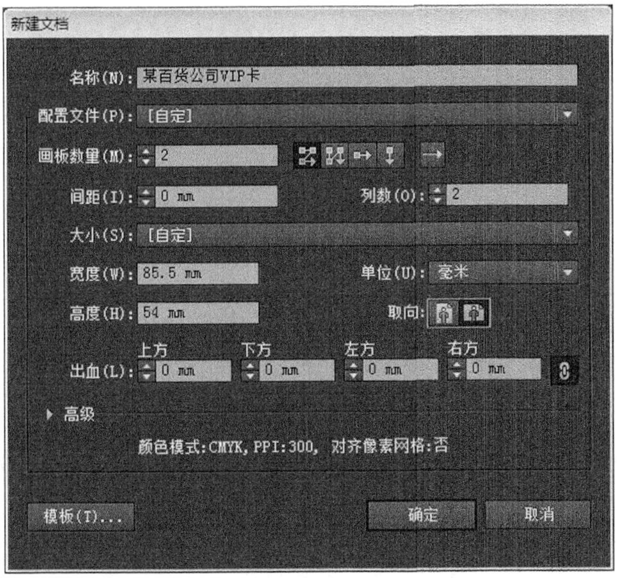

图 1.25 新建文档

步骤2　选择菜单"文件"|"置入"命令,在"置入"对话框中,选择光盘文件"第1章\
1.2.1\背景图1",去掉"链接"复选框的勾选,如图1.26所示。单击"置入"按钮将其置入
到"画板1"中,用工具箱中的"选择工具"将"背景图1"调整到画板的中间,如图1.27
所示。

图1.26　"置入"对话框

图1.27　置入"背景图1"

步骤3　选择菜单"文件"|"置入"命令,在"置入"对话框中,选择文件"第1章\1.2.1\
VIP文字",将其置入到"画板1"中,将"VIP文字"调整到相应的位置,如图1.28所示。

步骤4　选择菜单"文件"|"置入"命令,在"置入"对话框中,选择文件"第1章\1.2.1\
芝宝集团标志",将其置入到"画板1"中,将"芝宝集团标志"调整到卡片的左上角,如
图1.29所示。

图 1.28 置入"VIP 文字"

图 1.29 置入"芝宝集团标志"

步骤 5 选择工具箱中的"文字工具" **T**,在控制面板中设置文字的字体为 Arial,字体样式为 Regular,字号为 12pt,如图 1.30 所示。在卡片的右下角单击,输入文字 NO.1000008。选中文字,在"色板"面板中,选择黄色。效果如图 1.31 所示。

图 1.30 在控制面板中设置文字的属性

图 1.31 输入 VIP 卡号

步骤 6　选择菜单"文件"|"置入"命令,在"置入"对话框中,选择文件"第1章\1.2.1\背景图 2",将其置入并调整到"画板 2"的中间,如图 1.32 所示。

步骤 7　选择"视图"|"标尺"|"显示标尺"命令,或者按 Ctrl＋R 键,将标尺显示出来。将标尺的原点拖到"画板 2"的左上角,然后将鼠标放置到水平方向的标尺上,向下拖出一条水平方向的参考线。选择菜单"窗口"|"变换"命令,打开"变换"面板,将 Y 坐标值设置为 5mm,其他参数保持默认,如图 1.33 所示。

图 1.32　置入"背景图 2"

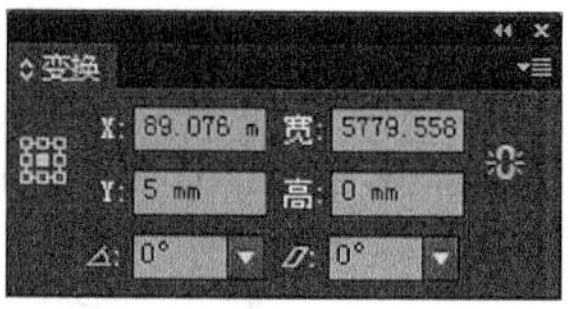

图 1.33　在"变换"面板中设置 Y 坐标值

步骤 8　用同样的方法再拖出一条水平方向的参考线,将其 Y 坐标值设置为 17mm,如图 1.34 所示。

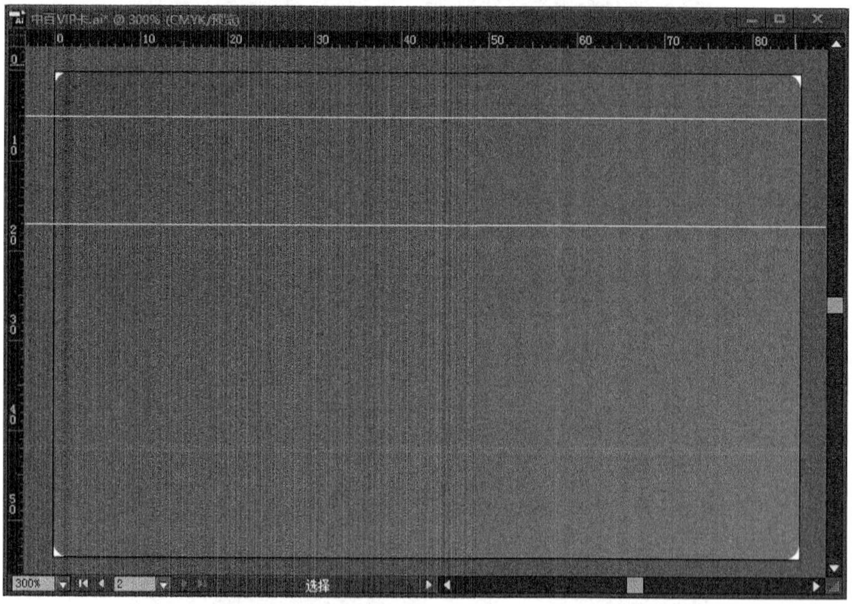

图 1.34　创建参考线

步骤 9　在工具箱中选择"矩形工具"，在色板中选择黑色作为填充色,沿着画板的边缘,在两条参考线中间拖动鼠标,绘制一个矩形,如图 1.35 所示。

步骤 10　在水平方向拖出一条参考线,将 Y 坐标值设置为 18.5mm,在垂直方向也拖出一条参考线,将 X 坐标值设置为 6mm。选择"矩形工具"，在色板中选择白色作为

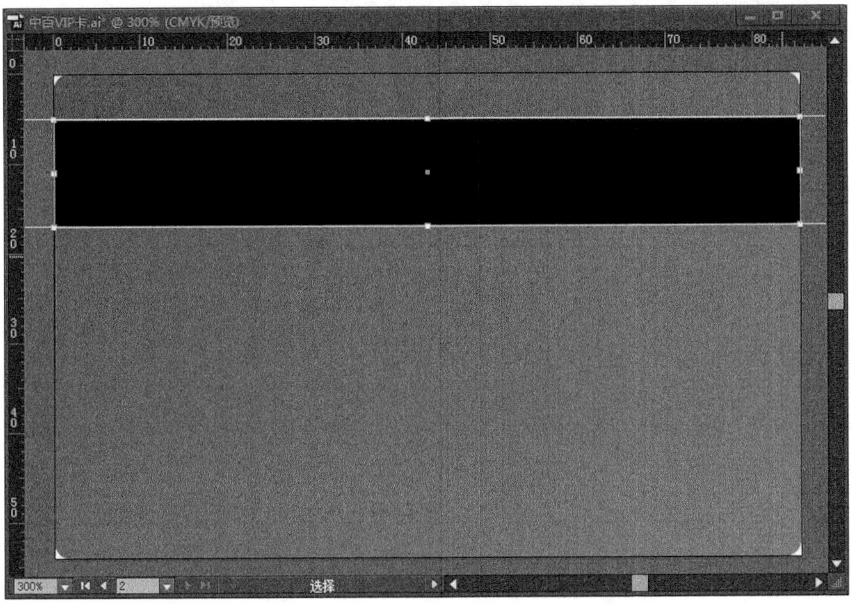

图 1.35 绘制"磁条区"

填充色,沿着参考线拖出一个矩形,在"变换"面板中设置矩形的宽为 46mm,高为 5.8mm,如图 1.36 所示。

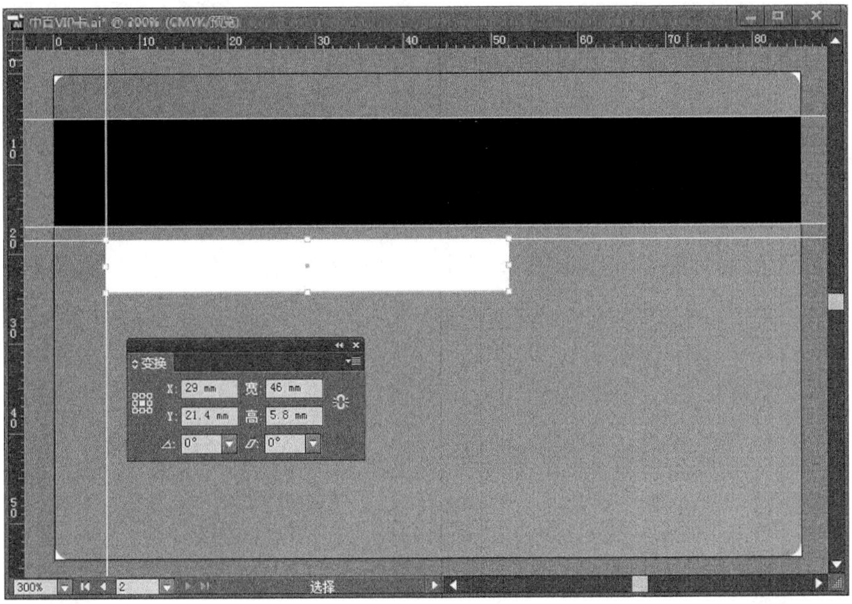

图 1.36 绘制"白色矩形"

步骤 11 选择工具箱中的"文字工具"T̲,在控制面板中设置文字的字体为"黑体",字号为 7pt,段落为"居中对齐",在"色板"面板中选择白色作为填充色,在白色矩形的右侧输入文字"持卡人签名"。回车换行后,将字体改为 Arial,字体样式为 Regular,其他设置不变,输入文字"AUTHORIZED SIGNATURE",效果如图 1.37 所示。

17

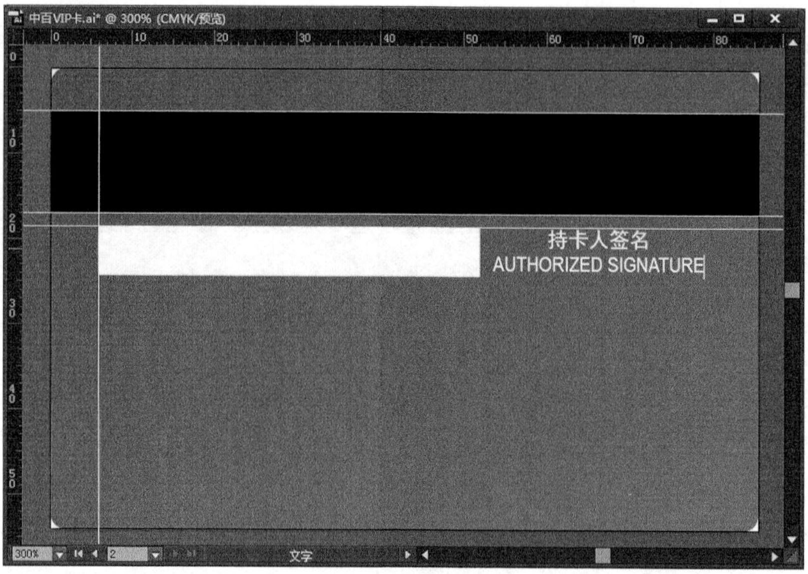

图 1.37 输入"持卡人签名"的文字

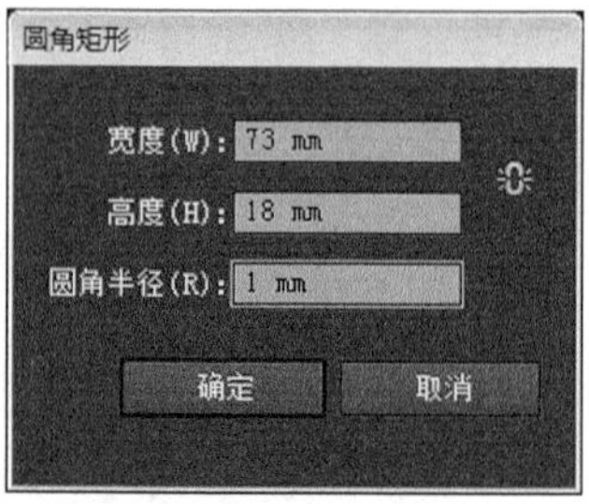

步骤 12 在水平方向拖出一条参考线,将 Y 坐标值设置为 26mm。选择"圆角矩形工具" ![icon],在色板中选择白色作为填充色,在画板中单击,会弹出一个"圆角矩形"对话框,设置圆角矩形的宽度为 73mm,高度为 18mm,圆角半径为 1mm,如图 1.38 所示。单击"确定"按钮后,画板上会出现一个圆角矩形,将其拖到参考线的交叉位置,如图 1.39 所示。

图 1.38 设置"圆角矩形"的属性

步骤 13 选择工具箱中的"文字工具" ![icon],在控制面板中设置文字的字体为"黑体",字号为 7pt,在"色板"面板中选择黑色作为填充色,在圆角矩形的上方输入文字"持卡人须知"。在控制面板中将

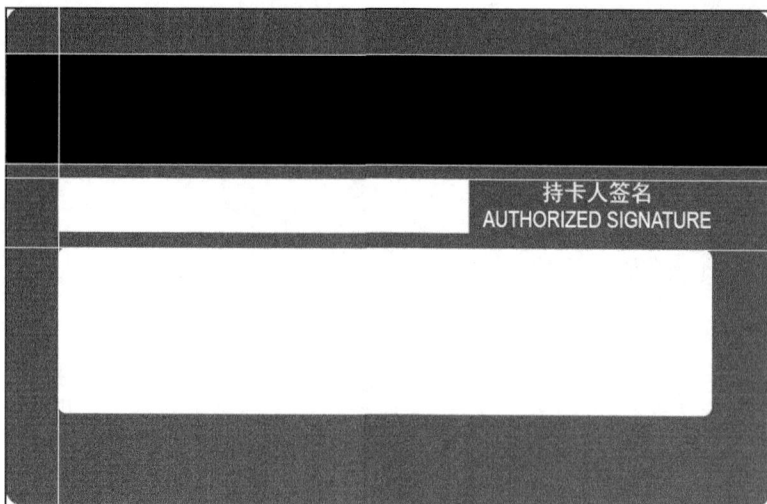

图 1.39 绘制"圆角矩形"

文字的字号改为 6pt,段落设置为"左对齐",在圆角矩形的下方拉出一个文本框,输入详细的持卡人须知的文字,效果如图 1.40 所示。

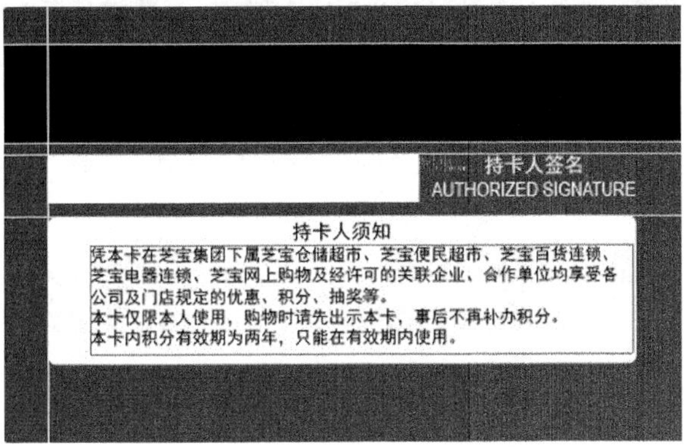

图 1.40 输入"持卡人须知"的相关文字

步骤 14 在垂直方向拖出一条参考线,将 X 坐标值设置为 9mm。在工具箱中选择"椭圆工具" ，在色板中选择黑色作为填充色,在画板中单击,在弹出的"椭圆"对话框中设置椭圆的宽度为 1mm,高度为 1mm,如图 1.41 所示。单击"确定"按钮后,画板上会出现一个椭圆。

步骤 15 用同样的方法再绘制两个相同的椭圆,将三个椭圆分别移动到参考线的右边对齐,如图 1.42 所示。

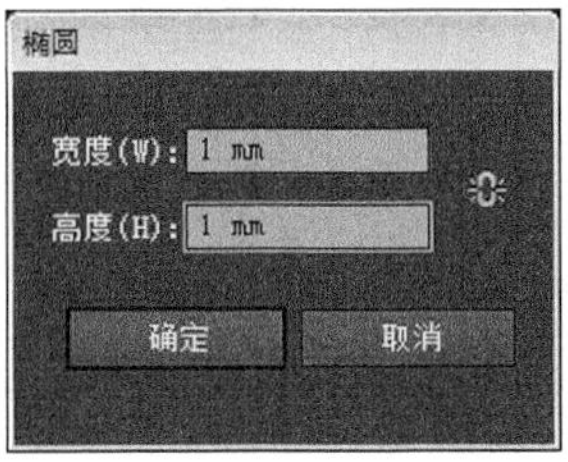

图 1.41 设置"椭圆"的属性

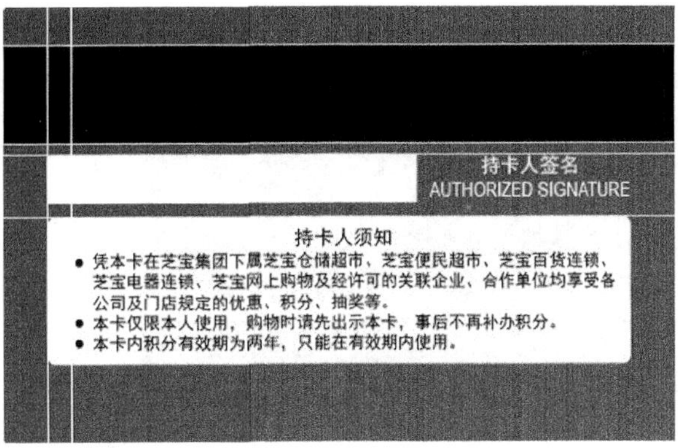

图 1.42 绘制"圆点"

步骤 16 选择工具箱中的"文字工具" ，在控制面板中设置文字的字体为"黑体",字号为 6pt,在"色板"面板中选择白色作为填充色,在 VIP 卡的底部单击,输入文字"本卡的最终解释权属芝宝集团股份有限公司",并将其与最左边的参考线对齐。

步骤 17 选择菜单"文件"|"置入"命令,在"置入"对话框中,选择文件"第 1 章\1.2.1\芝宝集团标志",将其置入到"画板 2"中,并调整到卡片的右下角,如图 1.43 所示。

步骤 18 选择菜单"文件"|"存储"命令,或按 Ctrl+S 键保存文档。

图 1.43　制作 VIP 卡底部

1.3　独立练习

1.3.1　制作某美容会所 VIP 卡

1. 制作要求

运用"素材"文件夹中的素材为某美容养生会所制作一批贵宾卡,会员卡的尺寸为 85.5mm×54mm,效果如图 1.44 所示。

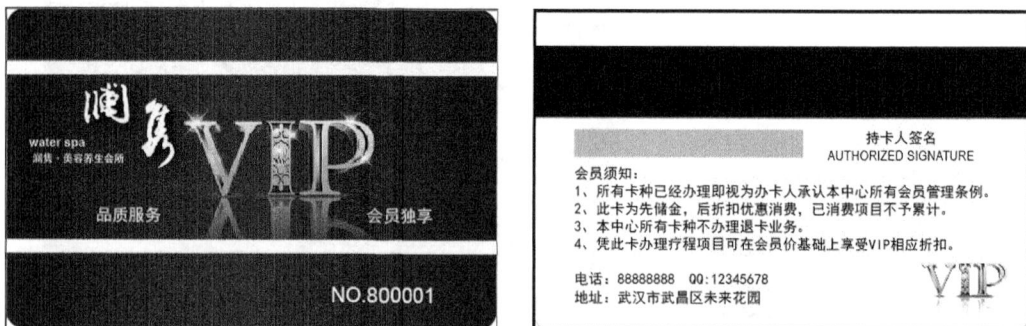

图 1.44　某美容养生会所 VIP 卡

2. 操作步骤提示

(1) 按照制作要求中会员卡的尺寸要求新建文件。

(2) 置入素材"第 1 章\1.3.1\背景图 1"。

(3) 绘制两个白色矩形条,将会员卡分成上中下三个部分。

(4) 置入素材"第 1 章\1.3.1\VIP 文字",并移动到会员卡中间的位置。

(5) 置入素材"第 1 章\1.3.1\澜隽标志",并移动到"VIP 文字"左边的位置。

(6) 输入文字 water spa 和"澜隽·美容养生会所",设置填充为白色、描边为红色,描边粗细为 0.1pt。"澜隽·美容养生会所"中的圆点可以选择菜单"文字"|"字形"命令,在弹出的"字形"面板中选择。

（7）输入文字"品质服务"和"会员独享"。

（8）在会员卡的下方输入文字 NO.800001。

（9）置入素材"背景图 2"。

（10）绘制"磁条区"。

（11）制作"持卡人签名区"。

（12）输入"会员须知"的详细信息和电话地址等信息。

（13）置入素材"VIP 文字"，并调整其大小和位置。

第 2 章　绘制与编辑图形

本章学习目标
- 了解路径的基本概念、路径的分类和锚点的分类
- 掌握线条图形、网格图形、几何图形和光晕图形的绘制方法
- 掌握自由路径的绘制方法
- 掌握对象的基本操作方法

Illustrator 软件最基本的作用就是用来绘制图形,而图形最基本的组成部分就是路径。本章首先向读者介绍路径的基本概念、路径的分类和锚点的分类,然后介绍线条图形、网格图形、几何图形、光晕图形和自由路径的绘制方法,以及对象的基本操作方法。最后通过多个任务的实践来使读者掌握图形的绘制与编辑的方法。

2.1　知识准备

2.1.1　关于路径

Illustrator 中所有的矢量图都是由路径构成的。绘制矢量图就意味着路径的创建和编辑,因此了解路径的概念对于绘制矢量图是至关重要的。

1. 路径的基本概念

路径是由一个或多个直线段或曲线段组成的线条。线段的起始点和结束点由锚点标记,就像用于固定线的针。通过编辑路径的锚点,可以改变路径的形状。通过拖动方向线末尾类似锚点的方向点可以控制曲线的弧度。图 2.1 显示了路径的组成要素。

2. 路径的分类

Illustrator 中的路径分为开放路径、闭合路径和复合路径。

开放路径:起点和终点不重合的路径。例如,直线、弧线、螺旋线等都属于开放路径。

闭合路径:起点和终点重合在一起的路径。例如,矩形、椭圆形、多边形等都属于闭合路径。

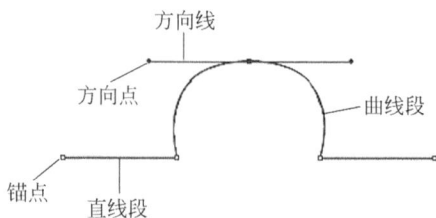

图 2.1　路径的组成要素

复合路径：由两个或两个以上的开放或闭合的路径，通过一定的运算方式组合而成的路径。

3. 锚点的分类

锚点是路径各线段起点和终点的方形控制柄，选中锚点时，锚点呈现为实心的方形，未选中时，锚点呈现为空心的方形。锚点可以分为平滑曲线点和角点。

平滑曲线点：临近的两条线段为平滑曲线的锚点，如图 2.2 所示。平滑曲线点有两条呈 180°的方向线，移动一边的方向线时，另一边的方向线也会随时发生变化。

角点：临近的两条线段为尖锐曲线或者为直线的锚点，如图 2.3 所示。当临近的两条曲线段为尖锐曲线时，角点的两条方向线的夹角小于 180°；当临近的两条线段为直线时，角点没有方向线。

图 2.2　平滑曲线点　　　　　　　　　　　　图 2.3　角点

2.1.2　绘制基本图形

1. 绘制线条图形

1）使用"直线段工具"

选择"直线段工具" ，在画板上按住鼠标左键并拖动鼠标，释放鼠标后即可绘制一条直线，如图 2.4 所示。选择"直线段工具"后在画板上单击，会弹出"直线段工具选项"对话框，如图 2.5 所示，在其中设置直线的长度和角度，单击"确定"按钮后可以在单击的位置精确地创建直线。

在使用"直线段工具"绘制直线的同时按住 Shift 键，可以绘制出水平、垂直或者 45°角的直线。在使用"直线段工具"绘制直线的同时按住～键，可以绘制出放射式的直线段，如图 2.6 所示。

图 2.4　使用"直线段工具"绘制直线　　图 2.5　"直线段工具选项"对话框　　图 2.6　放射式的直线段

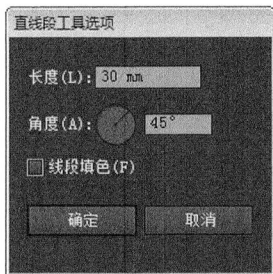

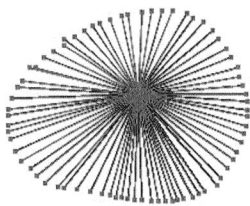

2）使用"弧形工具"

选择"弧形工具" ，在画板上按住鼠标左键并拖动鼠标，释放鼠标后即可绘制一条弧线，如图 2.7 所示。选择"弧形工具"后在画板上单击，在弹出的"弧线段工具选项"对话框中设置弧线的各项参数后即可精确地创建弧线，如图 2.8 所示。该对话框中各个选项的含义如下。

X 轴长度和 Y 轴长度：分别用于指定弧线的宽度和高度。

类型：用于指定对象为开放路径还是闭合路径。

基线轴：用于指定弧线的方向，是以 X 轴还是 Y 轴为基线来绘制弧线。

斜率：用于指定弧线的凹凸程度，其取值范围为一100～100。当值小于 0 时，弧线为凹状；当值大于 0 时，弧线为凸状；当值等于 0 时，将成为直线。

弧线颜色：当选择该复选框时，可以使用当前的填充色为弧线填色。

图 2.7　使用"弧形工具"绘制弧线　　　　图 2.8　"弧线段工具选项"对话框

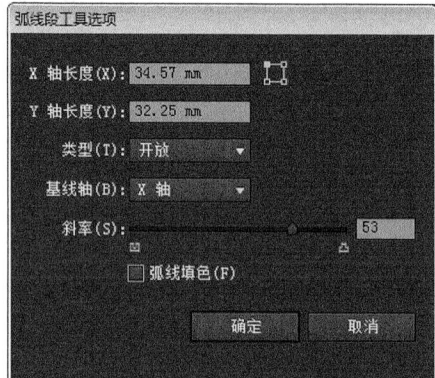

在使用"弧形工具"绘制弧线的同时按住 Shift 键，可以绘制出长宽一致的正弧线；按住↑键或↓键，可以控制弧线的弧度。

3）使用"螺旋线工具"

选择"螺旋线工具" ◎ ，在画板上按住鼠标左键并拖动鼠标，释放鼠标后即可绘制一条螺旋线，如图 2.9 所示。选择"螺旋线工具"后在画板上单击，在弹出的"螺旋线"对话框中设置螺旋线的各项参数后即可精确地创建螺旋线，如图 2.10 所示。该对话框中各个选项的含义如下。

半径：用于指定从中心到螺旋线最外点的距离。

衰减：用于指定螺旋线的每一螺旋相对于上一螺旋应减少的量。

段数：用于指定螺旋线的线段数。

样式：用于指定螺旋线的方向。

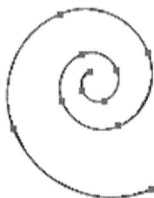

图 2.9　使用"螺旋线工具"绘制螺旋线　　　　图 2.10　"螺旋线"对话框

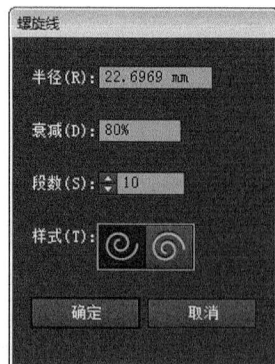

在使用"螺旋线工具"绘制弧线的同时按住 Shift 键,螺旋线将以 45°增量值旋转;按住 "↑"键或↓键,可以增加或减少螺旋线的段数;按住 Ctrl 键,可以调整螺旋线的衰减程度。

2. 绘制网格图形

1）使用"矩形网格工具"

选择"矩形网格工具" ▦ ,在画板上按住鼠标左键并拖动鼠标,释放鼠标后即可绘制矩形网格,如图 2.11 所示。选择"矩形网格工具"后在画板上单击,在弹出的"矩形网格工具选项"对话框中设置矩形网格的各项参数后即可精确地创建矩形网格,如图 2.12 所示。该对话框中各个选项的含义如下。

默认大小：用于指定矩形网格的宽度和高度。

水平分隔线：用于指定网格顶部和底部之间出现的水平分隔线的数量。倾斜值决定水平分隔线倾向于上方或下方的方式。

垂直分隔线：用于指定网格左侧和右侧之间出现的垂直分隔线的数量。倾斜值决定垂直分隔线倾向于左方或右方的方式。

使用外部矩形作为框架：用于指定是否以矩形作为最外部的框架。

填色网格：用于指定是否以当前的填充色来填充网格。

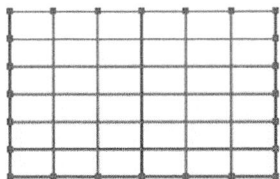

图 2.11　使用"矩形网格工具"绘制矩形网格　　　　图 2.12　"矩形网格工具选项"对话框

2）使用"极坐标网格工具"

选择"极坐标网格工具" ◉ ,在画板上按住鼠标左键并拖动鼠标,释放鼠标后即可绘制矩形网格,如图 2.13 所示。选择"极坐标网格工具"后在画板上单击,在弹出的"极坐标网格工具选项"对话框中设置极坐标网格的各项参数后即可精确地创建极坐标网格,如图 2.14 所示。该对话框中各个选项的含义如下。

默认大小：用于指定极坐标网格的宽度和高度。

同心圆分隔线：用于指定网格中的同心圆分隔线的数量。倾斜值决定同心圆分隔线倾向于内侧或外侧的方式。

径向分隔线：用于指定网格中的径向分隔线的数量。倾斜值决定径向分隔线倾向于下方或上方的方式。

从椭圆形创建复合路径：用于指定是否将同心圆转换为独立复合路径并隔一个圆填色。

填色网格：用于指定是否以当前的填充色来填充网格。

图 2.13　使用"极坐标网格工具"绘制极坐标网格

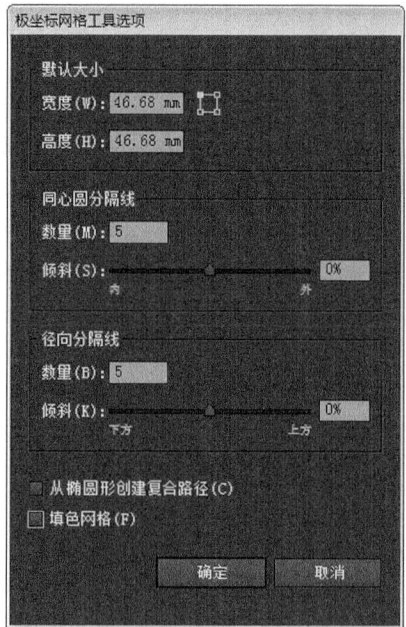

图 2.14　"极坐标网格工具选项"对话框

3. 绘制几何图形

1）使用"矩形工具"

选择"矩形工具" ▇，在画板上拖动即可绘制矩形，如图 2.15 所示。选择"矩形工具"在画板上单击，在弹出的"矩形"对话框中设置矩形的高度和宽度，即可在单击的位置精确地创建一个矩形，如图 2.16 所示。

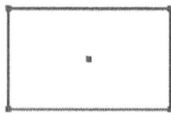

图 2.15　使用"矩形工具"绘制矩形

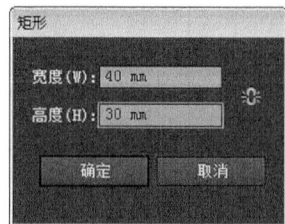

图 2.16　"矩形"对话框

绘制矩形的同时按住 Shift 键可以绘制正方形，按住 Alt 键可以以当前鼠标的位置为中心绘制矩形，按住 Shift＋Alt 键可以以当前鼠标的位置为中心绘制正方形。

2）使用"圆角矩形工具"

选择"圆角矩形工具" ▇，在画板上拖动即可绘制圆角矩形，如图 2.17 所示。选择

"圆角矩形工具"在画板上单击,在弹出的"圆角矩形"对话框中设置圆角矩形的高度、宽度和圆角半径,即可在单击的位置精确地创建一个圆角矩形,如图2.18所示。

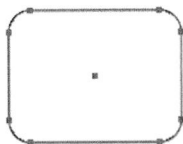

图 2.17　使用"圆角矩形工具"绘制圆角矩形　　　　图 2.18　"圆角矩形"对话框

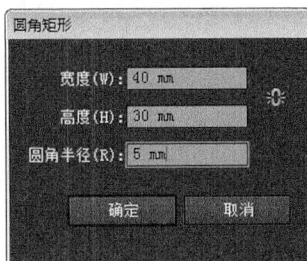

绘制圆角矩形的同时按住 Shift 键可以绘制圆角正方形,按住 Alt 键可以以当前鼠标的位置为中心绘制圆角矩形,按住 Shift＋Alt 键可以以当前鼠标的位置为中心绘制圆角正方形。

3) 使用"椭圆工具"

选择"椭圆工具"，在画板上拖动即可绘制椭圆,如图2.19所示。选择"椭圆工具"在画板上单击,在弹出的"椭圆"对话框中设置椭圆的高度和宽度,即可在单击的位置精确地创建一个椭圆,如图2.20所示。

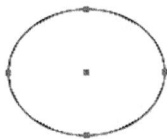

图 2.19　使用"椭圆工具"绘制椭圆　　　　图 2.20　"椭圆"对话框

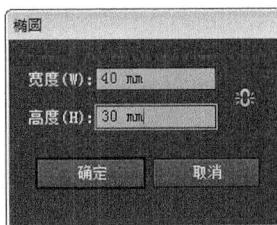

绘制椭圆的同时按住 Shift 键可以绘制正圆,按住 Alt 键可以以当前鼠标的位置为中心绘制椭圆,按住 Shift＋Alt 键可以以当前鼠标的位置为中心绘制正圆。

4) 使用"多边形工具"

选择"多边形工具"，在画板上拖动即可绘制多边形,如图2.21所示。选择"多边形工具"在画板上单击,在弹出的"多边形"对话框中设置多边形的半径和边数,即可在单击的位置精确地创建一个多边形,如图2.22所示。

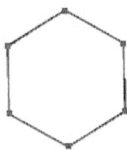

图 2.21　使用"多边形工具"绘制多边形　　　　图 2.22　"多边形"对话框

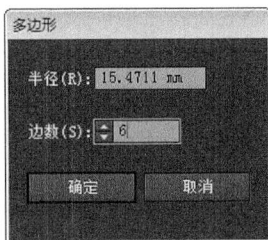

绘制多边形的同时按住 Shift 键,可以使多边形的底部线条与窗口底部平行,按住 Alt 键可以以当前鼠标的位置为中心绘制多边形,按住 Shift＋Alt 键可以以当前鼠标的位置为中心绘制底部线条与窗口底部平行的多边形。如果按住↑键或↓键,可以增加或减少多边形的边数。

5）使用"星形工具"

选择"星形工具"，在画板上拖动即可绘制星形,如图 2.23 所示。选择"星形工具"在画板上单击,在弹出的"星形"对话框中设置星形的半径 1、半径 2 和角点数,即可在单击的位置精确地创建一个星形,如图 2.24 所示。

图 2.23　使用"星形工具"绘制星形　　　　图 2.24　"星形"对话框

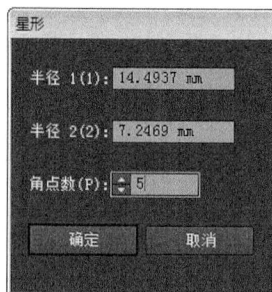

绘制星形的同时按住 Shift 键,可以使星形的一个角点朝上,按住 Alt 键可以使星形顶角旁边的两条线保持水平,按住 Shift＋Alt 键可以同时满足以上两个条件。如果按住↑键或↓键,可以增加或减少星形的边数。

4. 创建光晕效果

在创建光晕效果之前,有必要先了解一下光晕的结构。光晕由中央手柄、射线、光晕、末端手柄和光环等要素构成,如图 2.25 所示。

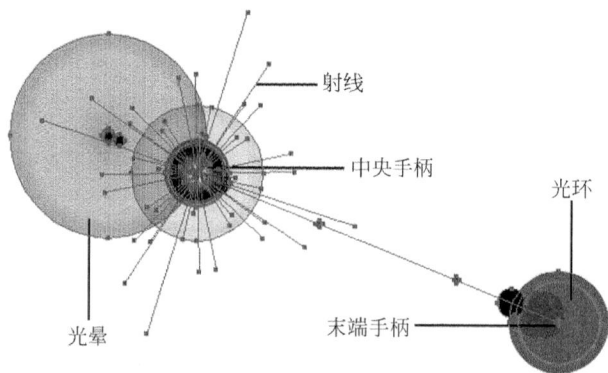

图 2.25　光晕的结构

选择"光晕工具"在画板上拖动,会出现中央手柄和射线部分,然后在画板的另外一处单击,此时才会出现末端手柄、光晕和光环等其他部分。选择"光晕工具"在画板上单击,在弹出的"光晕工具选项"对话框中设置光晕的各项参数后即可精确地创建一个光晕,如图 2.26 所示。该对话框中各个选项的含义如下。

居中:设置直径、不透明度和亮度。

光晕:设置光晕向外淡化和模糊度的百分比。

射线:设置射线的数量、最长射线的长度和模糊度。

环形:设置光晕的中心和最远环的中心之间的路径距离,设置环的数量、最大环的大小和环的方向。

图 2.26 "光晕工具选项"对话框

2.1.3 绘制自由路径

1. 使用"钢笔工具"组

1)绘制直线

选择"钢笔工具" 在画板上单击可以确定直线的起点,然后再移动到其他位置单击即可绘制一条直线,继续在其他的位置单击,可以绘制连续的直线段,如图 2.27 所示。如果将结束点回到起点,此时光标的右下角多了一个小圆圈,单击鼠标后即可绘制闭合路径,如图 2.28 所示。

图 2.27 使用"钢笔工具"绘制直线

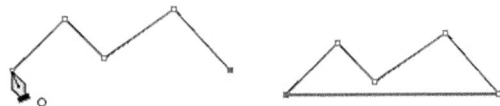

图 2.28 绘制闭合路径

2)绘制曲线

选择"钢笔工具" 在画板上单击确定起点后,移动到其他位置后单击并拖动鼠标,即可绘制一条曲线,继续单击并拖动鼠标,可以绘制连续的曲线段,如图 2.29 所示。如果绘制曲线的过程中有转角,可以在创建锚点后按住 Alt 键单击该锚点,此时就去掉了一端的方向线,继续绘制,就可以绘制有转角的曲线,如图 2.30 所示。如果要绘制闭合的曲线,方法与绘制闭合直线的方法相同。

图 2.29　使用"钢笔工具"绘制曲线图

图 2.30　使用"钢笔工具"绘制转角曲线

3)编辑锚点

添加锚点:选择"钢笔工具"组中的"添加锚点工具" ，可以在已有的线条上添加锚点,如图 2.31 所示。

删除锚点:选择"钢笔工具"组中的"删除锚点工具" ，可以在线条的锚点上单击,删除该锚点,如图 2.32 所示。

图 2.31　使用"添加锚点工具"添加锚点

图 2.32　使用"删除锚点工具"删除锚点

转换锚点:选择"钢笔工具"组中的"转换锚点工具" ，在曲线锚点上单击,可以将该锚点转换为尖角,如图 2.33 所示;在尖角点上拖动鼠标,可以将尖角点转换为平滑锚点,如图 2.34 所示。

图 2.33　将平滑锚点转换为尖角

图 2.34　将尖角点转换为平滑锚点

2. 使用"铅笔工具"组

1)使用"铅笔工具"

选择"铅笔工具" 在画板上拖动鼠标,可以绘制自由路径,如图 2.35 所示。双击"铅笔工具" ，会弹出"铅笔工具选项"对话框,如图 2.36 所示。该对话框中各个选项的含义如下。

容差:设置曲线的保真度和平滑度。保真度的取值范围为 0.5～20,默认值为 2.5,数值越大,曲线上的锚点就会越少。平滑度的取值范围为 0%～100%,数值越大,曲线就会越平滑。

填充新铅笔描边:设置是否为新的铅笔描边进行填充。

保持选定:设置是否为最后绘制的路径保持选定状态。

范围:设置要有多接近,才能使绘制匹配现有路径以进行编辑。选择"编辑所选路径"复选框时,该选项才可以用。

图 2.35 使用"铅笔工具"绘制自由路径

图 2.36 "铅笔工具选项"对话框

2）使用"平滑工具"

选择"平滑工具" 在路径上拖动鼠标,可以将曲线变得平滑,如图 2.37 所示。

3）使用"路径橡皮擦工具"

选择"路径橡皮擦工具" 在路径上拖动鼠标,可以擦除一段路径,如图 2.38 所示。

图 2.37 使用"平滑工具"使曲线平滑

图 2.38 使用"路径橡皮擦工具"擦除一段路径

2.1.4 对象的基本操作

1. 选择对象

1）使用"选择工具"

在 Illustrator 中,要对某个对象进行编辑,首先必须选中该对象。选择工具箱中的

"选择工具" ,在需要选择的对象上单击即可选中该对象,被选中对象四周会显示一个矩形控制框,如图 2.39 所示。如果要选中多个对象,可以在要选择的对象四周拖出一个矩形框,如图 2.40 所示;也可以在单击选中第一个对象后,按住 Shift 键在其他需要选择的对象上单击鼠标。

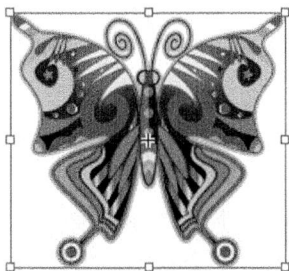

2）使用"直接选择工具"

"直接选择工具" 是用来选择路径上的锚点的。

图 2.39 使用"选择工具"选择对象

使用"直接选择工具"在锚点上单击即可选中锚点,被选中的锚点会变成实心的矩形,如图 2.41 所示。选中多个锚点的方法与选中多个对象的方法相同。

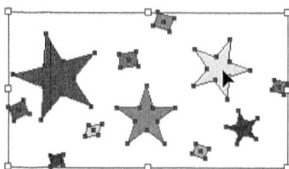

图 2.40 使用"选择工具"框选多个对象

3) 使用"编组选择工具"

"编组选择工具" 用于选择已经编组对象中的子对象。所谓编组,就是将多个对象组合成一个整体。选中多个对象后,选择菜单"对象"|"编组"命令,或按 Ctrl+G 键即可将多个对象编组。图 2.42 显示了对于一个编组对象来说,使用"选择工具"与"编组选择工具"的区别。

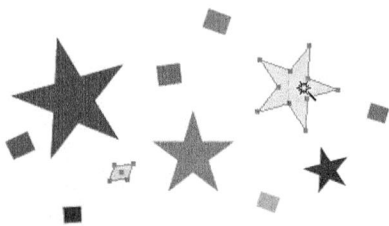

图 2.41 使用"直接选择工具"选择锚点

图 2.42 使用"选择工具"与"编组选择工具"的区别

4) 使用"魔棒工具"

"魔棒工具" 用于选择具有相同描边或填充属性的对象。选择"魔棒工具",在对象上单击,该对象上相同属性的部分都会被选中,如图 2.43 所示。双击"魔棒工具",可以在弹出的"魔棒"对话框中设置不同的选择属性,如图 2.44 所示。

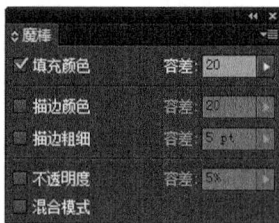

图 2.43 使用"魔棒工具"选择对象

图 2.44 "魔棒"对话框

5) 使用"套索工具"

选择"套索工具" ,在对象上拖出一个不规则区域,该区域内的对象都会被选中,如图 2.45 所示。

2. 编辑对象

1) 移动对象

选中对象后,可以拖动鼠标来移动对象,在拖动对象的同时按住 Shift 键可以水平、

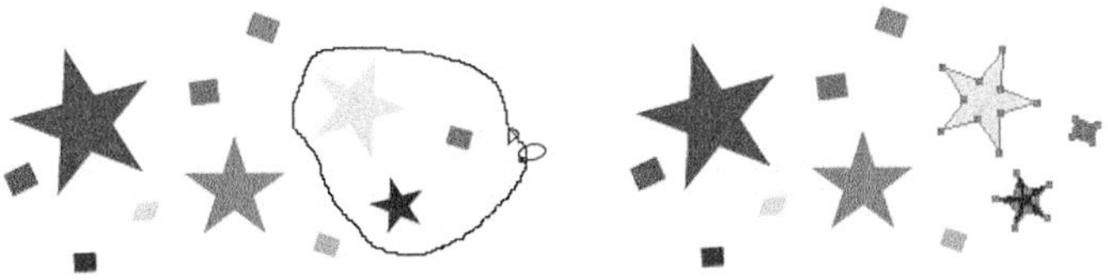

图 2.45　使用"套索工具"选择对象

垂直或 45°方向移动对象。也可以按下键盘上的↑、↓、←、→键来移动对象。默认情况下，每按一下这些按键，对象会移动 1pt 的位置，如果同时按住 Shift 键，对象会移动 10pt 的位置。

2）缩放对象

选中对象后，如果将鼠标放到控制框的 4 个中间点来拖动鼠标，可以单独调整对象的宽度或者高度；如果将鼠标放到控制框的 4 个角点来拖动鼠标，可以同时调整对象的宽度和高度，如图 2.46 所示。如果同时按住 Shift 键，可以等比例缩放对象。

3）旋转对象

选中对象后，将鼠标放到控制框的 4 个角点的外侧，当鼠标变成双向弯曲箭头时，拖动鼠标即可旋转对象，如图 2.47 所示。

4）复制对象

选中对象后，按住 Alt 键拖动鼠标，可以复制该对象。也可以选择"编辑"菜单中的"复制"、"粘贴"命令来复制对象，还可以选择"贴在前面"、"贴在后面"、"就地粘贴"、"在所有画板上粘贴"等选项来选择对象粘贴的位置。

3．编辑路径

1）移动锚点

移动锚点的方法与移动对象相同，不同的是先要使用"直接选择工具"选中锚点。

2）调整曲线的弧度

选中锚点后，调整路径的方向点可以控制曲线的弧度，如图 2.48 所示。

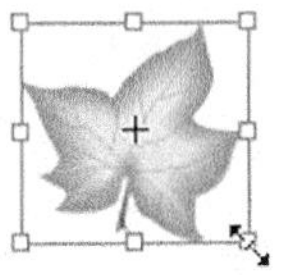

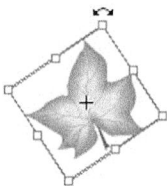

图 2.46　缩放对象　　　　图 2.47　旋转对象 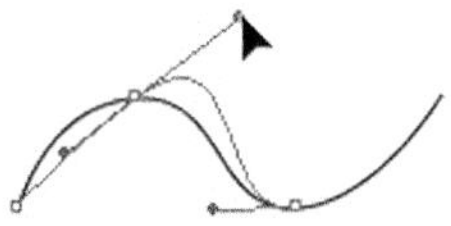　　　　图 2.48　调整曲线的弧度

3）切割路径

"剪刀工具" ✂ 可以用来切割开放或封闭路径。选中路径后，选择"剪刀工具"在路径上单击，即可将路径切割成两个部分，如图 2.49 所示。

"美工刀工具" ✐ 可以用来切割闭合路径。选中路径后，选择"美工刀工具"在路径上画一条线，即可将路径切割成两个部分，如图 2.50 所示。

4）擦除路径

使用"路径橡皮擦工具"可以擦除开放路径，使用"橡皮擦工具" ✐ 可以擦除闭合路径。选中路径后，选择"橡皮擦工具"在路径上拖动鼠标，即可擦除路径，如图 2.51 所示。

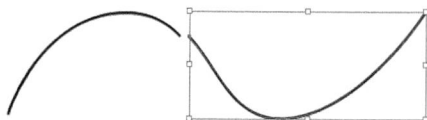

图 2.49 使用"剪刀工具"切割路径

图 2.50 使用"美工刀工具"切割闭合路径 　　　图 2.51 使用"橡皮擦工具"擦除闭合路径

2.2 任务实践

2.2.1 绘制中行标志图形

1. 任务说明

在本任务中,将学习运用椭圆工具、圆角矩形工具、矩形工具等工具绘制如图 2.52 所示的中行标志图形。

2. 操作步骤

步骤 1 新建一个文件,设置名称为"中行标志",画板数量为 1,宽度为 100mm,高度为 100mm,单位为毫米,在"高级"选项中,设置颜色模式为 CMYK,如图 2.53 所示。

图 2.52 中行标志图形

图 2.53 新建文档

步骤2 按 Ctrl＋R 键打开标尺,分别在水平和垂直方向拖出两条参考线,使其在画板的正中间相交,如图 2.54 所示。

图 2.54　创建参考线

步骤3 选择"椭圆工具" ,在色板上单击红色作为填充色,将鼠标放到参考线的交叉处,按住 Shift＋Alt 键的同时单击并拖动鼠标,绘制一个正圆。打开"变换"面板,将正圆的宽和高都设置为 90mm,如图 2.55 所示。

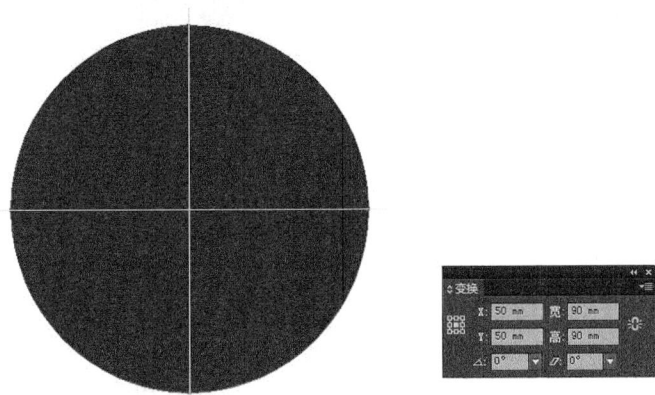

图 2.55　绘制红色正圆并设置其大小

步骤4 选中红色正圆,按 Ctrl＋C、Ctrl＋F 键将其"复制"并"贴在前面"。在色板上单击白色作为填充色,在"变换"面板中将正圆的宽和高都设置为 70mm,如图 2.56 所示。

步骤5 选择"圆角矩形工具" ,在色板上单击红色作为填充色,在画板上单击会弹出"圆角矩形"对话框,设置宽度为 43mm,高度为 36mm,圆角半径为 8.5mm。将创建好的圆角矩形的中心拖动到参考线交叉的位置,如图 2.57 所示。

步骤6 选择"矩形工具" ,在色板上单击白色作为填充色,在画板上单击会弹出

图 2.56　复制正圆并设置其大小和颜色

图 2.57　绘制圆角矩形

"矩形"对话框,设置宽度为 23mm,高度为 16mm,将创建好的矩形的中心拖动到参考线交叉的位置,如图 2.58 所示。

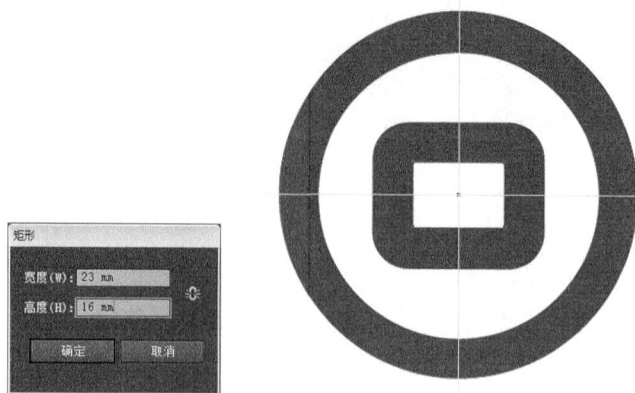

图 2.58　绘制白色矩形

　　步骤 7　选择"矩形工具"■,设置填充色为红色,在画板上单击会弹出"矩形"对话框,设置宽度为 10mm,高度为 20mm,将创建好的矩形移动到相应的位置,使其中心点对齐垂直方向的参考线,如图 2.59 所示。

步骤 8 选择红色矩形,按住 Alt 键拖动鼠标,将其复制并移动到相应的位置,如图 2.60 所示。

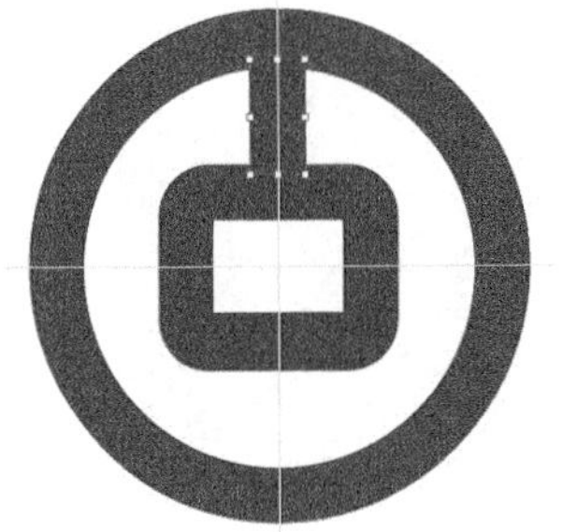

图 2.59 绘制红色矩形 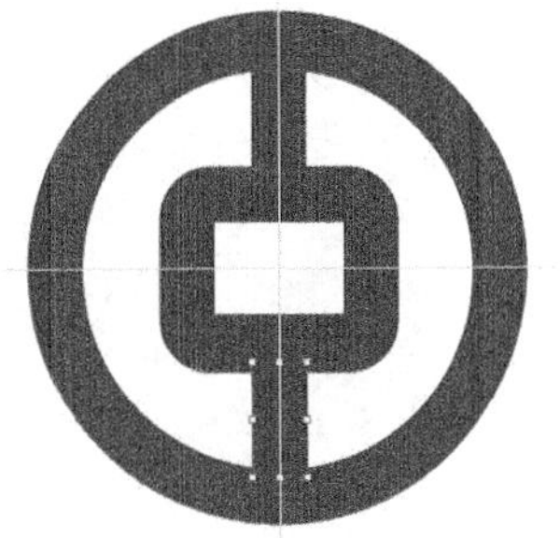   图 2.60 复制红色矩形

2.2.2 绘制情人节电子贺卡

1. 任务说明

在本任务中,将使用矩形工具、网格工具、钢笔工具、多边形工具、椭圆工具、圆角矩形工具、转换锚点工具和直接选择工具等绘制如图 2.61 所示的情人节电子贺卡。由于本任务制作的是电子贺卡,不需要打印,因此画板以 pt 为单位,并采用 RGB 的颜色模式。

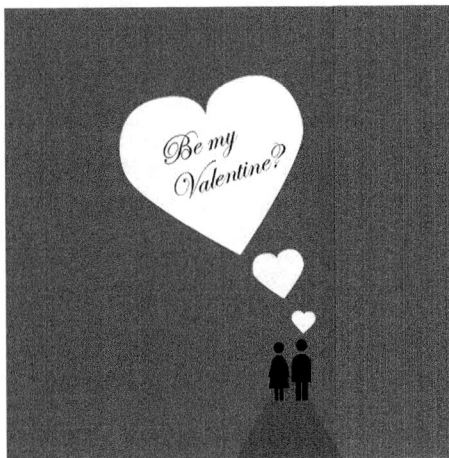

图 2.61 情人节电子贺卡

2. 操作步骤

步骤 1 新建一个文件,设置名称为"情人节电子贺卡",画板数量为 1,宽度为 450pt,高度为 450pt,单位为 pt,在"高级"选项中设置颜色模式为 RGB,如图 2.62 所示。

步骤 2 选择"矩形工具" ,绘制一个与画板同样大小的矩形,并与画板对齐。双击工具箱中的"填色工具",在其中设置颜色值 R=196,G=17,B=25,如图 2.63 所示。

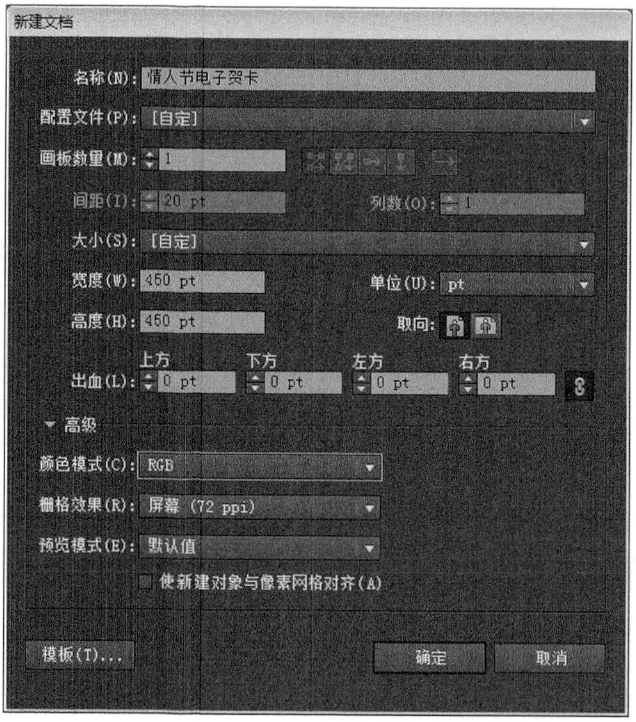

图 2.62　设置矩形的颜色

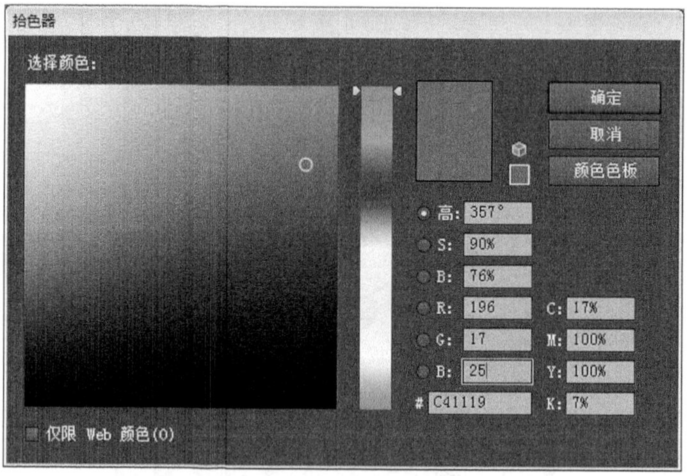

图 2.63　设置矩形的颜色

　　步骤 3　选择"矩形网格工具"▦，在画板上单击，在弹出的"矩形网格工具选项"对话框中设置宽度为 180pt，高度为 170pt，水平分隔线的数量为 0，垂直分割线的数量为 3，创建如图 2.64 所示的网格。

　　步骤 4　选中网格，选择菜单"视图"|"参考线"|"建立参考线"命令，将网格转为参考线。再执行"视图"|"参考线"|"锁定参考线"命令将参考线锁定，如图 2.65 所示。

　　步骤 5　选择"钢笔工具"✒，从左上角的点开始，在参考线的每一个交叉点处按顺

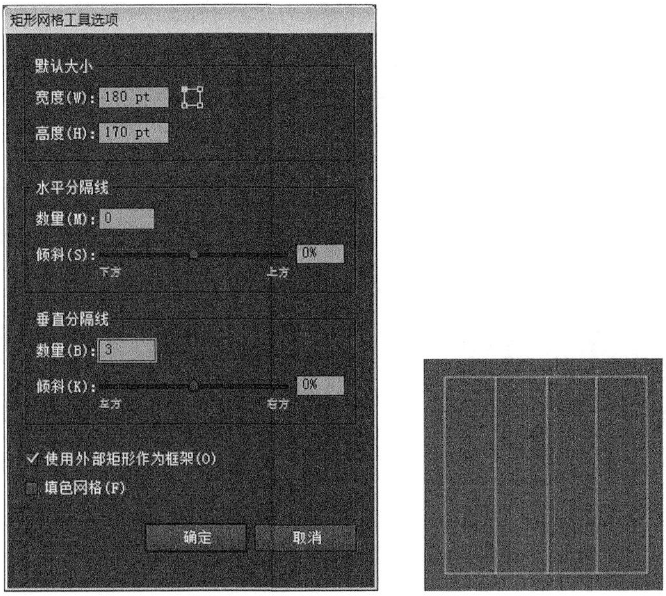

图 2.64　创建矩形网格

序连续单击创建路径，最后回到原点，创建一个由 6 个锚点组成的闭合三角形，如图 2.66
所示。

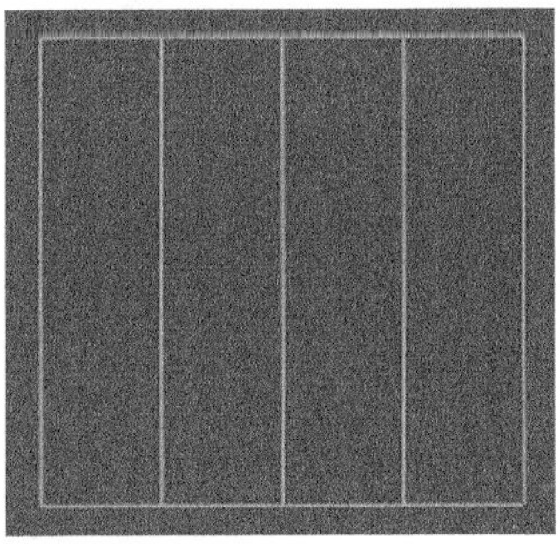

图 2.65　创建并锁定参考线

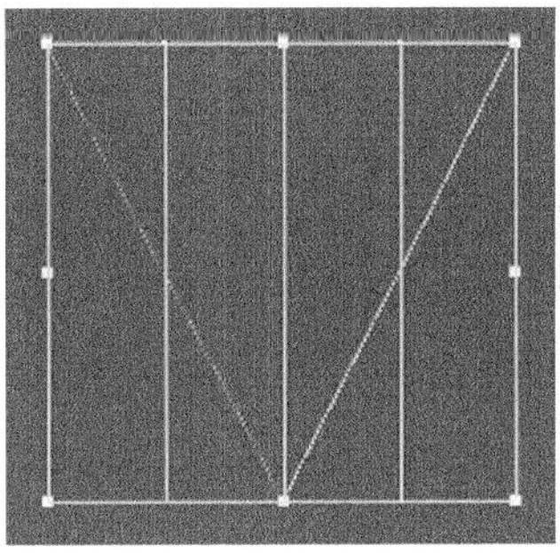

图 2.66　绘制三角形

步骤 6　选中左上角和右上角的两个锚点，同时向下移动，如图 2.67 所示。

步骤 7　选中上面中间的锚点，也向下移动一段距离，如图 2.68 所示。

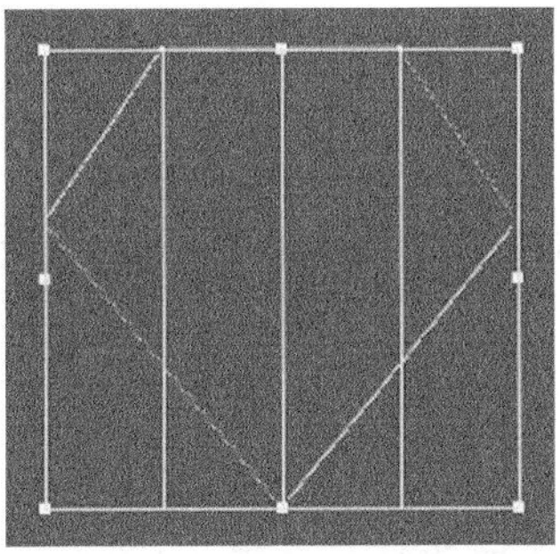

图 2.67　创建并锁定参考线

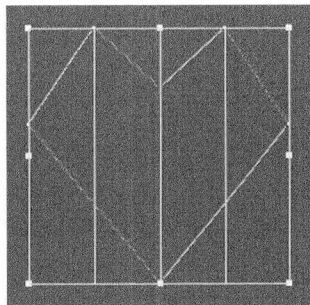

图 2.68　绘制三角形

步骤8 选择"转换锚点工具" ，拖动最上方左边的锚点，将该锚点转换为平滑锚点，如图2.69所示。用同样的方法将右边的锚点也转换为平滑锚点。

步骤9 选择"直接选择工具" ，选中最左边和最右边的锚点，在控制面板中单击"将所选锚点转换为平滑"命令 ，效果如图2.70所示。

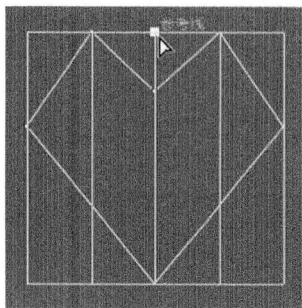

图 2.69 将上方的锚点转换为平滑锚点

图 2.70 将左右的锚点转换为平滑锚点

步骤10 在色板中单击"白色"作为心形的填充色，然后适当旋转，如图2.71所示。

步骤11 选中该白色心形，按快捷键 Ctrl+C（复制）、Ctrl+V（粘贴），缩小并适当旋转。再复制一个心形，缩小并适当旋转，卡片的整体效果如图2.72所示。

图 2.71 给心形填充并旋转

图 2.72 将心形复制、缩小与旋转

步骤12 选择"多边形工具" ，在画板上单击，在弹出的"多边形"对话框中设置边数为"3"，单击"确定"按钮后会出现一个三角形。打开"变换"面板，将宽度设置为110pt，高度设置为100pt。然后设置其填充色为 R=178，G=12，B=21，并移动到画板的最下方，效果如图2.73所示。

步骤13 选择"椭圆工具" ，在心形和三角形之间单击，创建一个宽度和高度都为11.5pt的正圆，设置其填充色为"黑色"，作为男性人物的头部，效果如图 2.74所示。

步骤14 选择"圆角矩形工具" ，在圆形下方绘制一个圆角矩形，效果如图2.75所示。

图 2.73 绘制三角形

步骤15 选择"剪刀工具" ，在圆角矩形左下点和右下点单击，然后删除下面的部

分,效果如图 2.76 所示。

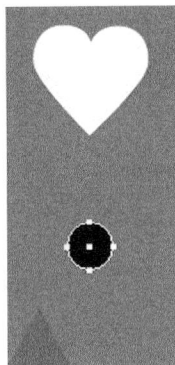

图 2.74 绘制正圆   图 2.75 绘制圆角矩形   图 2.76 绘制男性人物的身体

步骤 16 选择"矩形工具" ▣,绘制男性人物的腿部,效果如图 2.77 所示。

步骤 17 选择"椭圆工具" ◉,在男性人物的左边创建一个宽度和高度都为 10.5pt 的正圆,设置其填充色为"黑色",作为女性人物的头部。

步骤 18 选择"圆角矩形工具" ▣,在圆形下方绘制一个圆角矩形,并用剪刀工具将图形分成两个部分,删除下半部分。选择"直接选择工具",将下方两个锚点分别往两边移动,将中间的两个锚点转换为平滑,创建女性人物的上半身身体,效果如图 2.78 所示。

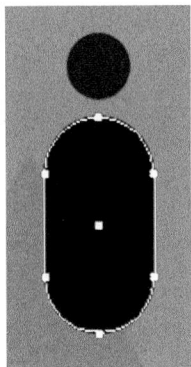

图 2.77 绘制男性人物   图 2.78 绘制女性人物的上半身身体
       的腿部

步骤 19 选择"矩形工具" ▣,在下方绘制一个矩形,并用"直接选择工具" ▮将下方两个锚点分别往两边移动,绘制女性人物的裙子部分,效果如图 2.79 所示。

步骤 20 选择"矩形工具" ▣,绘制女性人物的腿部,整体效果如图 2.80 所示。

步骤 21 选择"文字工具" Ⓣ 在最大的白色心形中单击输入文字"Be my Valentine?",选择字体 Edwardian Script ITC,字号 36pt,填充为黑色,并适当旋转,效果如图 2.81 所示。

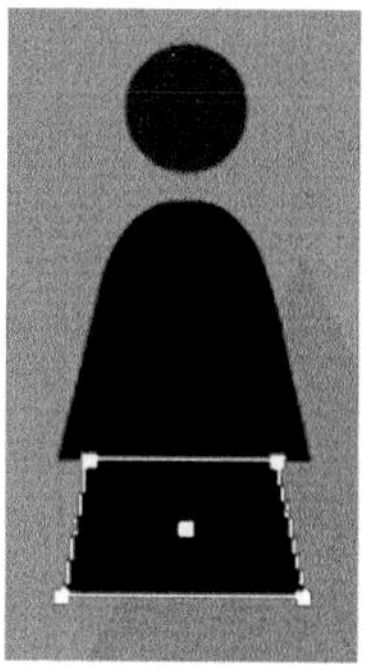

图 2.79　绘制女性人物的裙子 　　　图 2.80　绘制女性人物的腿部 　　　　　图 2.81　输入文字

2.2.3　绘制旗帜图形

1. 任务说明

通过绘制如图 2.82 所示的旗帜图形,学习钢笔工具绘制曲线的方法。

2. 操作步骤

步骤 1　新建一个文件,设置名称为"旗帜",画板数量为 1,宽度为 100mm,高度为 100mm,单位为毫米。

步骤 2　由于 Illustrator 在使用钢笔工具绘图时,会自动给图形填充,这样会影响图形的绘制,因此,一般可以在绘图之前将填充色设置为"无"。在工具箱中选择"填色工具",单击下方的▨图标,设置填色为"无"。选择下方的"描边工具",在色板上单击红色,将描边设置为"红色",如图 2.83 所示。

图 2.82　旗帜图形 　　　　　　　　　图 2.83　设置填色和描边

步骤 3　在使用钢笔工具绘制图形时,一般可以选择转角的点作为起始点。在本任务中,可以选择旗身的左上角的点作为绘制的起始点。选择"钢笔工具" ✎,在起点处单击鼠标。将鼠标向右下移动一定的距离,选择旗帜波浪的第一个最低点作为第二个锚点的位置,单击并向右水平拖动鼠标,如图 2.84 所示。

步骤 4　选择旗帜波浪的第一个最高点作为第三个锚点的位置,单击并向右水平拖动鼠标,如图 2.85 所示。

图 2.84　绘制第二个锚点

图 2.85　绘制第三个锚点

步骤 5　选择旗帜波浪的第二个最低点作为第四个锚点的位置,单击并水平拖动鼠标,如图 2.86 所示。

步骤 6　接下来绘制右上角的角点,将鼠标移动到右上角后单击鼠标即可,如图 2.87 所示。

步骤 7　第六个锚点也是直接单击鼠标即可,如图 2.88 所示。

图 2.86　绘制第四个锚点

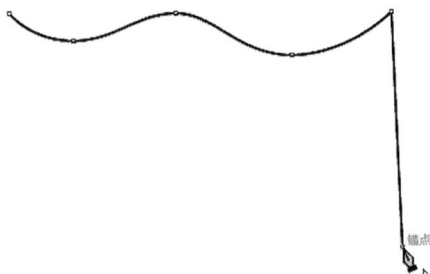

图 2.87　绘制第五个锚点

图 2.88　绘制第六个锚点

步骤 8　第七个锚点位于第四个锚点的下方,单击并向左水平拖动鼠标,如图 2.89 所示。

步骤 9　用同样的方法绘制接下来的三个锚点,如图 2.90 所示。

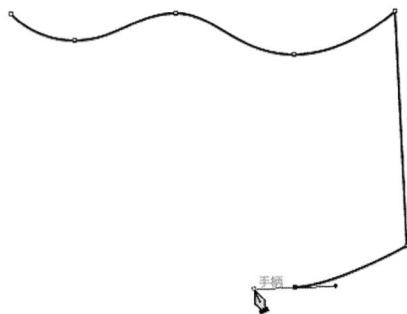

图 2.89　绘制第七个锚点

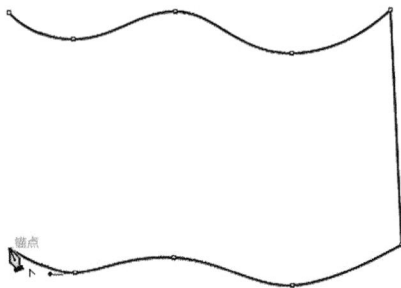

图 2.90　绘制后面三个锚点

步骤 10　最后一个点回到起点处,当鼠标右下角出现小圆圈时单击鼠标即可,如图 2.91 所示。

步骤 11　选择"填充工具",在色板上单击红色,将旗身设置为红色填充,如图 2.92 所示。

步骤 12　选择"矩形工具" ,绘制旗杆。如图 2.93 所示。

步骤 13　选择"椭圆工具" ,按住 Shift 键绘制一个正圆,作为旗杆的顶部,如图 2.94 所示。

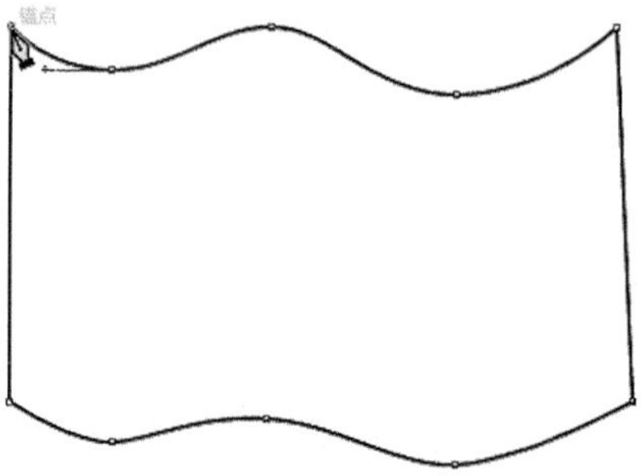

图 2.91 绘制最后一个锚点

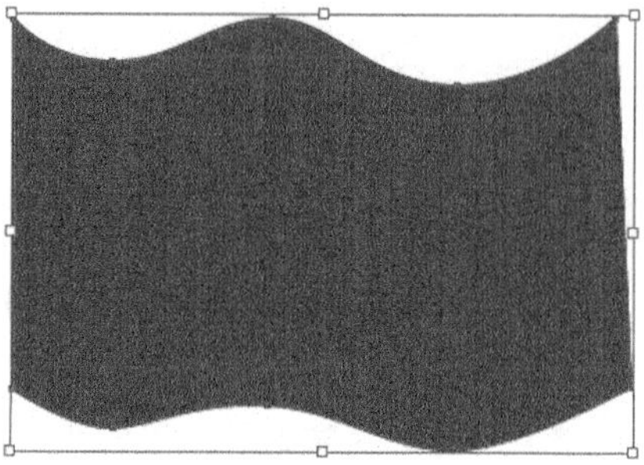

图 2.92 设置旗身的填充色

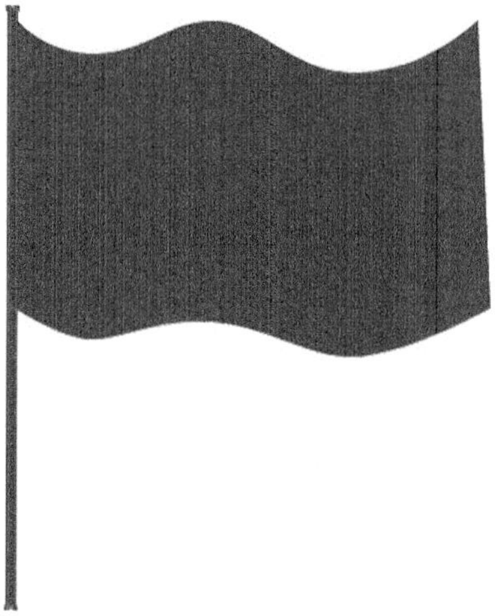

图 2.93 绘制旗杆

图 2.94 绘制旗杆的顶部

2.2.4 绘制乌云闪电图形

1. 任务说明

在绘制图形的过程中,并非所有的曲线都是平滑的,如图 2.95 中的乌云图形就是由一些线段较短且弧度较小的转角曲线构成。此时可以结合 Alt 键去掉一侧方向线来绘制图形。在本任务中,将学习绘制如图 2.95 所示的乌云闪电图形的方法。

2. 操作步骤

步骤 1 新建一个文件,设置名称为"乌云闪电",画板数量为 1,宽度为 100mm,高度为 100mm,单位为毫米。

步骤 2 在工具箱中选择"填色工具",设置填色为

图 2.95 乌云闪电图形

"无"。选择下方的"描边工具",将描边设置为"灰色",如图 2.96 所示。

步骤 3　将左下角的转角点作为绘制的起点,选择"钢笔工具" 在起点处单击,然后将鼠标向右上方移动,单击并拖动鼠标,如图 2.97 所示。在转角处单击鼠标即可,如图 2.98 所示。

图 2.96　设置填色和描边　　　　图 2.97　绘制第二个锚点　　　　图 2.98　绘制第三个锚点

步骤 4　在下一个转角处单击并拖动鼠标,绘制一个曲线锚点后,按 Alt 键单击该锚点,即可去掉一侧的方向线,如图 2.99 所示。

步骤 5　由于下一段曲线的弧度较大,因此,还是选择在曲线段的中间绘制一个锚点来控制曲线的弧度,如图 2.100 所示。在转角处单击鼠标。

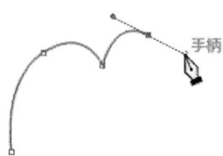

图 2.99　绘制第四个锚点　　　　　　　　图 2.100　绘制第五个锚点

步骤 6　接下来的几个锚点都可以运用"步骤 4"的方法,直接在转角处绘制曲线锚点,然后按 Alt 键单击锚点,可去掉一侧的方向线,最终效果如图 2.101 所示。

步骤 7　最后回到起点,创建闭合图形,如图 2.102 所示。

图 2.101　绘制接下来的几个锚点　　　　　　图 2.102　回到起点

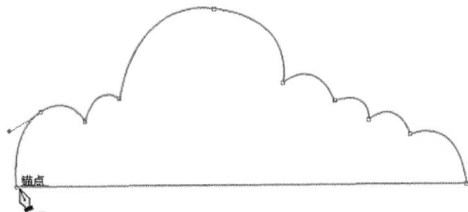

步骤 8　用"钢笔工具" 连续单击,绘制如图 2.103 所示的闪电图形。将该图形复制一个并移动到右边。

步骤 9　选择"乌云"图形,设置其填充色为"灰色",选择闪电图形,设置其填充色为"白色",最终效果如图 2.104 所示。

步骤 10　按 Ctrl+S 键保存文档。

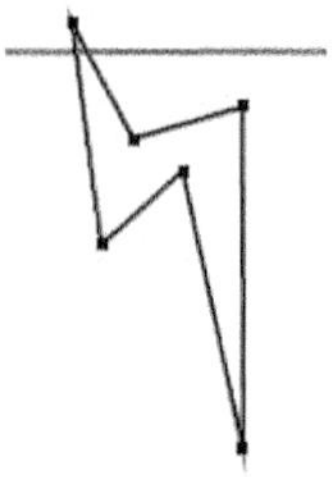

<table>
<tr><td>图 2.103　绘制闪电图形</td><td>图 2.104　设置乌云和闪电的填色</td></tr>
</table>

2.2.5　绘制圣诞贺卡

1. 任务说明

在本任务中,将运用矩形工具、多边形工具、钢笔工具、圆角矩形工具、椭圆工具等绘制如图 2.105 所示的圣诞贺卡。

图 2.105　圣诞贺卡

2. 操作步骤

步骤 1　新建一个文件,设置名称为"圣诞贺卡",画板数量为 1,宽度为 560pt,高度为 560pt,单位为 pt,在"高级"选项中,设置"颜色模式"为 RGB。

步骤 2　选择"矩形工具" ■,绘制一个与画板同样大小的矩形,并与画板对齐。双击工具箱中的"填色工具",在其中设置颜色值"R：148,G：196,B：206",如图 2.106所示。

图 2.106 设置矩形的颜色

步骤 3 按 Ctrl＋R 键打开标尺,在垂直方向拖出一条参考线到画板的中间,如图 2.107 所示。

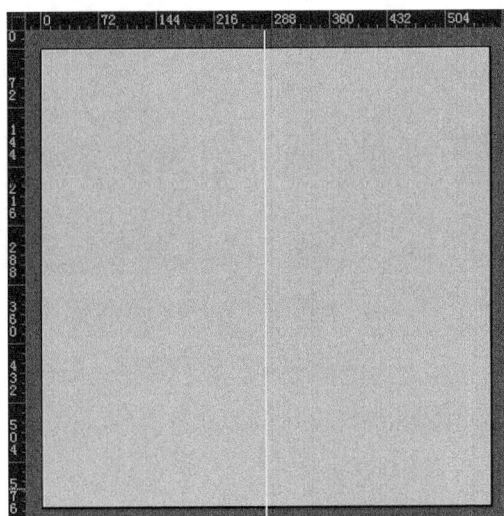

图 2.107 创建参考线

步骤 4 使用"钢笔工具" ✐ 绘制下方的积雪图形,并设置填充色为白色,如图 2.108 所示。

步骤 5 选择"矩形工具" ▢,将鼠标放到参考线上,按住 Alt 键以参考线为中心绘制矩形,并设置填充色为"R：172,G：50,B：36",如图 2.109 所示。

步骤 6 选择"星形工具" ⭐,在画板上单击,设置角点数为 3,单击"确定"按钮后在画板上会出现一个三角形,删除该三角形。将鼠标放到参考线上,按住 Shift 键绘制一个三角形,并设置填充色为"R：0,G：94,B：50",如图 2.110 所示。

步骤 7 选中该三角形,按快捷键 Ctrl＋C(复制)、Ctrl＋F(贴在前面),会在原地复制一个三角形。选中它,将鼠标放到其中一个角点,按住 Alt 键将其向中心缩小。按住 Shift 键垂直向上移动到合适的位置,如图 2.111 所示。

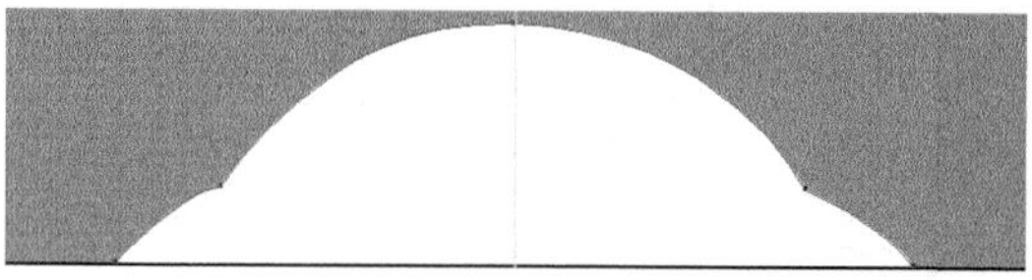

图 2.108　绘制白色积雪图形

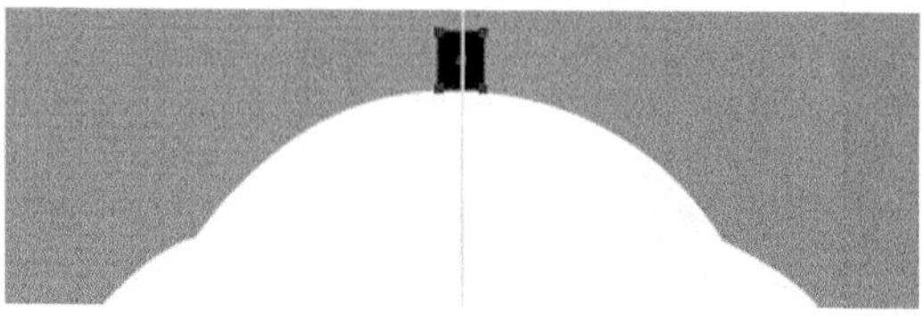

图 2.109　绘制红色矩形

图 2.110　绘制绿色三角形

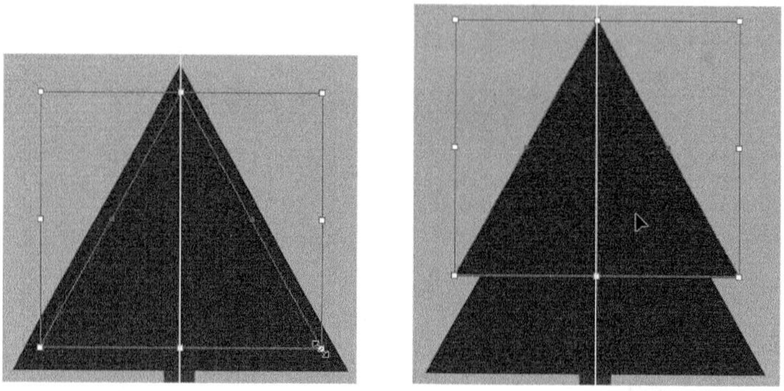

图 2.111　复制、缩小并移动绿色三角形

步骤 8　用同样的方法绘制圣诞树的剩余部分,完成后如图 2.112 所示。

步骤 9　用"钢笔工具" 绘制圣诞树上的积雪图形,如图 2.113 所示。

图 2.112　绘制圣诞树的剩余部分

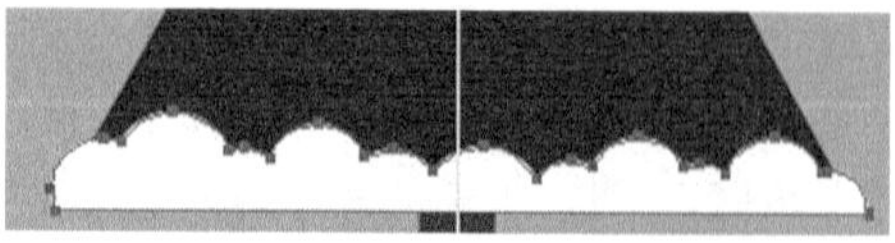

图 2.113　绘制圣诞树上的积雪图形

步骤 10 用同样的方法绘制圣诞树上的其他积雪图形,如图 2.114 所示。

步骤 11 用"缩放工具" 将图形放大到 400%,选择"圆角矩形工具"绘制一个圆角矩形,如图 2.115 所示。

步骤 12 双击"旋转工具" ,在弹出的"旋转"对话框中设置旋转角度为 60°,如图 2.116 所示。单击"复制"按钮后,可以复制并以 60°旋转该圆角矩形,重复该操作,即可绘制一个雪花图形,如图 2.117 所示。

图 2.115 绘制圆角矩形

图 2.114 绘制圣诞树上的其他积雪图形

图 2.116 在"旋转"对话框中设置旋转角度

步骤 13 选中该雪花图形的三个圆角矩形,按 Ctrl+G 键进行"编组"操作,如图 2.118 所示。将编组后的雪花复制粘贴到画板的多个地方。

步骤 14 选择"椭圆工具" ,在画板上单击,在弹出的"椭圆"对话框中设置相同的宽度和高度,绘制雪花点如图 2.119 所示。

图 2.117 绘制雪花图形

图 2.118 将雪花图形编组

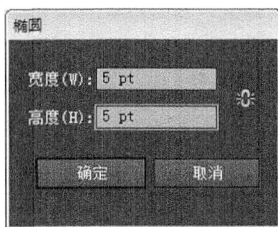

图 2.119 在"椭圆"对话框中设置相同的宽度和高度

步骤 15 用同样的方法绘制大小不一的多个雪花点后,将其移动到画板的多个地方。

步骤 16 选择"文本工具" ,输入文字 MERRY CHRISTMAS,字体为 Curlz MT,字号为 32pt,颜色为黑色,将其移动到最下方的积雪图形中间,如图 2.120 所示。

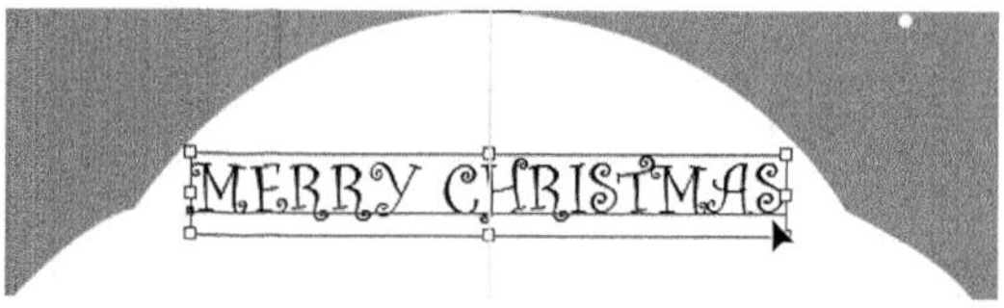

图 2.120　输入文字 "MERRY CHRISTMAS"

2.3　独立练习

2.3.1　制作 LG 标志图形

1. 制作要求

运用"椭圆工具"、"钢笔工具"、"剪刀工具"等绘制如图 2.121 所示的 LG 标志图形。

2. 操作步骤提示

(1) 用"椭圆工具"绘制红色正圆。

(2) 复制并缩小正圆,设置为白色描边,无填充。

(3) 用"剪刀工具"剪掉圆形上面的点,并删除该锚点。用"钢笔工具"绘制横线。

(4) 用"钢笔工具"单击创建 L 形。

(5) 用"椭圆工具"绘制白色小圆。

2.3.2　制作生日电子贺卡

1. 制作要求

运用本章所学的绘图工具绘制如图 2.122 所示的生日电子贺卡。

图 2.121　LG 标志图形

图 2.122　生日电子贺卡

2．操作步骤提示

（1）用"矩形工具"绘制背景矩形。

（2）用"椭圆工具"绘制背景圆形，并填充不同的颜色。

（3）用"网格工具"绘制网格图形，并设置描边为虚线。

（4）用"钢笔工具"绘制花纹图形。

（5）用"钢笔工具"、"椭圆工具"等绘制长颈鹿图形。

第3章 图形的填色与描边

本章学习目标

- 了解 Illustrator 软件中对图形进行填色与描边的类型与方法
- 掌握单色填充与描边、渐变填充与描边、图案填充和实时上色的方法
- 掌握"填充工具"、"颜色"面板、"色板"面板以及"描边"面板
- 掌握"渐变"面板、"网格工具"、"实时上色工具"的用法
- 掌握画笔的使用方法

图形绘制好以后,只有对其进行填充及描边处理才能使其更为生动。Illustrator 软件提供了多种为图形进行填色与描边的方法。本章通过介绍单色填充与描边、渐变填充与描边、图案填充、实时上色应用画笔的方法,帮助读者掌握"填充工具"、"颜色"面板、"色板"面板、"描边"面板、"渐变"面板、"网格工具"、"实时上色工具"、"画笔工具"以及"斑点画笔工具"的用法。最后通过多个任务的实践来帮助读者掌握图形的填色与描边的方法。

3.1 知识准备

3.1.1 单色填充与描边

单色填充是指使用一种色彩对选定的对象进行填充,该对象既可以是闭合路径,也可以是开放路径。颜色的填充与描边可以使用工具箱中的"填充工具"、"颜色"面板、"色板"面板以及"描边"面板。

1. 使用填充工具

默认状态下,在填充工具中,"填色"为白色,"描边"为黑色。图 3.1 显示了"填充工具"中各个按钮的含义。

选中一个对象,单击"互换填色和描边"按钮,此时,会为对象设置黑色填充,白色描边,如图 3.2 所示。单击"默认填色和描边"按钮时,对象的填充色变为白色,描边色变为黑色,如图 3.3 所示。

单击"填色"按钮使其处于选中状态,再单击"无"按钮◨,将对象的填充设置为无色,如图 3.4 所示。单击"描边"按钮后再单击"无"按钮◨,对象的描边也会变成无色,如图 3.5 所示。

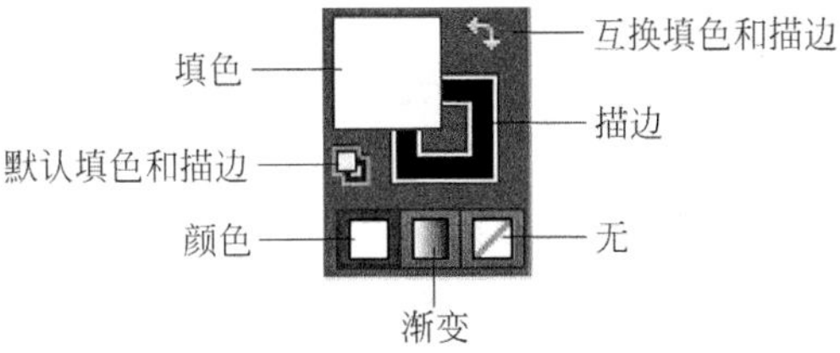

图 3.1　填充工具

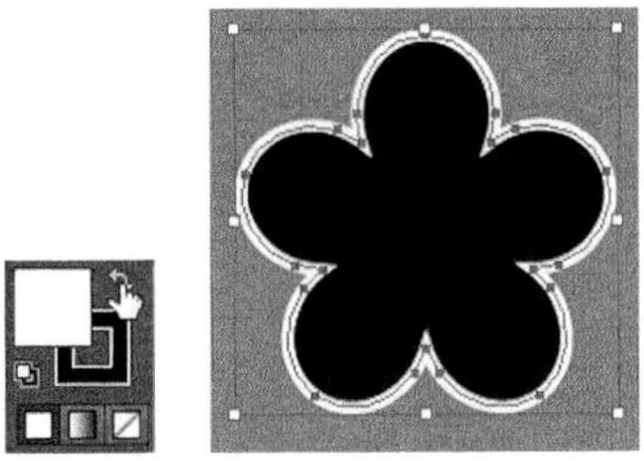

图 3.2　"互换填色和描边"效果

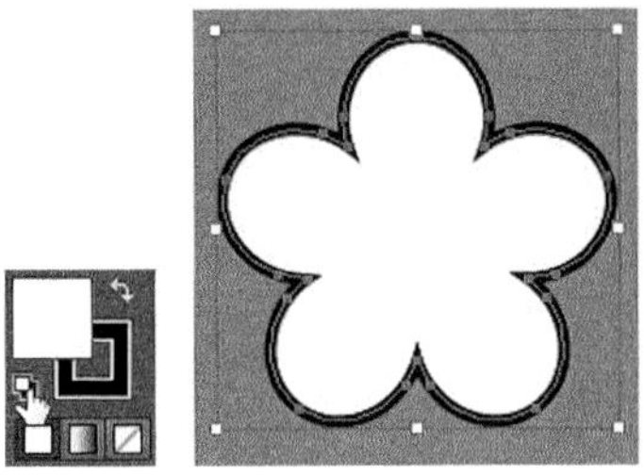

图 3.3　"默认填色和描边"效果

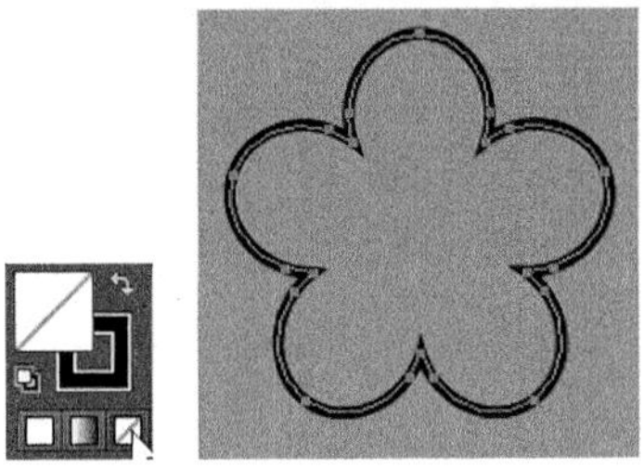

图 3.4　设置填充为"无"

　　此时,单击"颜色"按钮,对象的描边色会变为黑色。单击"填充"按钮后再单击"渐变"按钮,对象的填充色会变成渐变色,如图 3.6 所示。

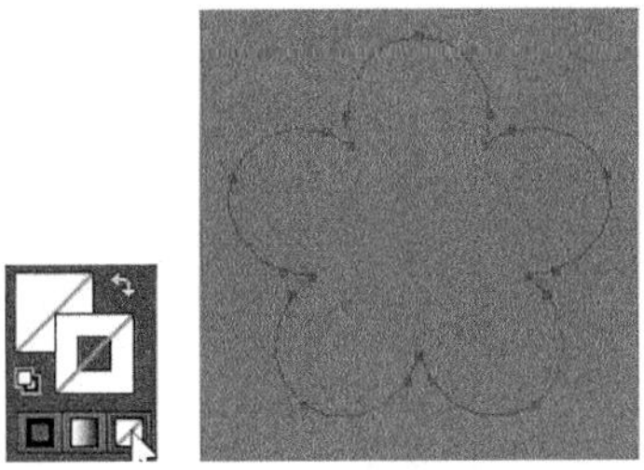

图 3.5　设置描边为"无"

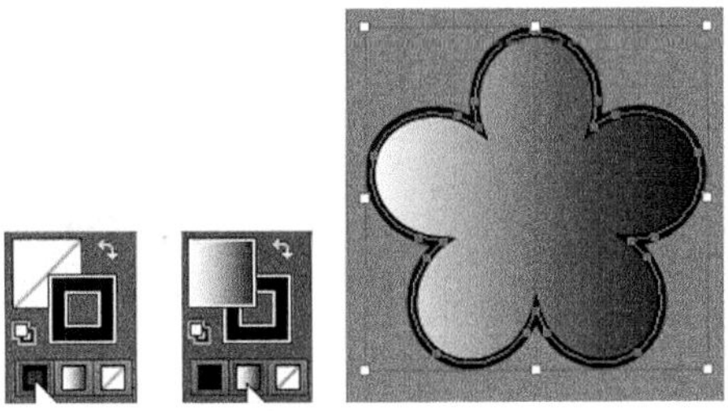

图 3.6　单击"颜色"按钮和"渐变"按钮后的效果

　　双击"填色"或"描边"按钮,会弹出"拾色器"面板,如图 3.7 所示。设置颜色的方法有两种:第一种是拖动"色谱滑块"选择一个主色调,然后在颜色区单击选择一种具体的颜色;第二种是直接在"颜色值"区域设置具体的颜色数值。"超出色域警告"是指如果当前设置的颜色无法准确打印,则会显示该警告。下方的颜色块则是系统提供的与当前颜色最为接近的可以准确打印的颜色。单击该警告或颜色块即可替换当前选择的颜色。"超出 Web 颜色警告"是指该颜色无法在网上准确地显示,单击该警告或颜色块即可替换当前选择的颜色。

　　2. 使用"颜色"面板

　　选择菜单"窗口"|"颜色"命令打开"颜色"面板,如图 3.8 所示。在"颜色"面板左边的一些按钮与填充工具中的按钮相同,在此就不一一介绍了。

　　选择对象后,在 RGB 颜色数值区域拖动颜色滑块或者直接输入颜色数值即可给对象填色,如图 3.9 所示。

　　在 RGB 色谱上单击也可以给对象填色,如图 3.10 所示。

颜色区　　　选择的颜色　　原来的颜色　　当前颜色

超出色域警告

超出Web颜色警告

颜色值

图 3.7　"拾色器"面板介绍

互换填色和描边
默认填色和描边
填色
描边

RGB颜色数值

无色、黑色与白色

十六进制颜色码

RGB色谱

图 3.8　"颜色"面板介绍

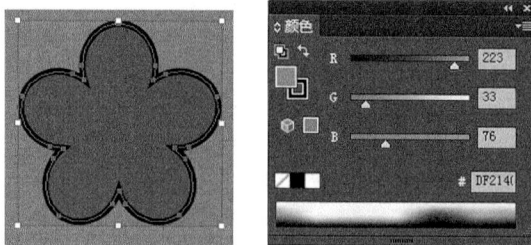

图 3.9　拖动颜色滑块或者直接输入颜色数值给对象填色

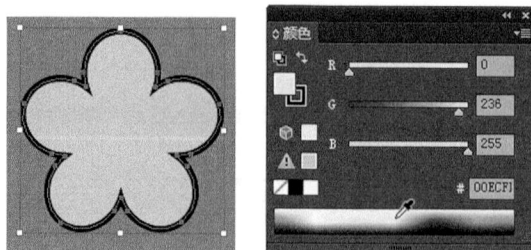

图 3.10　在 RGB 色谱上单击给对象填色

选择"颜色"面板左下方的"无色"、"黑色"或"白色"按钮,可以快速将对象颜色设置为无色、黑色或者白色。

单击"颜色"面板右上方的面板菜单按钮,会弹出如图3.11所示的面板菜单。从中可以选择颜色模型,设置当前颜色的反相颜色或补色,还可以将当前选定的颜色添加到"色板"面板中。

选择"创建新色板"选项,会弹出如图3.12所示的"新建色板"对话框。"色板名称"默认为当前颜色的数值,也可以重新命名;"颜色类型"可以选择"印刷色"或"专色";勾选"全局色"复选框可以将该颜色设置为全局色;"颜色模式"可以选择颜色模式;RGB数值可以修改。单击"确定"按钮后,该颜色将出现在"色板"面板中。

图 3.11　打开"颜色"面板的面板菜单

图 3.12　"新建色板"面板

3. 使用"色板"面板

选择菜单"窗口"|"色板"命令打开"色板"面板,如图3.13所示。选中对象后,在"色板"面板上选择某种颜色即可为对象填色。

Illustrator CS6提供了大量的色板库供用户选择,单击"色板"面板下方的"色板库"菜单按钮，会弹出如图3.14所示的"色板库"菜单。从中选择一个色板库,会弹出相应的色板库,如图3.15所示显示了"儿童物品"的色板库。当用户在绘制儿童物品时,可以方便地从中选择适合的颜色。

图 3.13　"色板"面板

单击"显示色板类型"菜单按钮，可以选择需要显示的色板类型,如图3.16所示。选中一个颜色样本,在"色板"面板上单击"色板选项"按钮，会弹出"色板选项"对话框,如图3.17所示,可以在其中修改颜色样本的属性。

单击"新建颜色组"按钮，在弹出的"新建颜色组"对话框中输入颜色组的名称,如图3.18所示,即可创建一个颜色组。单击"新建色板"按钮，会弹出"新建色板"对话框,如图3.19所示,可以在其中创建一个新的色板。

4. 使用"描边"面板

使用"描边"面板可以用来设置对象轮廓线的粗细、端点、边角、虚线以及箭头样式等属性。选择菜单"窗口"|"描边"命令打开"描边"面板,如图3.20所示。

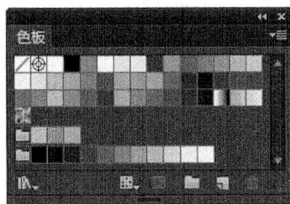

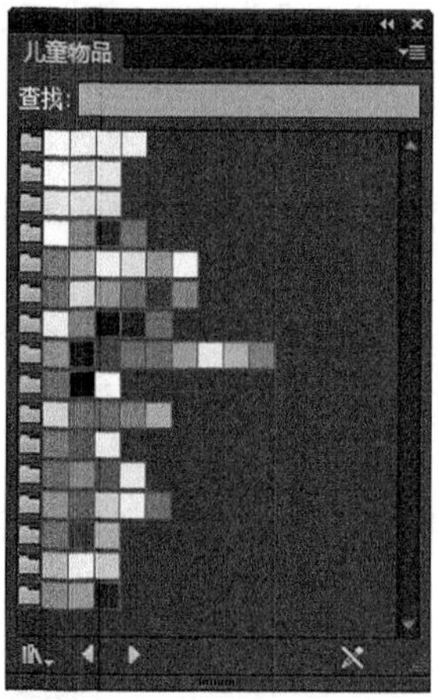

图 3.15　"儿童物品"色板库

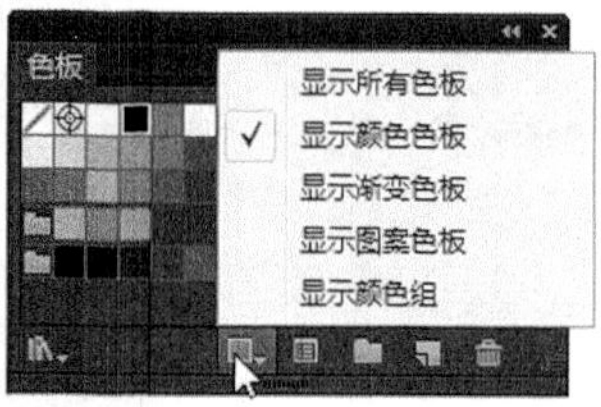

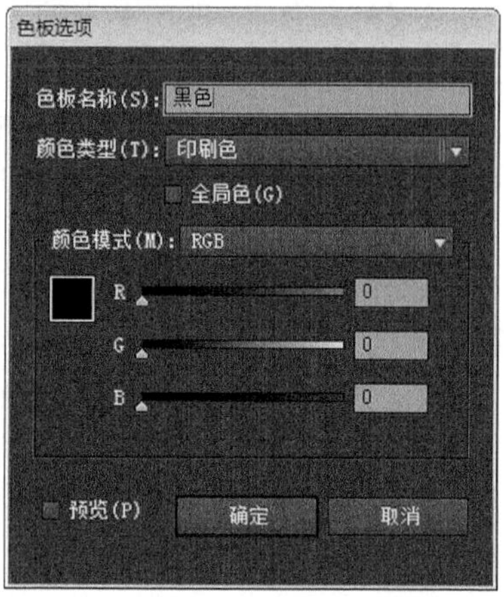

图 3.17　"色板选项"对话框

图 3.14　"色板库"菜单

图 3.16　"显示色板类型"菜单

图 3.18　"新建颜色组"对话框

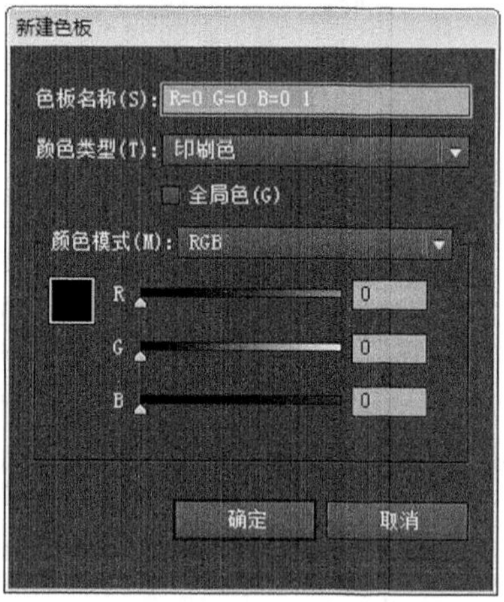

图 3.19　"新建色板"对话框

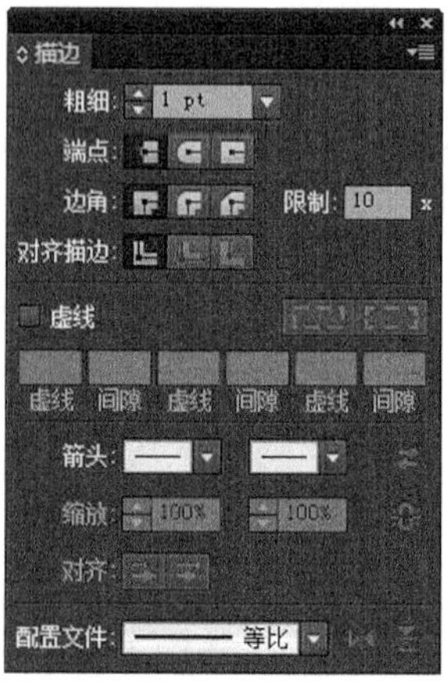

图 3.20　"描边"面板

　　选择"直线段工具",在画板上绘制一条直线,在"描边"面板中设置其"粗细"为 5pt。将该直线复制两条,并按垂直方向排列整齐,如图 3.21 所示。在"描边"面板的"端点"选项处,分别为三条直线设置不同的端点类型:平头端点、圆头端点和方头端点,效果如图 3.22 所示。

　　选择"矩形工具",在画板上绘制一个矩形,在"描边"面板中设置其"粗细"为 5pt。将该矩形复制两个,并按水平方向排列整齐。在"描边"面板的"边角"选项处,分别为三个矩形设置不同的边角类型:斜接连接、圆角连接和斜角连接,效果如图 3.23 所示。

图3.21 绘制三条直线段　　　　　　图3.22 设置三种不同端点类型后的效果

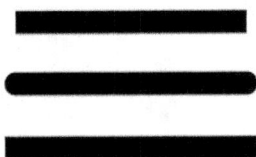

用同样的方法创建三个同样大小的矩形,在"描边"面板的"对齐描边"选项处,分别为三个矩形设置不同的对齐描边:使描边居中对齐、使描边内侧对齐和使描边外侧对齐,效果如图3.24所示。

图3.23 设置不同边角类型的效果 　　　　图3.24 设置不同对齐描边类型的效果

选择"矩形工具",在画板上绘制一个矩形,在"描边"面板中设置其"粗细"为5pt、平头端点、斜接连接和使描边居中对齐。勾选虚线,设置虚线12pt,间隙4pt,并单击"保留虚线和间隙的精确长度"按钮 ▦。将矩形复制一个后,单击"使虚线与边角和路径终端对齐,并调整到合适长度"按钮 ▦。效果如图3.25所示。

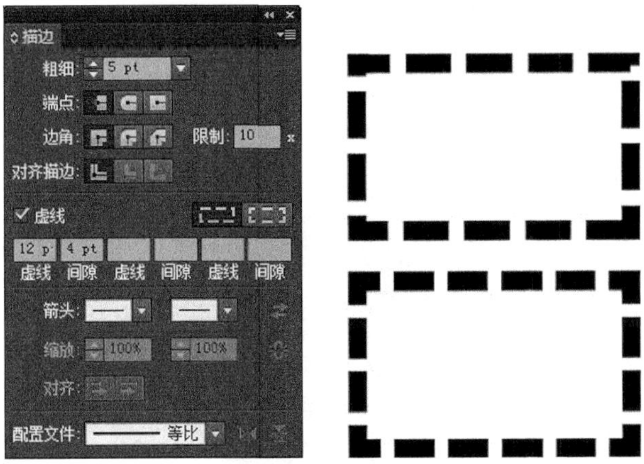

图3.25 设置不同虚线终端类型的效果

选择"直线段工具",在画板上绘制一条直线,在"描边"面板中设置其粗细为1pt。在"描边"面板的"箭头"选项处,可以为路径的起点和终点分别选择两种不同类型的箭头,如图3.26所示。单击"互换箭头起始处和结束处"按钮 ⇄,可以将箭头的起点和终点互换。设置"缩放"选项中的数值可以调整箭头的大小。在"对齐"选项中可以设置箭头的对齐方式是"将箭头提示扩展到路径终点外" ⬛还是"将箭头提示放置到路径终点处" ⬛。

图3.26 绘制箭头

绘制一个花朵图形,在"描边"面板的"配置文件"选项处,可以为图形选择不同的配置文件,图3.27显示了设置"宽度配置文件2"的效果。

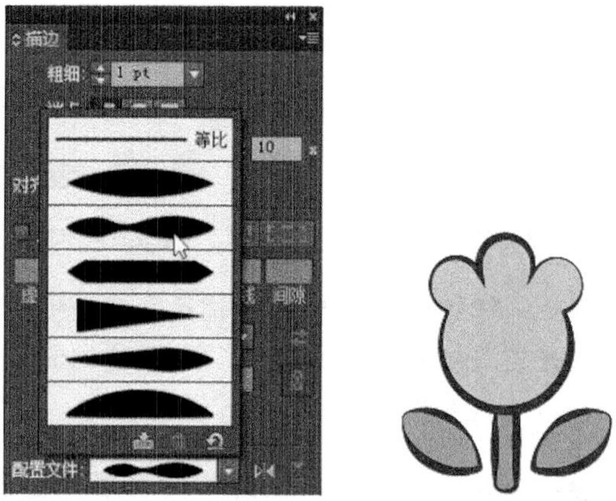

图 3.27　设置"宽度配置文件 2"的效果

3.1.2　渐变填充与描边

渐变是非常重要的填色功能,它可以创建两种或多种颜色之间的平滑过渡效果。在 Illustrator CS6 中,既可以对填充色设置渐变,也可以对描边设置渐变。创建渐变色的方法有多种,例如,使用"渐变"面板、使用"渐变工具"、使用"网格工具"或者"色板"面板中的渐变填充样本等方法,都可以创建渐变效果。

1. 使用"渐变"面板

选择菜单"窗口"|"渐变"打开"渐变"面板,在"渐变"面板中可以设置渐变的类型、描边的渐变类型、渐变的角度、径向渐变的长宽比、渐变的颜色、渐变滑块的不透明度和位置等,如图 3.28 所示。

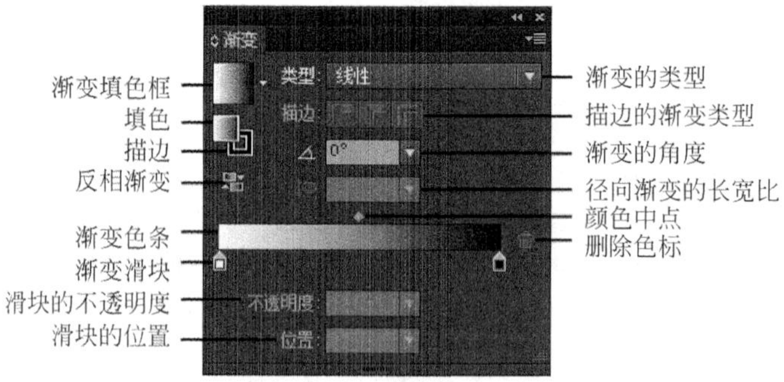

图 3.28　"渐变"面板介绍

在画板上绘制一个矩形,设置描边为"无",单击"填色"按钮,在"渐变"面板中单击"渐变填色框",此时矩形会变成由白色到黑色的渐变填充,如图 3.29 所示。单击"反相渐变"按钮后,可以反转渐变的效果,如图 3.30 所示。在渐变的"角度"选项中设置角度为 45°后,效果如图 3.31 所示。

拖动"渐变色条"上方的"颜色中点"滑块,可以调整渐变中点的位置,如图 3.32 所示。

在"渐变色条"的下方选择渐变滑块,可以移动滑块的位置来改变渐变的效果,图 3.33 显示了拖动黑色滑块后的渐变效果。

图 3.29　设置默认的渐变填充效果　　图 3.30　设置"反相渐变"效果　　图 3.31　设置角度为 45°的效果

图 3.32　拖动"颜色中点"滑块的效果

图 3.33　拖动黑色滑块后的渐变效果

在"不透明度"选项处修改数值,可以改变滑块的不透明度,图 3.34 显示了将数值改为 30%后的效果。

图 3.34　设置 30% 不透明度的效果

把鼠标移动到"渐变色条"的下方,此时鼠标下方会出现一个加号,单击鼠标可以添加一个滑块,如图 3.35 所示。

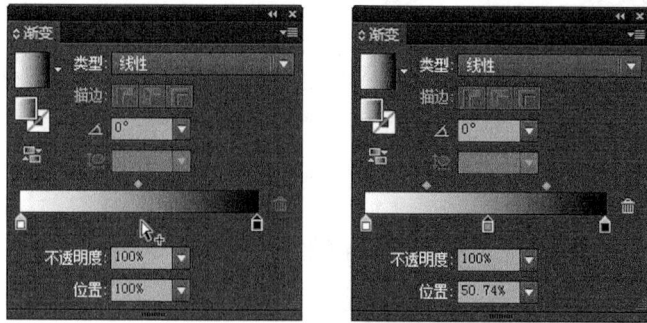

图 3.35　添加颜色滑块

双击该颜色滑块,会弹出"颜色"或"色板"选项,在其中选择一种颜色即可设置该滑块的颜色,如图 3.36 所示。如果想要去掉颜色滑块,只需选中该滑块后往下拖动鼠标,或者单击右边的"删除色标"按钮 即可。

图 3.36　为颜色滑块设置颜色

将矩形的填充色设置为"无",单击"描边"按钮,在"渐变"面板中单击"渐变填色框",并在"描边的渐变类型"选项中分别单击"在描边中应用渐变"按钮 、"沿描边应用渐变"按钮 和"跨描边应用渐变"按钮 ,效果如图 3.37 所示。

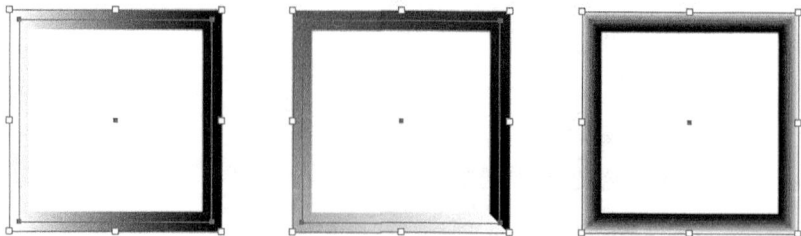

图 3.37　设置不同的描边渐变类型的效果

绘制一个正圆,将其描边色设置为"无",单击"填色"按钮,在"渐变"面板中单击"渐变填色框",选择"类型"为径向,效果如图 3.38 所示。

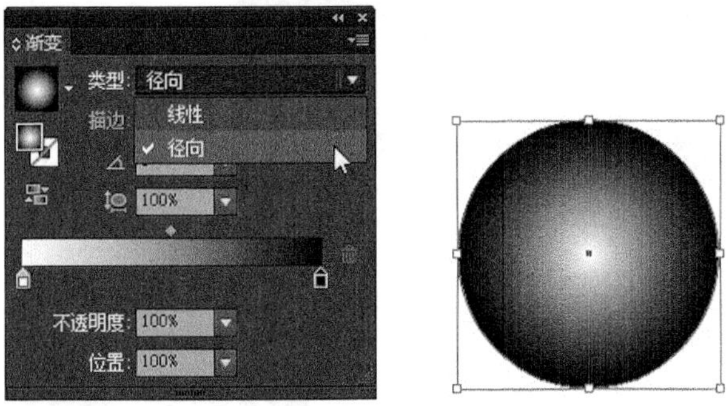

图 3.38 设置径向渐变填充的效果

在"长宽比"选项中设置 50％,效果如图 3.39 所示。

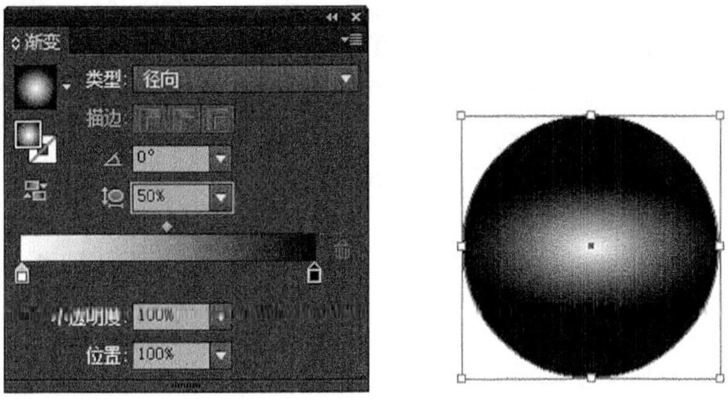

图 3.39 设置 50% 长宽比的效果

2. 使用"渐变工具"

除了使用"渐变"面板之外,还可以使用工具箱中的"渐变工具"改变渐变的角度、起点、终点或其他滑块的位置和颜色等。

选择一个已经设置了线性渐变填充的对象,单击工具箱中的"渐变工具" ,该对象上会出现一个渐变控制条,将鼠标移动到该控制条上,可以显示渐变色条、渐变滑块、渐变起点、渐变终点和颜色中点,如图 3.40 所示,左边的黑色圆形代表渐变的起点,右边的黑色菱形代表渐变终点。用鼠标拖动黑色圆形和黑色菱形,可以改变渐变起点和终点的位置,如图 3.41 所示。

将鼠标放到渐变终点的外侧,鼠标会变成一个圆形的箭头,拖动鼠标可以旋转渐变填充的角度,如图 3.42 所示。将鼠标移动到渐变控制条的下方,当鼠标下方出现一个加号时单击鼠标,可以添加一个颜色滑块,如图 3.43 所示。双击该颜色滑块,在弹出的"颜色"面板中选择一种颜色,即可改变该滑块的颜色,如图 3.44 所示。

选择一个已经设置了径向渐变填充的对象,单击"渐变工具"后,该对象上除了会出现渐变控制条之外,还会出现一个圆形的虚线框,如图 3.45 所示。

将鼠标放到圆形的虚线框上方的黑色圆点处,鼠标下方会出现一个圆形,将鼠标上下拖动,可以改变径向渐变的长宽比,如图 3.46 所示。

图 3.40 选择"渐变工具"后
显示渐变控制条

图 3.41 改变渐变起点和
终点的位置

图 3.42 旋转渐变填充
的角度

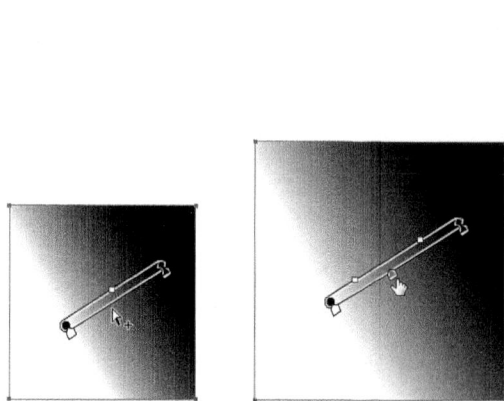

图 3.43 添加颜色滑块

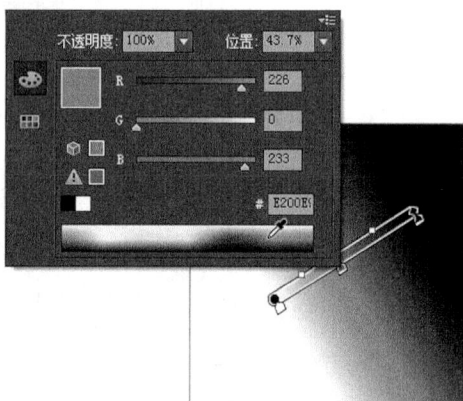

图 3.44 改变颜色滑块的颜色

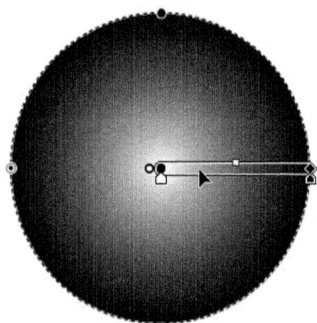

图 3.45 径向渐变填充对象选择
"渐变工具"后的效果

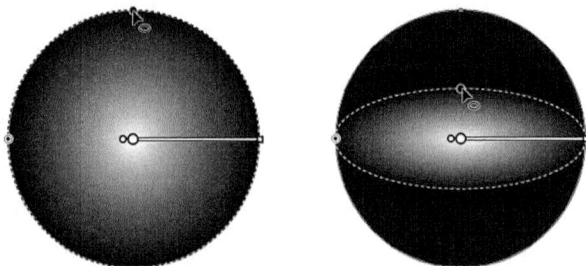

图 3.46 改变径向渐变的长宽比

　　将鼠标放到圆形的虚线框左边的圆点处,鼠标下方会出现一个虚线矩形框,将鼠标左右拖动,可以改变径向渐变的范围,如图 3.47 所示。拖动该点与拖动渐变终点的效果相同。

3. 使用"网格工具"

　　使用"网格工具"可以为对象创建渐变网格,通过对网格点着色来创建渐变效果。相对于线性渐变和径向渐变来说,网格渐变可以实现更为生动的渐变效果。

1）创建渐变网格

　　创建渐变网格必须是在有颜色填充的对象上创建，因此，可以先绘制一个圆形并填充一种颜色。然后选择工具箱中的"网格工具"▨，在圆形上单击，此时该圆形就变成了渐变网格对象，并被添加上了网格线，如图3.48所示。保持该点为选中状态，在色板上选择另外一种颜色单击，即可创建渐变效果，如图3.49所示。继续使用"网格工具"在圆形上单击并设置不同的颜色，可以创建多种颜色的渐变网格效果，如图3.50所示。

图3.47　改变径向渐变的范围　　　　　　　　　　图3.48　添加网格线

图3.49　为网格设置颜色　　图3.50　设置多色网格渐变效果　　图3.51　"创建渐变网格"对话框

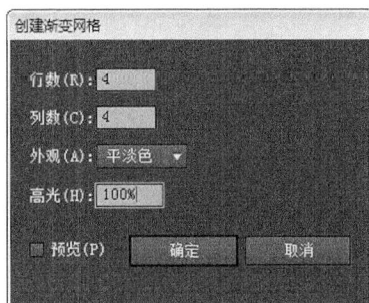

　　选择菜单"对象"|"创建渐变网格"命令，会弹出"创建渐变网格"对话框，如图3.51所示，通过设置"行数"、"列数"、"外观"和"高光"可以快速创建渐变网格。图3.52显示了在"外观"选项中分别选择"平淡色"、"至中心"和"至边缘"的效果。

图3.52　分别选择外观"平淡色"、"至中心"和"至边缘"的效果

2）编辑渐变网格

选择"网格工具"，在渐变网格对象上单击即可增加网格线，如图 3.53 所示。

图 3.53　增加网格线

按住 Alt 键在相应的网格线上单击，可以删除网格线，如图 3.54 所示。也可以使用"直接选择工具"选中某个锚点后按 Delete 键删除该点上的网格线。

使用"网格工具"拖动渐变网格上的锚点，可以移动该点的位置，如图 3.55 所示。使用"网格工具"拖动渐变网格上锚点的控制线，可以调整网格线的弧度，如图 3.56 所示。使用"直接选择工具"也可以进行以上操作。

图 3.54　删除网格线

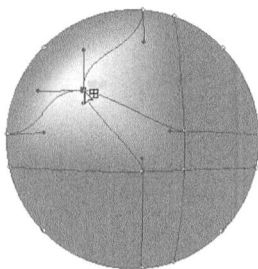

图 3.55　移动渐变网格上的锚点位置

4. 使用"色板"面板

在"色板"面板的"色板库"菜单中有一个"渐变"子菜单，其中包含一些渐变色板库，如图 3.57 所示显示了应用"色谱"色板库中的"色谱"渐变色的效果。

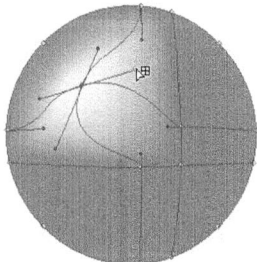

图 3.56　调整渐变网格线的弧度

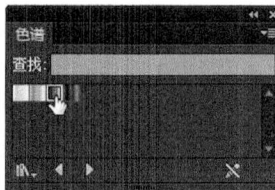

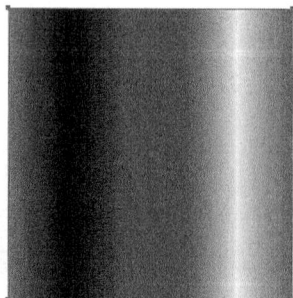

图 3.57　应用"色谱"色板库中的"色谱"渐变色的效果

3.1.3 图案填充

1. 使用"色板"面板中的预设图案填充

在"色板"面板的"色板库"菜单中有一个"图案"子菜单,其中包含"基本图形"、"自然"和"装饰"三种图案色板库,如图 3.58 所示显示了应用"自然_叶子"色板库中的"柳枝颜色"图案的填充效果。

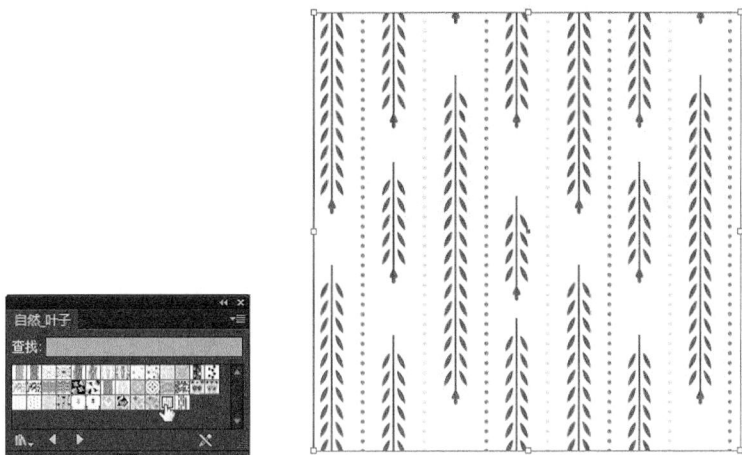

图 3.58 应用"自然 叶子"色板库中的"柳枝颜色"图案的填充效果

2. 自定义图案填充

除了使用预设的图案填充之外,还可以自己来定义图案填充。首先,绘制一个填充图案,比如绘制一个五角星形,并填充为黄色,如图 3.59 所示。选择菜单"对象"|"图案"|"建立"命令,此时会同时弹出两个对话框,一个是提示当前图案已经添加到"色板"面板中,如图 3.60 所示,单击"确定"按钮即可;另一个是"图案选项"对话框,如图 3.61 所示,在其中可以设置该色板的名称、拼贴类型、图形大小、间距、重叠以及份数等属性。设置好后,在文件选项卡上方单击"完成"按钮即可,如图 3.62 所示。

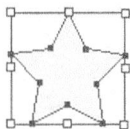

图 3.59 绘制五角星形

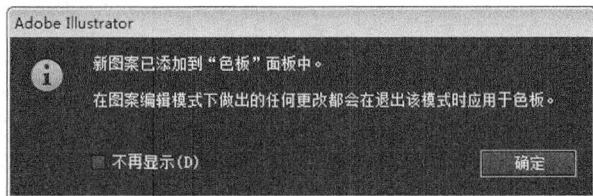

图 3.60 提示对话框

此时,在"色板"面板中会出现五角星图案的色板,绘制一个大的矩形,在"色板"面板中单击该色板后,效果如图 3.63 所示。

如果需要修改图案色板,只需要在"色板"面板中双击该色板,就会弹出"图案选项"对话框,在其中进行修改即可。

图 3.62 在文件选项卡上方单击"完成"

图 3.61 "图案选项"对话框

图 3.63 自定义图案填充效果

3.1.4 实时上色

实时上色是一种为复杂对象上色的方法。它将所有的路径划分为同一个平面上的不同区域,可以分别对各个区域进行上色,与在铅笔稿上上色类似。

1. 建立实时上色

选中需要实时上色的对象,选择菜单"对象"|"实时上色"|"建立"命令,建立实时上色,如图 3.64 所示。

2. 设置实时上色工具选项

双击"实时上色工具" ,会弹出"实时上色工具选项"对话框,勾选所有的选项,使其能够对填充、描边上色,有光标色板预览以及突出显示,如图 3.65 所示。

图 3.64 建立实时上色

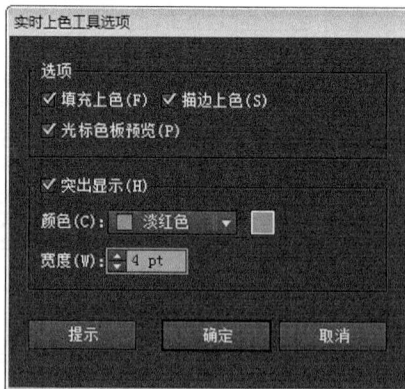

图 3.65 设置"实时上色工具选项"

3. 为图形设置填充颜色

保持"实时上色工具"的选中状态,在色板上选择一个蓝色,在最外层的圆形区域单击,效果如图 3.66 所示。用同样的方法为熊猫的耳朵、眼睛和鼻子填充黑色,为熊猫的帽子填充红色,其余的部分填充白色,如图 3.67 所示。

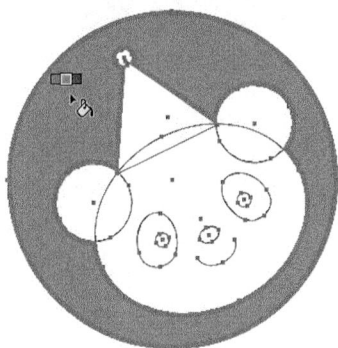

图 3.66 为圆形填充蓝色　　　　　　　　图 3.67 为熊猫图形填充颜色

4. 为图形设置描边颜色

在"填充工具"中单击"描边工具",使其位于"填充工具"的上方。选择"实时上色工具",在色板上选择"无"色,当光标下方变成一个画笔时,表示此时是设置图形的描边颜色。在图形的描边处单击,去掉除了嘴巴以外所有的描边颜色,效果如图 3.68 所示。

图 3.68 为图形设置描边色

5. 释放和扩展实时上色

选择实时上色组后,执行"对象"|"实时上色"|"释放"命令,会将之前创建的填充色全部取消,只保留轮廓宽度为 1pt 的黑色描边,如图 3.69 所示。执行"对象"|"实时上色"|"扩展"命令,会将实时上色组的表面和轮廓转换为独立的图形,并划分为两个编组对象,所有的表面一个编组,所有轮廓一个编组。取消编组后,可以查看各个单独的对象,如图 3.70 所示。

3.1.5 应用画笔

在 Illustrator 中,利用画笔可使路径的外观具有各种艺术化描边的效果,用户可以将系统预设的画笔描边应用于现有的路径,也可以使用"画笔工具" 在绘制路径的同时应用画笔描边。

67

图 3.69 释放实时上色

图 3.70 扩展实时上色

1. 画笔类型

Illustrator CS6 提供了丰富的画笔样式,这些样式存储在"画笔"面板中,主要分为书法画笔、散点画笔、毛刷画笔、图案画笔和艺术画笔 5 种类型。单击"画笔"面板的菜单按钮,可以在菜单中选择显示的画笔类型,如图 3.71 所示。

1)书法画笔

单击"画笔"面板下方的"画笔库菜单"按钮 ![按钮], 在菜单中选择"艺术效果"|"艺术效果_书法"命令,会弹出"艺术效果_书法"面板,如图 3.72 所示。图 3.73 显示了应用"40 点扁平"书法画笔样式的效果。

图 3.72 "艺术效果_书法"面板

图 3.71 在"画笔"面板菜单中选择显示的画笔类型

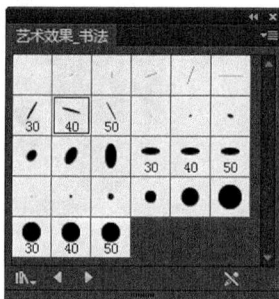

图 3.73 应用"40 点扁平"书法画笔效果

应用过的画笔样式会出现在"画笔"面板中,在"画笔"面板中双击该样式,会弹出"书法画笔选项"对话框,在其中可以设置画笔的角度、圆度和大小等选项,如图 3.74 所示。

2)散点画笔

单击"画笔"面板下方的"画笔库菜单"按钮 ![按钮], 在菜单中选择"装饰"|"装饰_散布"命令,会弹出"装饰_散布"面板,如图 3.75 所示。图 3.76 显示了应用"五彩纸屑"的画笔效果。

图 3.74 "书法画笔选项"对话框

图 3.75 "装饰_散布"面板

图 3.76 应用"五彩纸屑"画笔效果

在"画笔"面板中双击该样式,会弹出"散点画笔选项"对话框,在其中可以设置画笔的大小、间距、分布、旋转以及着色方法等选项,如图 3.77 所示。

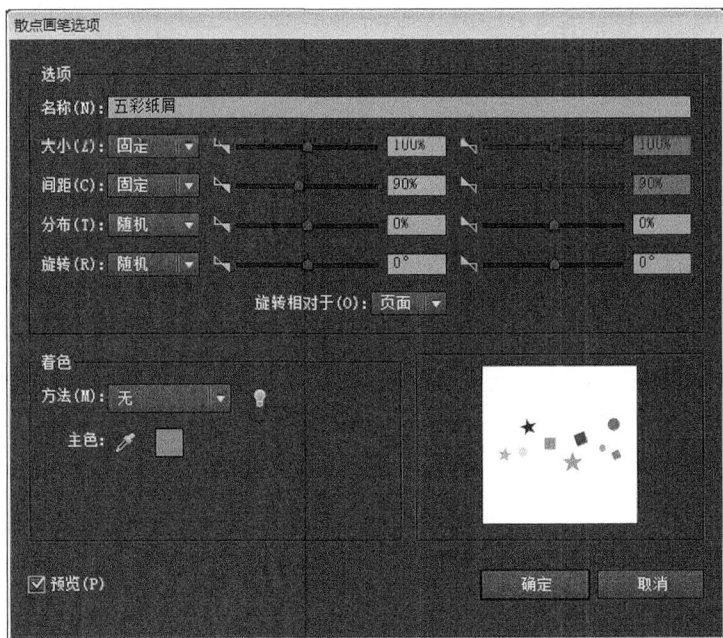

图 3.77 "散点画笔选项"对话框

3)毛刷画笔

单击"画笔"面板下方的"画笔库菜单"按钮 ，在菜单中选择"毛刷画笔"|"毛刷画笔库"命令,会弹出"毛刷画笔库"面板,如图 3.78 所示。图 3.79 显示了应用"蓬松形"毛刷画笔的效果。

在"画笔"面板中双击该样式,会弹出"毛刷画笔选项"对话框,在其中可以设置画笔的形状、大小、毛刷长度、密度、粗细、不透明度以及硬度等选项,如图 3.80 所示。

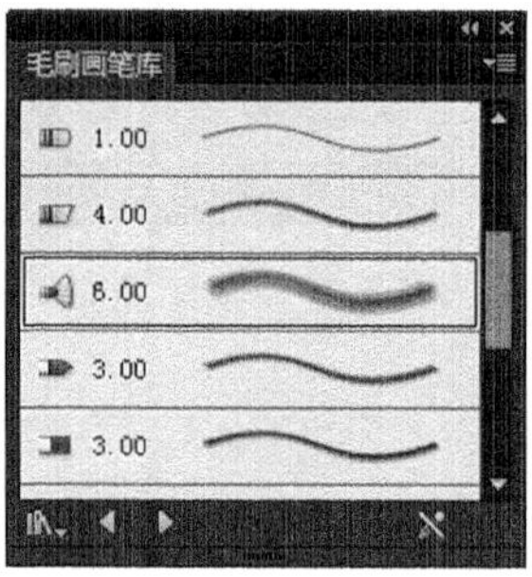

图 3.78 "毛刷画笔库"面板

图 3.79 应用"蓬松形"毛刷画笔效果

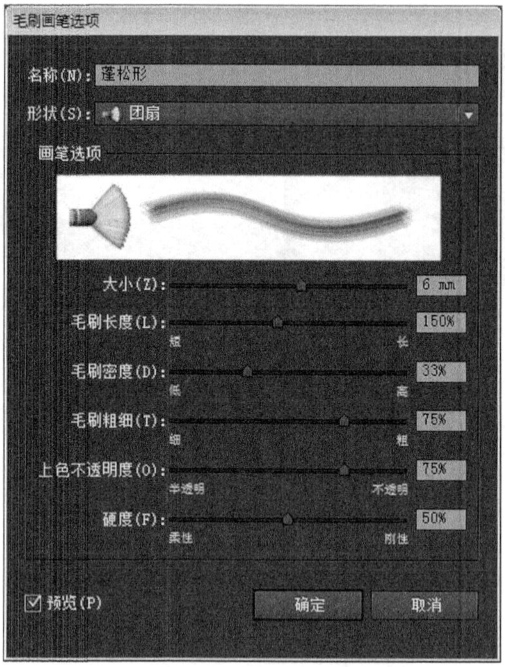

图 3.80 "毛刷画笔选项"对话框

4）图案画笔

单击"画笔"面板下方的"画笔库菜单"按钮，在菜单中选择"边框"|"边框_新奇"命令，会弹出"边框_新奇"面板，如图 3.81 所示。需要注意的是，"边框"菜单选项中的各个子菜单都是图案画笔效果。图 3.82 显示了应用"桂冠"画笔的效果。

图 3.81 "边框_新奇"面板

图 3.82 应用"桂冠"画笔效果

在"画笔"面板中双击该样式，会弹出"图案画笔选项"对话框，在其中可以设置画笔的缩放、间距、拼贴类型、翻转、适合、着色等选项，如图 3.83 所示。

5）艺术画笔

单击"画笔"面板下方的"画笔库菜单"按钮，在菜单中选择"艺术效果"|"艺术效果_粉笔炭笔铅笔"命令，会弹出"艺术效果_粉笔炭笔铅笔"面板，如图 3.84 所示。需要注意的是，"艺术效果"菜单选项中除了"艺术效果_书法"选项之外的其他各个子菜单都是艺术效果。图 3.85 显示了应用"粉笔-涂抹"画笔的效果。

图 3.83　"图案画笔选项"对话框

图 3.84　"艺术效果_粉笔炭笔铅笔"面板

图 3.85　应用"粉笔-涂抹"画笔效果

在"画笔"面板中双击该样式,会弹出"艺术画笔选项"对话框,在其中可以设置画笔的宽度、画笔缩放选项、起点、终点、方向、着色、翻转以及重叠等选项,如图 3.86所示。

2. 自定义画笔

除了使用系统预设的画笔样式之外,还可以根据自己的需要来自定义画笔,方法如下。

首先,绘制一个用来作为画笔的图案,然后将其拖入到"色板"面板中,如图 3.87所示。

单击"画笔"面板底部的"新建画笔"按钮 ，或执行"新建画笔"命令,弹出"新建画笔"对话框,在其中可以选择一种画笔类型,如"图案画笔",如图 3.88 所示。

选择"图案画笔"后会弹出"图案画笔选项"对话框,设置名称为"心形画笔",分别单

图 3.86 "艺术画笔选项"对话框

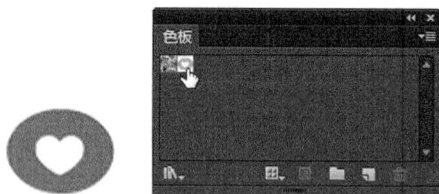

图 3.87 绘制图案并拖入"色板"面板中

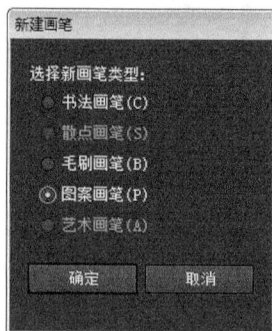

图 3.88 选择画笔类型

击 5 个"拼贴"按钮,均在下方选择"新建图案色板 1",新建的图案会显示在"拼贴"按钮中。然后在适合的选项中选择"添加间距以适合",单击"确定"按钮即可,如图 3.89 所示。

创建好图案画笔后,"画笔"面板中就会出现该画笔。绘制一个图形,在该画笔上单击,即可应用画笔效果,如图 3.90 所示。

3. 使用"画笔工具"

选择工具箱中的"画笔工具"后,在"画笔"面板或控制面板的"画笔定义"下拉列表中选择一种画笔样本,然后在画板上拖动鼠标就可以绘制图形了,如图 3.91 所示。

4. 使用"斑点画笔工具"

"斑点画笔工具"与"画笔工具"一样可以在画板中绘制,但是后者得到的是路

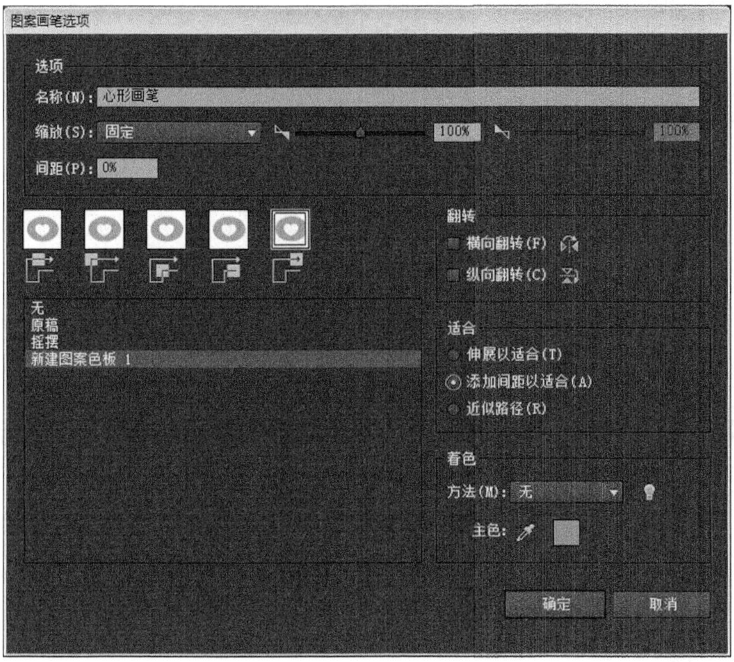

图 3.89 在"图案画笔选项"对话框中设置选项

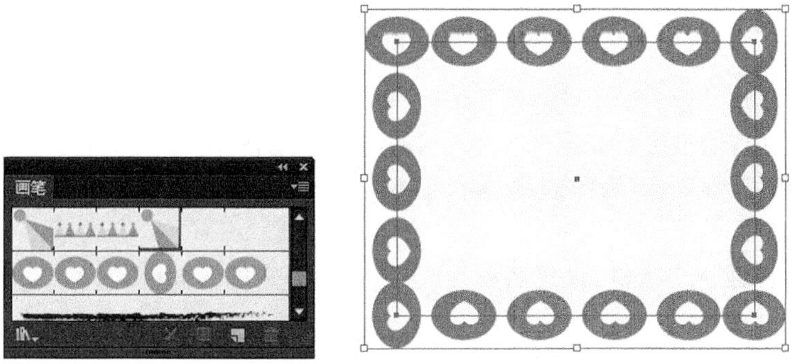

图 3.90 应用自定义画笔效果

图 3.91 使用"画笔工具"绘制图形

径线条,而前者得到的是填充效果。双击"斑点画笔工具" ,会弹出"斑点画笔工具选项"对话框,在其中可以设置容差值、画笔的大小、角度、圆度等选项。使用"斑点画笔工具" 在画板上拖动鼠标,即可绘制只有填充效果的图形,如图 3.92 所示。

图 3.92 使用 "斑点画笔工具" 绘制图形

3.2 任务实践

3.2.1 绘制卡通小鸟

1. 任务说明

在本任务中,通过绘制如图 3.93 所示的卡通小鸟图形,学习如何运用"颜色"面板、"描边"面板和"吸管工具"为图形进行单色填充和描边。

2. 操作步骤

步骤 1 新建一个文件,设置名称为"卡通小鸟",宽度和高度均为 400pt,"颜色模式"为 RGB。

步骤 2 选择"椭圆工具" ,在画板上绘制一个正圆,在"颜色"面板中设置描边色的 RGB 数值分别为:251,176,59,填充为无色,如图 3.94 所示。

图 3.93 卡通小鸟图形

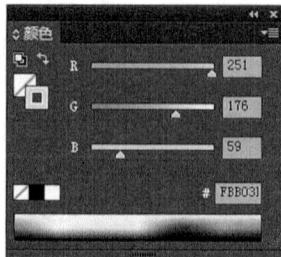

图 3.94 绘制正圆并设置描边色

步骤 3 选择"添加锚点工具" ，在正圆的左下角单击，添加一个锚点，如图 3.95 所示。

步骤 4 选择"直接选择工具" ，调整正圆下方的两个锚点的位置和弧度，形成小鸟的身体图形，如图 3.96 所示。

图 3.95 添加锚点

图 3.96 调整锚点的位置和弧度

步骤 5 在"颜色"面板中，单击"填色工具"，设置填充色的 RGB 数值分别为：255，114，0，如图 3.97 所示。

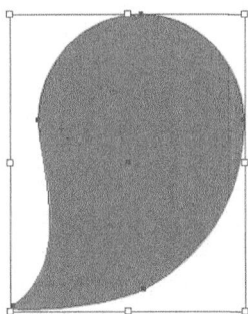

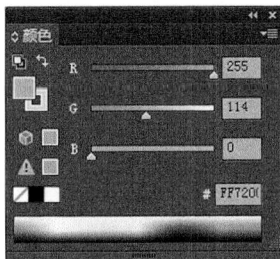

图 3.97 设置填充颜色值

步骤 6 打开"描边"面板，设置粗细为 5pt，配置文件为"宽度配置文件 6"，如图 3.98 所示。

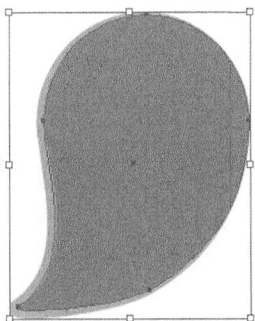

图 3.98 设置描边效果

步骤 7 选择"椭圆工具" 绘制一个小正圆,在"颜色"面板中设置填充色的 RGB 数值分别为:90,61,27,描边为无色,作为小鸟的眼睛,如图 3.99 所示。

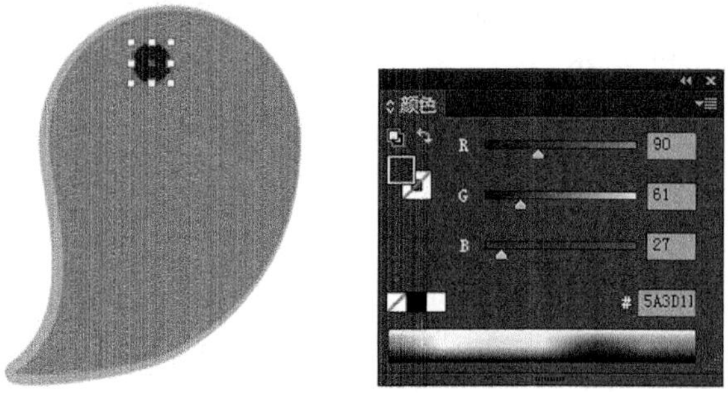

图 3.99 绘制小鸟的眼睛

步骤 8 选择"椭圆工具" 绘制一个椭圆,选择"直接选择工具",调整椭圆上方锚点的控制柄,形成小鸟的嘴巴图形。在"颜色"面板中设置填充色的 RGB 数值分别为:254,222,88,描边为无色,如图 3.100 所示。

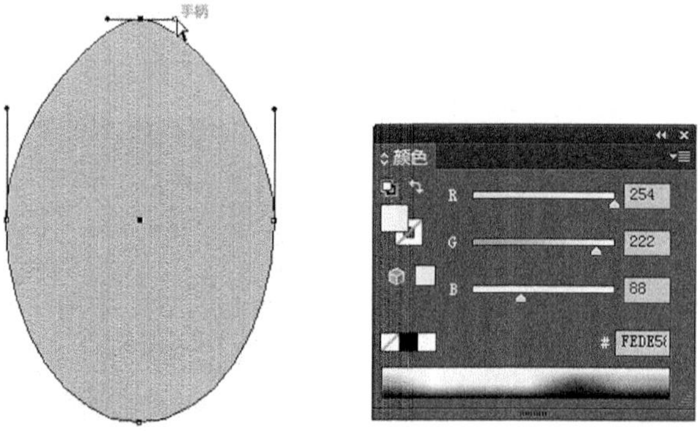

图 3.100 绘制小鸟的嘴巴

步骤 9 将该图形适当顺时针旋转,然后单击鼠标右键,在快捷菜单中选择"排列"|"置于底层"命令,效果如图 3.101 所示。

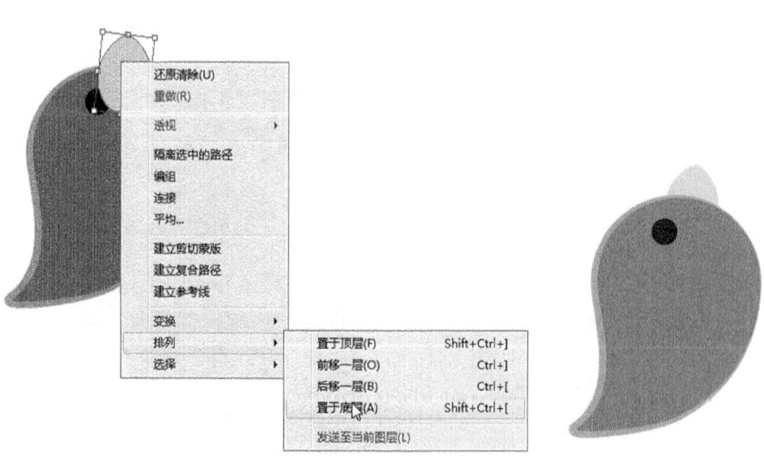

图 3.101 将嘴巴图形旋转并置于底层

步骤 10   选择"椭圆工具"![]绘制一个椭圆,适当旋转后将最右边的锚点转换为尖角,如图 3.102 所示。

步骤 11   在工具箱中选择"吸管工具"![],在小鸟的身体上单击,吸取小鸟身体的填充和描边颜色,再在"描边"面板中选择配置文件为"宽度配置文件 6",如图 3.103 所示。

图 3.102   绘制并修改椭圆图形

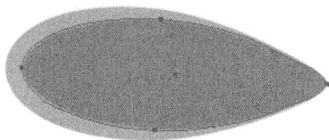

图 3.103   设置填充和描边效果

步骤 12   将该图形复制两个,设置其中一个的填充色的 RGB 值为:5,193,193,描边色为:131,204,229;另一个的填充色为:164,35,111,描边色为:185,105,214。调整三个图形的位置作为小鸟的尾巴,如图 3.104 所示。

步骤 13   使用"钢笔工具"![]绘制小鸟的爪子,并设置其填充色的 RGB 值为:169,119,93,如图 3.105 所示。

步骤 14   复制爪子图形,并适当旋转,将两个爪子图形置于底层,最终效果如图 3.106 所示。

图 3.104   绘制小鸟的尾巴

图 3.105   绘制小鸟的爪子

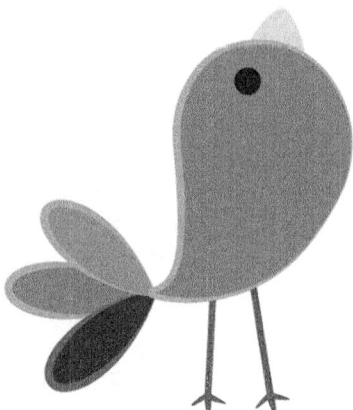

图 3.106   将爪子图形置于底层后的效果

3.2.2   绘制环保灯泡

1. 任务说明

在本任务中,通过绘制如图 3.107 所示的环保灯泡图形,学习如何运用"渐变"面板、"渐变工具"和"网格工具"为图形进行渐变填充。

2. 操作步骤

步骤 1   新建一个文件,设置名称为"环保灯泡",画板数量为 1,大小为 A4,单位为 pt,颜色模式为 RGB。

步骤2 选择"椭圆工具" ,绘制一个宽度和高度均为"283pt"的正圆。选择"添加锚点工具",在正圆的最下方的锚点的左边和右边分别添加两个锚点,如图3.108所示。

步骤3 调整下方5个锚点的位置与弧度,形成一个灯泡图形,如图3.109所示。

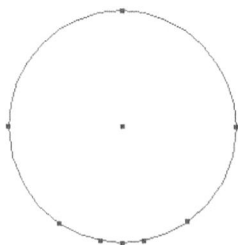

图3.107 环保灯泡　　　图3.108 绘制正圆并添加锚点　　　图3.109 调整锚点的位置与弧度

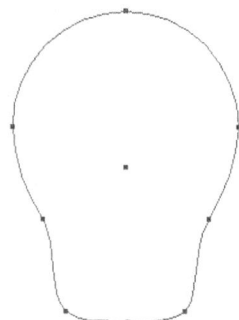

步骤4 在"渐变"面板中设置类型为"径向",左边滑块设置为白色,右边滑块的RGB数值为:199,255,133,选择"渐变工具",调整滑块的位置,效果如图3.110所示。

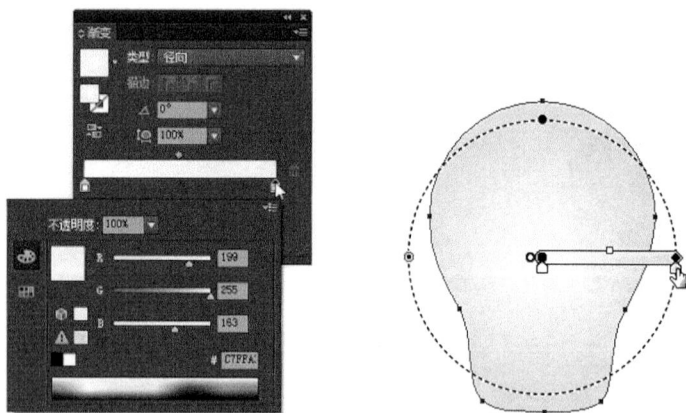

图3.110 设置渐变填充效果

步骤5 选择"钢笔工具" ,绘制树叶的枝干,设置描边色的RGB数值为:133,212,16。在"描边"面板中设置粗细为8.5pt,如图3.111所示。

步骤6 选择"钢笔工具" ,绘制叶子图形,如图3.112所示。

步骤7 在"渐变"面板中设置类型为"线性",左边滑块的RGB数值为:205,237,144,右边滑块的RGB数值为:133,212,16,如图3.113所示。

步骤8 选择"渐变工具" ,调整滑块的位置,并旋转渐变控制条,效果如图3.114所示。

步骤9 用同样的方法绘制叶子的另一半,用"吸管工具" 吸取之前绘制的叶子的填充色,选择"渐变工具" 调整滑块的位置,并旋转渐变控制条,效果如图3.115所示。

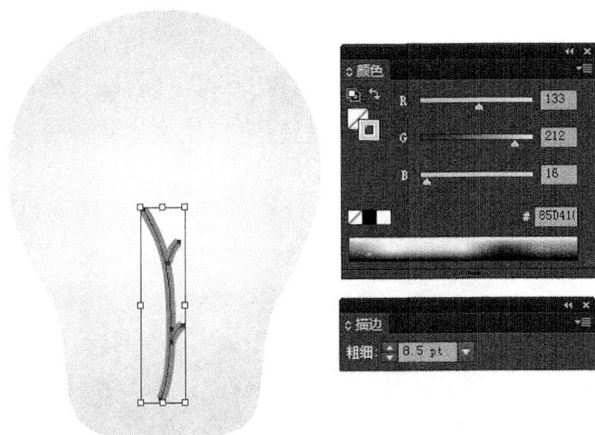

图 3.111 绘制树叶的枝干

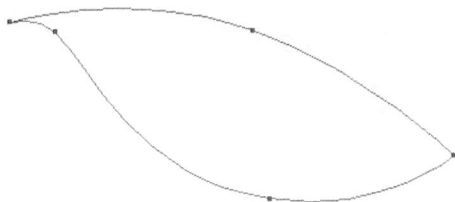

图 3.112 绘制叶子图形

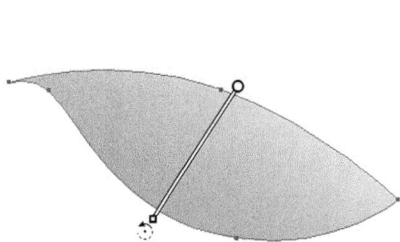

图 3.113 为叶子图形填充渐变色

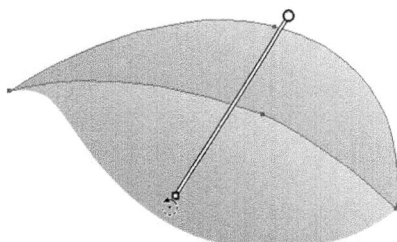

图 3.114 调整渐变控制条

图 3.115 绘制叶子的另一半并填充渐变色

步骤 10　选中两片叶子图形,按 Ctrl+G 键将其编组,并移动到枝干边,如图 3.116 所示。

步骤 11　双击工具箱中的"镜像工具"，在弹出的"镜像"对话框中设置轴为"垂直",勾选"变换对象"复选框,单击"复制"按钮,可以镜像并复制该树叶图形,如图 3.117 所示。

图 3.116　编组并移动叶子图形　　　　图 3.117　镜像并复制树叶图形

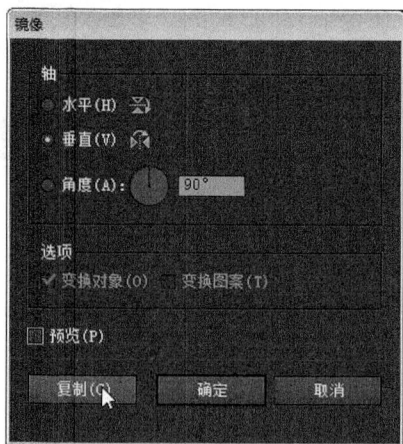

步骤 12　将镜像后的树叶图形复制、移动并适当旋转,形成最终的整体效果,如图 3.118 所示。

步骤 13　使用"缩放工具"将图形放大,在树叶上绘制水珠图形。选择"椭圆工具"绘制一个椭圆,设置填充色的 RGB 数值为:133,212,16。在该椭圆上再绘制一个小的椭圆,设置填充色为线形渐变,左边滑块设置为白色,右边滑块的 RGB 数值为:133,212,16,选择"渐变工具"调整滑块的位置,效果如图 3.119 所示。

步骤 14　将水珠图形编组,再复制三个,移动到其他的叶子上,并适当旋转后,效果如图 3.120 所示。

图 3.118　复制、移动并旋转树叶图形　　图 3.119　绘制水珠图形　　图 3.120　绘制其他的水珠图形

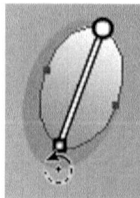

步骤15 选择"铅笔工具" ![pencil]，在树叶图形的下方绘制泥土图形，并设置填充的 RGB 值为：75,51,32，效果如图 3.121 所示。

图 3.121 绘制泥土图形

步骤16 选择"网格工具" ![mesh]，在泥土图形上单击添加网格，选中网格中的某些锚点，在"颜色"面板中设置 RGB 值为：106,67,50，如图 3.122 所示。

图 3.122 设置网格填充效果

步骤17 选择"钢笔工具" ![pen]，绘制如图 3.123 所示的灯座图形。

图 3.123 绘制灯座图形

步骤18 在"渐变"面板中选择线性渐变填充，在渐变色条上单击鼠标添加两个颜色滑块，分别设置 4 个颜色滑块的 RGB 值为：83,83,83；210,210,210；83,83,83；210,210,210；效果如图 3.124 所示。

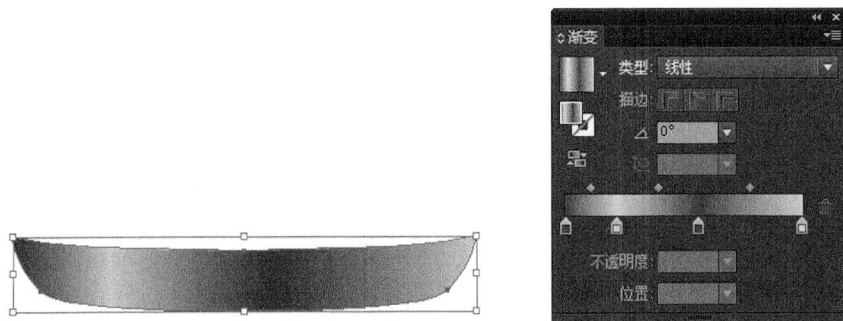

图 3.124 给灯座图形填充线形渐变色

步骤 19　在灯座图形的下方绘制一个矩形,用"吸管工具" 吸取灯座的填充色,再选择"渐变工具"将渐变起点向左移动到矩形外面,如图 3.125 所示。

步骤 20　将灯座图形移动到泥土图形的下方,将矩形移动到灯座图形的下方,并置于底层,效果如图 3.126 所示。

图 3.125　绘制矩形并填充渐变色　　　　图 3.126　调整灯座和矩形的位置

步骤 21　在灯座图形下方绘制圆角矩形,设置其填充色的 RGB 值为:77,77,77,并适当旋转,如图 3.127 所示。

步骤 22　将圆角矩形复制三个,并向下移动,效果如图 3.128 所示。

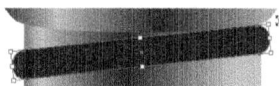

图 3.127　绘制矩形并填充渐变色　　　　图 3.128　调整灯座和矩形的位置

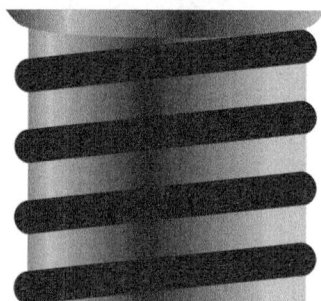

步骤 23　选择"多边形工具" ,在矩形下方绘制一个三角形,设置其填充色的 RGB 值为:83,83,83,如图 3.129 所示。

步骤 24　将三角形复制并缩小,设置其填充色的 RGB 值:35,35,35,如图 3.130 所示。

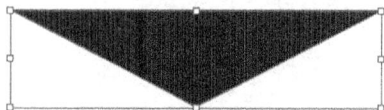

图 3.129　绘制三角形　　　　　　　图 3.130　复制并缩小三角形

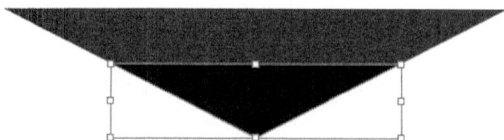

步骤 25　在三角形下方绘制如图 3.131 所示的图形,设置线性渐变填充,三个滑块的 RGB 值分别为:0,0,0;102,102,102;0,0,0,如图 3.132 所示。

图 3.131 绘制灯座最下方的图形

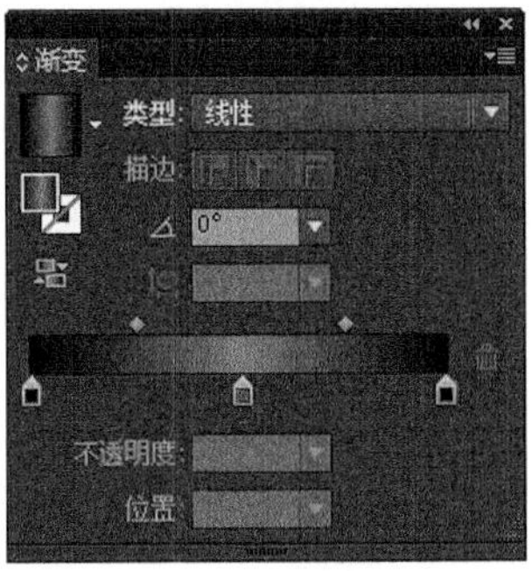

图 3.132 设置线性渐变填充

3.2.3 绘制卡通帆船

1. 任务说明

在本任务中,将通过绘制如图 3.133 所示的卡通帆船图形,学习图案填充的方法。

2. 操作步骤

步骤 1 新建一个文件,设置名称为"卡通帆船",画板数量为 1,大小为"A4",单位为 pt,颜色模式为 RGB。

步骤 2 选择"矩形工具" ,绘制一个宽度和高度分别为 280pt 和 60pt 的矩形,如图 3.134 所示。选择"直接选择工具" ,移动矩形下方的两个锚点,如图 3.135 所示。在移动锚点时,可以按住 Shift 键的同时按←键或者→键,每次会以 10pt 为单位移动锚点。

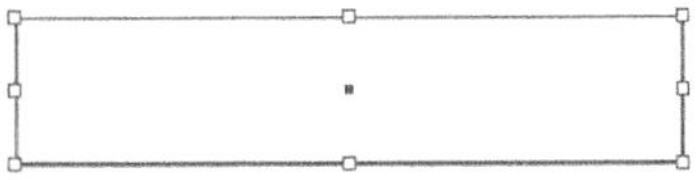

图 3.134 绘制矩形

图 3.133 卡通帆船图形

图 3.135 移动锚点

步骤 3 使用"直接选择工具" 选中左下方的锚点,在控制面板中单击"将所选锚点转换为平滑"按钮,将该锚点转换为平滑锚点。选择"转换锚点工具" 在锚点右侧的方向点上单击,可以去掉右侧的方向线,如图 3.136 所示。

步骤 4 用同样的方法处理其他的几个锚点后,效果如图 3.137 所示。

图 3.136　将锚点转换为平滑，并去掉右边的方向线

步骤 5　选择"矩形工具"■，在船体图形的上方绘制一个宽度和高度分别为 115pt 和 240pt 的矩形，如图 3.138 所示。选择"删除锚点工具"，单击矩形左上角的锚点，效果如图 3.139 所示。

图 3.137　绘制帆船的船体　　　　图 3.138　绘制矩形　　　　图 3.139　删除矩形左上角的锚点

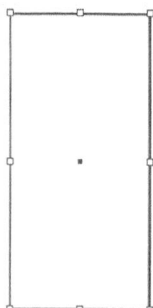

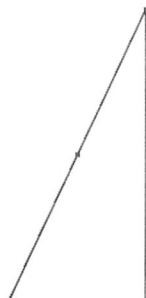

步骤 6　用同样的方法在三角图形的右侧绘制一个宽度和高度分别为 110pt 和 180pt 的矩形，再删除矩形右上角的锚点，效果如图 3.140 所示。

步骤 7　使用"钢笔工具"绘制帆上的旗帜，如图 3.141 所示。

步骤 8　绘制"填充图案 1"。绘制一个宽度和高度分别为"100pt"和"5pt"的矩形，设置其填充色的 RGB 值为：131,56,60。向下移动并按 Alt 键复制该矩形，设置其填充色的 RGB 值为：91,31,37，如图 3.142 所示。

步骤 9　将两个矩形编组后直接拖到"色板"面板中即可，如图 3.143 所示。

图 3.140　绘制右侧的帆

图 3.141　绘制帆上的旗帜

图 3.142　绘制"填充图案 1"

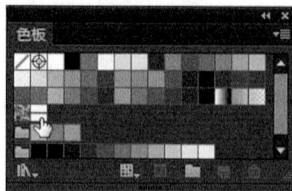

图 3.143　将"填充图案 1"拖入
"色板"面板中

步骤10　绘制"填充图案2"。绘制一个宽度和高度均为15pt的正方形,将该正方形复制三个后,拼成一个大的正方形,并分别为其设置填充色的RGB值为:251,188,158;219,149,121;255,233,225;251,188,158,如图3.144所示。

步骤11　将4个矩形编组后直接拖到"色板"面板中即可,如图3.145所示。

步骤12　绘制"填充图案3"。绘制一个宽度和高度均为30pt的正方形,设置其填充色的RGB值为:239,144,115。在正方形的中间绘制一个宽度和高度均为15pt的正圆,设置其填充色的RGB值为:252,196,185,如图3.146所示。

图3.144　绘制"填充
图案2"

图3.145　将"填充图案2"拖入
"色板"面板中

图3.146　绘制"填充
图案3"

步骤13　将两个图形编组后直接拖到"色板"面板中即可,如图3.147所示。

步骤14　绘制"填充图案4"。绘制一个宽度和高度分别为16pt和50pt的矩形,设置其填充色的RGB值为:237,28,36。向右移动并按Alt键复制该矩形,设置其填充色的RGB值为:211,22,40,如图3.148所示。

步骤15　将两个图形编组后直接拖到"色板"面板中即可,如图3.149所示。

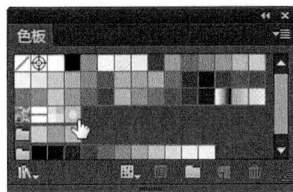

图3.147　将"填充图案3"拖入
"色板"面板中

图3.148　绘制"填充
图案4"

图3.149　将"填充图案4"拖入
"色板"面板中

步骤16　将帆船图形整体全部选中,顺时针旋转一定角度,如图3.150所示。

步骤17　按照绘制图形的顺序,分别为帆船图形填充"填充图案1""填充图案2""填充图案3"和"填充图案4",效果如图3.151所示。

3.2.4　绘制咖啡店菜单封面

1. 任务说明

在本任务中,将通过绘制如图3.152所示的咖啡店菜单封面,学习画笔的使用方法。

2. 操作步骤

步骤1　新建一个文件,设置名称为"咖啡店菜单封面",画板数量为"1",宽度和高度均为300mm,单位为"毫米",颜色模式为CMYK。

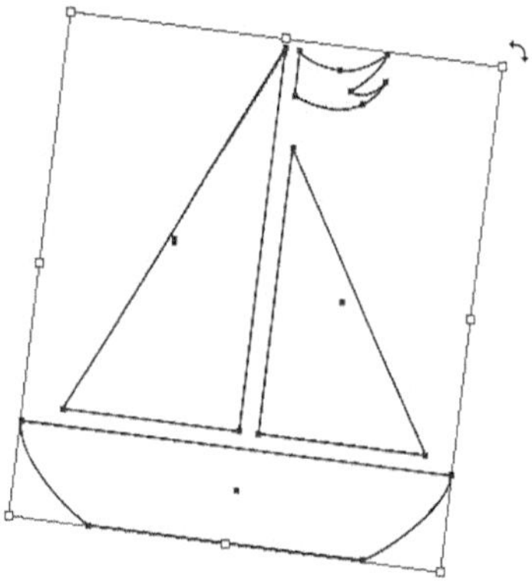

图 3.150 将帆船图形顺时针旋转

图 3.151 为帆船图形设置图案填充

图 3.152 咖啡店菜单封面

　　步骤 2　按 Ctrl+R 键打开标尺,在垂直方向拖出一条参考线,在"变换"面板中设置其 X 坐标值设置为 150mm。

　　步骤 3　在参考线的左边绘制一个宽度为 150mm,高度为 300mm 的矩形,填充色的 CMYK 值为:2,3,8,0。在右边绘制一个同样大小的矩形,设置其填充色为图案填充中的"Vonster 图案"中的"高卷式发型",如图 3.153 所示。

　　步骤 4　在左边矩形的下方绘制一个宽度为 150mm,高度为 150mm 的矩形,设置填充色的 CMYK 值为:20,22,54,0,如图 3.154 所示。

　　步骤 5　在左边矩形的上方绘制一组高度为 24mm,宽度不一的矩形,设置填充色的 CMYK 值为:21,63,62,70,如图 3.155 所示。选中这一组矩形,按 Ctrl+G 键编组,然后将其复制并移动到左边矩形的最下方。

　　步骤 6　选择"椭圆工具" 与"钢笔工具" ,依次绘制咖啡杯的杯口、杯身、把手

图 3.153 绘制两个矩形

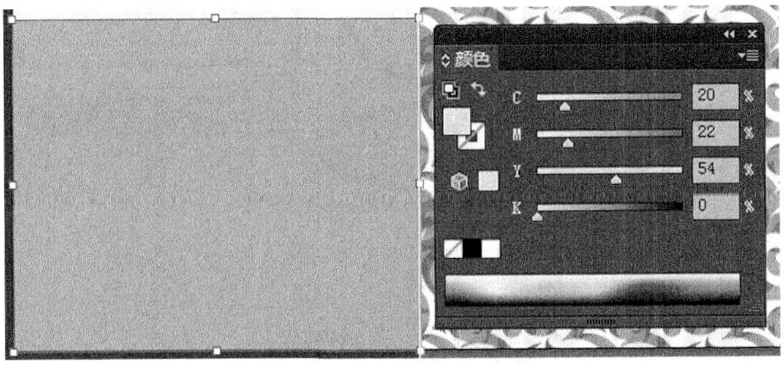

图 3.154 绘制矩形

图 3.155 绘制一组矩形条

与冒出的烟,设置填充为"无",描边色的 CMYK 值为:21,63,62,70,如图 3.156 所示。

步骤 7 选择"椭圆工具" ,绘制两个椭圆作为杯碟,描边色与杯子相同,然后使用"剪刀工具" 单击与杯子交叠的部分,将椭圆分成两段,如图 3.157 所示。删除与杯子重叠的那一段曲线,如图 3.158 所示。

步骤 8 将杯子图形全选,并按 Ctrl+G 键编组,在"画笔面板"中的"画笔库菜单"中选择"艺术效果"|"艺术效果_粉笔炭笔铅笔"命令,在其中选择"炭笔-锥形"画笔,效果如图 3.159 所示。

步骤 9 在咖啡杯上方输入文字"Coffee House",设置字体为 Brush Script Std Medium,字号为 40pt,颜色与杯子相同,如图 3.160 所示。

图 3.156 绘制咖啡杯

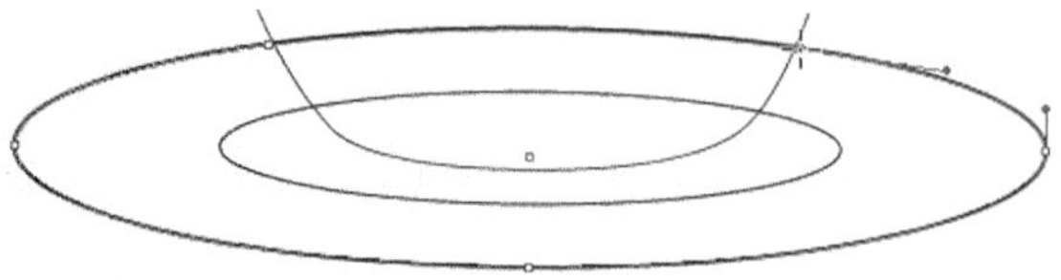

图 3.157 绘制椭圆并用剪刀工具将其分成两段

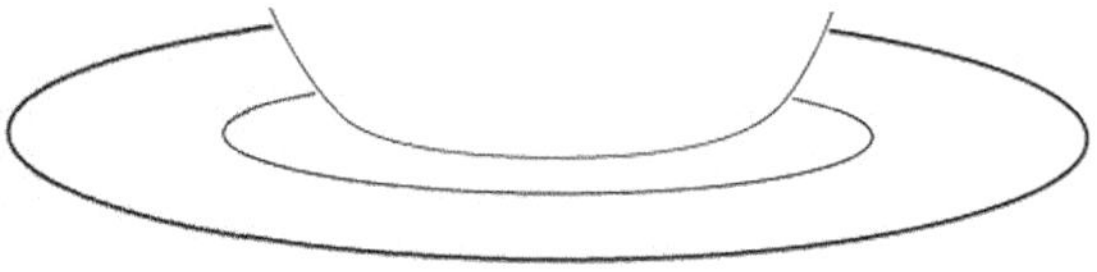

图 3.158 删除与杯子重叠的那一段曲线

图 3.159 设置画笔效果

图 3.160 输入文字

步骤 10 选择"画笔工具" ,在"艺术效果_粉笔炭笔铅笔"面板中选择"铅笔-细"，绘制咖啡豆图形,如图 3.161 所示。绘制好后如果觉得图形不够平滑,可以使用"平滑工具" 在路径上拖动,使路径平滑。

步骤 11 选择"路径橡皮擦工具" ,在咖啡豆图形的每一瓣上分别擦出两个裂口,使图形更加生动,如图 3.162 所示。

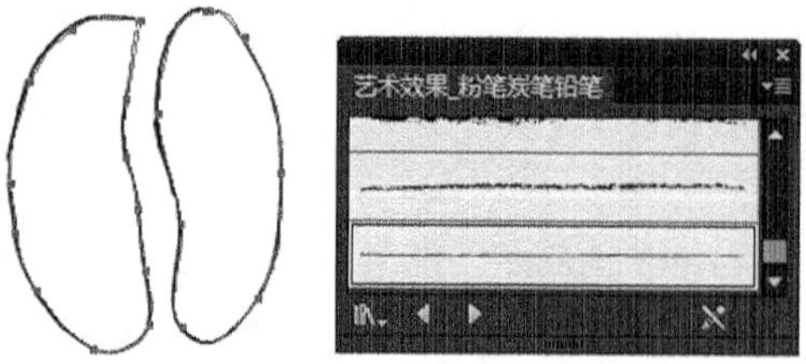

图 3.161 绘制咖啡豆

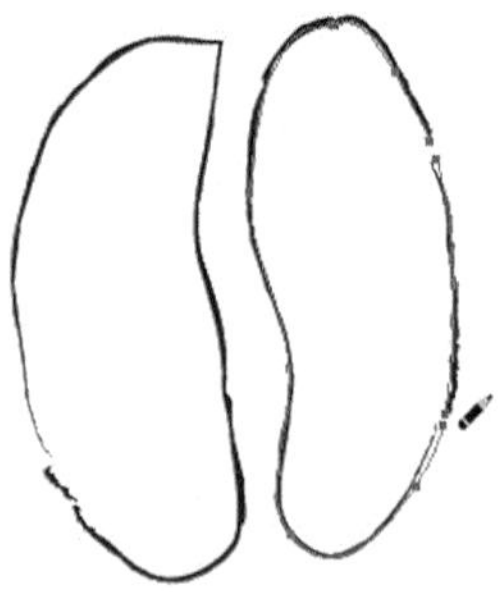

图 3.162 在咖啡豆上擦出裂口

步骤12 将咖啡豆图形编组,并复制多个,分别调整其大小和旋转角度,放置到左下方的矩形上,如图3.163所示。

步骤13 在参考线的右边绘制一个宽度为150mm,高度为45mm的矩形,填充色的CMYK值为:2,3,8,0。然后在上面输入文字"Menu"与"Coffee House",设置字体为Brush Script Std Medium,字号为40pt,颜色与杯子相同,如图3.164所示。

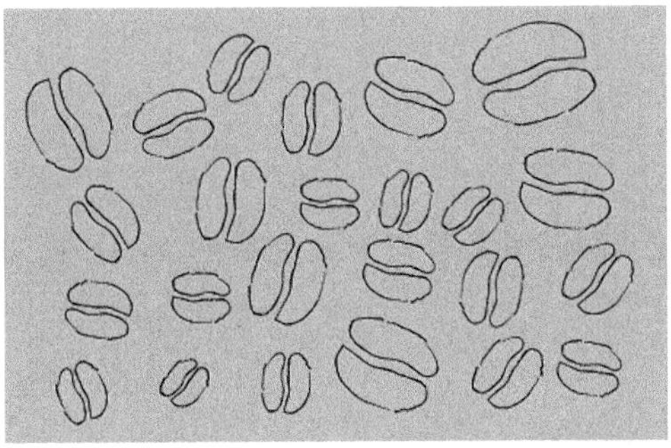

图 3.163 复制多个咖啡豆

图 3.164 绘制矩形并输入文字

3.3 独立练习

3.3.1 绘制热气球图形

1. 制作要求

绘制如图3.165所示的热气球图形,运用单色填充和渐变填充为热气球填充颜色。

图 3.165 热气球图形

2. 操作步骤提示

(1) 用"钢笔工具"绘制热气球的上方气球部分。

(2) 为气球部分设置线性渐变填充,填充颜色分别是浅蓝到深蓝的渐变、浅绿到深绿的渐变、浅红到深红的渐变、浅黄到深黄的渐变以及浅紫到深紫的渐变。

（3）用"钢笔工具"绘制气球下方收紧的部分，填充为黑色。

（4）用"椭圆工具"绘制气球下方的椭圆，填充为灰色。

（5）用"直线工具"绘制 4 条直线，设置描边色为绿色。

（6）用"矩形工具"绘制一个正方形，设置填充色为绿色。

3.3.2 绘制卡通大象

1. 制作要求

绘制如图 3.166 所示的卡通大象，运用单色填充、图案填充为大象填色，运用"描边"面板为大象设置描边。

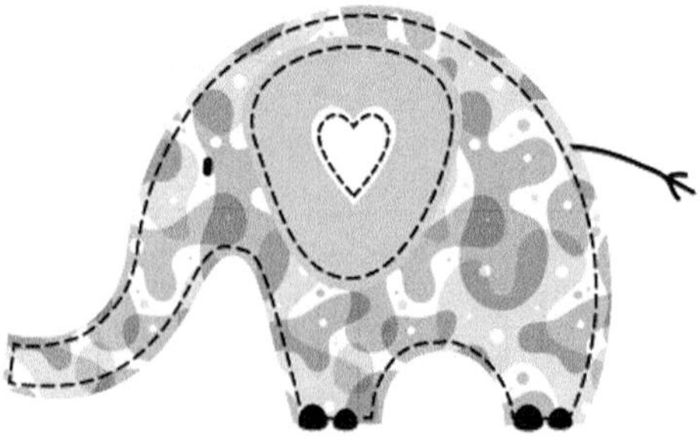

图 3.166 卡通大象

2. 操作步骤提示

（1）用"钢笔工具"绘制大象身体。

（2）在"色板"面板的"色板库"菜单中选择"图案"|"装饰"|"Vonster 图案"中的"小白花"图案，为大象填充。

（3）再用"钢笔工具"绘制小一点的大象身体，设置填充色为无，描边色为咖啡色，描边粗细为 2pt，端点类型为"圆头端点"，勾选"虚线"复选框，虚线长度为 6pt，间隙为 4pt。

（4）用"钢笔工具"绘制大象耳朵，填充为粉色。

（5）将耳朵图形复制并缩小，设置填充色为无，描边与大象身体内侧的虚线相同。

（6）用"钢笔工具"绘制心形，填充为白色。

（7）将心形复制并缩小，设置填充色为无，描边与大象身体内侧的虚线相同。

（8）用"钢笔工具"绘制大象的眼睛和脚，填充为咖啡色。

（9）用"铅笔工具"绘制大象的尾巴，设置描边色为咖啡色，描边粗细为 3pt，端点类型为"圆头端点"。

第4章 图形的高级编辑

本章学习目标

- 掌握对象的移动、镜像、旋转、倾斜、缩放等变换的方法
- 掌握使用"变形工具组"、"封套扭曲"命令和"效果"命令使对象变形的方法
- 掌握"路径查找器"与"形状生成器"的使用方法
- 掌握对象混合的方法
- 掌握对象的编组、锁定、排列与对齐的方法

Illustrator 软件提供了多种为图形进行变换、变形、运算以及混合的方法。本章通过介绍对象的变换、变形、运算以及混合的方法,帮助读者掌握"变换"菜单命令、与变换相关的工具、变形工具组、"封套扭曲"命令、"路径查找器"与"形状生成器"、"混合工具"的用法。然后介绍对象的编组、锁定、排列与对齐的方法。最后通过多个任务的实践来帮助读者掌握图形的高级编辑方法。

4.1 知识准备

4.1.1 对象的变换

Illustrator CS6 提供了多种变换对象的方式,比如工具箱中的"变换工具"、菜单命令以及"变换"面板等。通过这些方式可以对对象进行旋转、镜像、缩放、倾斜以及整形等操作。

1. 移动对象

在第 2 章中已经介绍过使用鼠标和键盘来移动对象的方法,还有一种精确移动对象的方法。执行菜单"对象"|"变换"|"移动"命令,会弹出如图 4.1 所示的"移动"对话框,在其中可以设置移动的水平、垂直距离或沿某个角度移动精确的距离。选项"变换对象"和"变换图案"是针对图案填充的图形的,可以选择是移动对象还是移动填充的图案,或者是对象和图案一起移动。单击"复制"

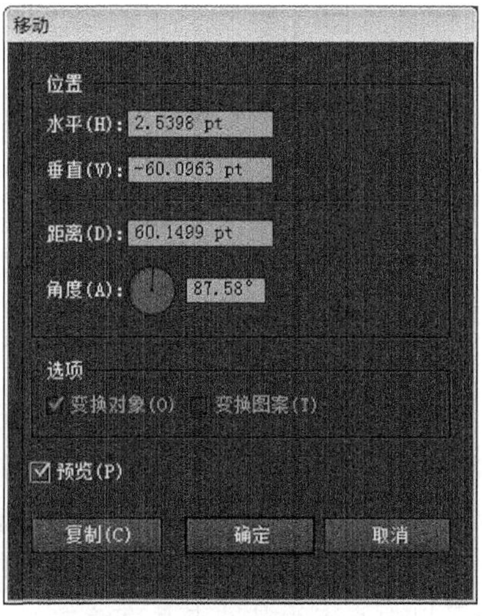

图 4.1 "移动"对话框

按钮还可以在移动的同时复制对象。

2. 旋转对象

使用工具箱中的"旋转工具" ，可以使对象围绕基准点进行旋转。选中对象后，选择"旋转工具" ，此时会在对象的中心出现一个旋转基准点，用鼠标拖动对象即可旋转对象，如图4.2所示。

图4.2 使用"旋转工具"旋转对象

选择"旋转工具" 后，可以单击鼠标来改变基准点的位置，再用鼠标拖动对象可以以新的基准点为基准来旋转对象，如图4.3所示显示了将基准点移动到鸟嘴处旋转的效果。

图4.3 改变基准点的位置再旋转对象

双击"旋转工具" ，会弹出"旋转"对话框，如图4.4所示。在其中可以设置精确的旋转角度；选择是旋转对象还是旋转填充的图案，或者是对象和图案一起旋转，单击"复制"按钮还可以在旋转的同时复制对象。执行菜单"对象"|"变换"|"旋转"命令，会弹出同样的对话框。

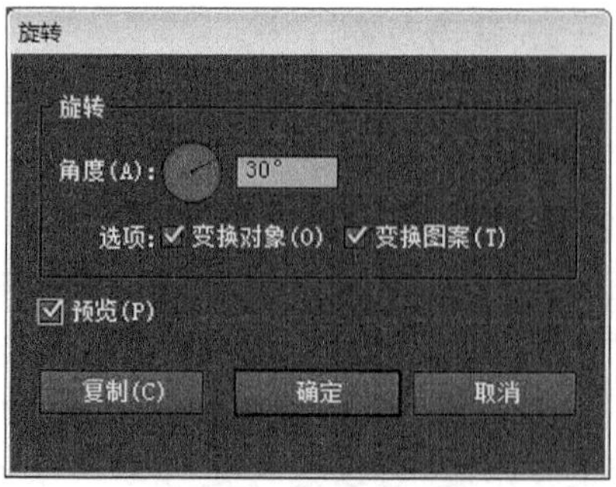

3. 镜像对象

使用"镜像工具" 可以精确地实现对象的翻转效果。双击"镜像工具" 或者执行菜单"对象"|"变换"|"对称"命令，会弹出"镜像"对话框，在对话框中可以设置镜像的轴或角度。图4.5显示了以中心点为基准点垂直镜像的效果。

图4.4 "旋转"对话框

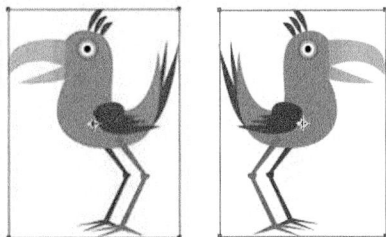

图 4.5　以中心点为基准点垂直镜像的效果

4．缩放对象

使用"比例缩放工具" ![icon] 可以按比例来缩放对象。双击"比例缩放工具" ![icon] 或执行菜单"对象"|"变换"|"缩放"命令，会弹出"比例缩放"对话框，在对话框中可以设置缩放的精确比例，以及是否比例缩放描边和效果。图 4.6 显示了以中心点为基准点等比例缩放50％且复制该对象的效果。

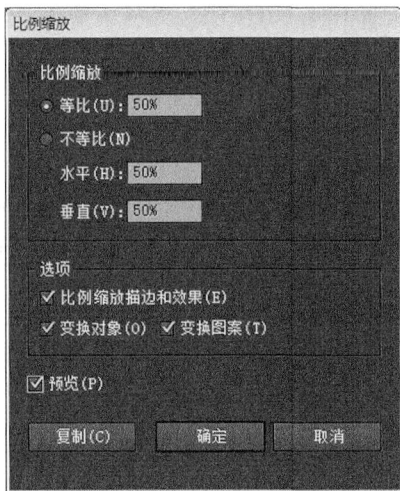

图 4.6　等比缩放 50% 并复制对象

5．倾斜对象

使用"倾斜工具" ![icon] 可以倾斜对象。双击"倾斜工具" ![icon] 或执行菜单"对象"|"变换"|"倾斜"命令，会弹出"倾斜"对话框，在对话框中可以设置倾斜的角度和轴。图 4.7 显示了将对象以中心点为基准点水平倾斜 30°的效果。

6．整形对象

使用"整形工具" ![icon] 可以在保持图形形状的同时移动锚点。使用钢笔工具绘制一条曲线，选择"整形工具" ![icon] 在最后一个锚点处单击，拖动鼠标，可以在不改变曲线形状的同时移动该锚点。图 4.8 显示了分别使用"整形工具"和"部分选择工具"移动锚点的

图 4.7　将对象以中心点为基准点水平倾斜 30° 的效果

效果。

7. 自由变换对象

"自由变换工具" 几乎整合了所有变换工具的功能,可以实现对对象的缩放、旋转、镜像和倾斜等操作。

缩放对象:将鼠标放到对象边界的控制柄上,当鼠标变成双向箭头时,拖动鼠标即可缩放对象,如图 4.9 所示。

图 4.8　分别使用"整形工具"和"部分选择工具"移动锚点的效果

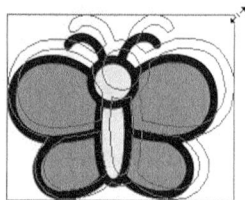

图 4.9　缩放对象

旋转对象:将鼠标放到对象边界的控制柄外侧,当鼠标变成弯曲的双向箭头时,拖动鼠标即可旋转对象,如图 4.10 所示。

倾斜对象:在对象的上中部或下中部的控制柄上按下鼠标左键,然后按 Ctrl＋Alt 键左右拖动鼠标,可以沿水平方向倾斜对象。在对象的上中部或下中部的控制柄上按下鼠标左键后,用同样的方法可以沿垂直方向倾斜对象,如图 4.11 所示。

扭曲对象:在对象的边界控制柄上按下鼠标左键,然后按住 Ctrl 键拖动鼠标,可以扭曲对象,如图 4.12 所示。

图 4.10　旋转对象

镜像对象:在对象的边界控制柄上按下鼠标左键,并向对面的控制柄拖动,使对象翻转到另一侧即可镜像对象,如图 4.13 所示。

图 4.11 倾斜对象

图 4.12 扭曲对象

图 4.13 镜像对象

8. 分别变换对象

分别变换对象是指同时对多个对象进行变换操作。选中需要变换的多个对象,执行"对象"|"变换"|"分别变换"命令,在弹出的"分别变换"对话框中设置缩放百分比、移动距离、旋转角度等,如图 4.14 所示。图 4.15 显示了勾选"随机"复选框后的效果。

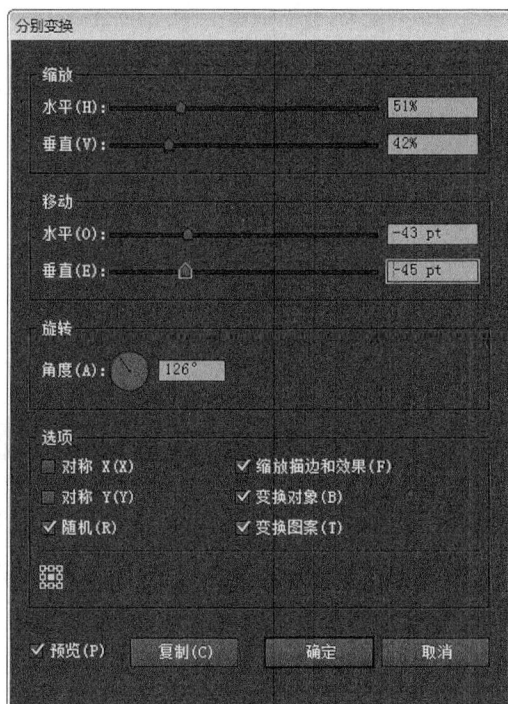

图 4.14 "分别变换"对话框

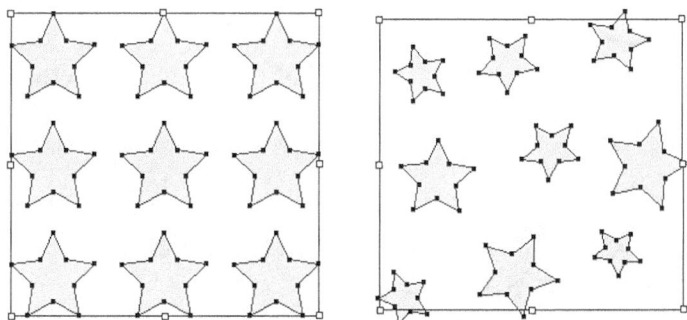

图 4.15 "分别变换"对象的效果

9. 使用"变换"面板

使用"变换"面板也可以对对象进行变换操作。选中对象,选择菜单"窗口"|"变换"命令打开"变换"面板,可以在其中设置相应的参数值,对对象进行变换操作。也可以打开"变换"面板菜单执行更多的变换操作,如图 4.16 所示。

图 4.16 "变换"面板

4.1.2 对象的变形

除了对对象进行变换操作之外,在 Illustrator CS6 中,用户还可以对对象进行各种变形处理,比如旋转扭曲、收缩和膨胀对象等。

1. 使用变形工具组

在工具箱中按住"宽度工具" 不放,会弹出隐藏的变形工具组,共包含 8 种变形工具,如图 4.17 所示。

图 4.17 变形工具组

1）宽度工具

选中对象,选择"宽度工具" 在对象的边缘单击并拖动鼠标,就可以改变对象的宽度,效果如图 4.18 所示。

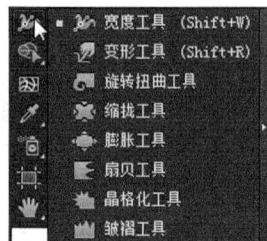

图 4.18 使用"宽度工具"改变对象的宽度

2）变形工具

"变形工具"可以使图形沿绘制方向产生弯曲效果。双击"变形工具" ,会弹出"变形工具选项"对话框,其中各个选项的含义如下。

宽度和高度:用于设置画笔的宽度和高度,即画笔的大小。

角度：画笔的角度。

强度：对象更改的速度，值越大，效果应用越快。

细节：路径上锚点之间的距离，值越大，各锚点之间距离越近。

简化：在不影响整个图形外观的情况下，设置减少多余锚点的数量。

显示画笔大小：是否显示画笔的大小。

选中对象后，选择"变形工具" 在图形的边缘涂抹，即可使图形的边缘产生弯曲变形的效果，图 4.19 显示了涂抹五角星边缘后的变形效果。

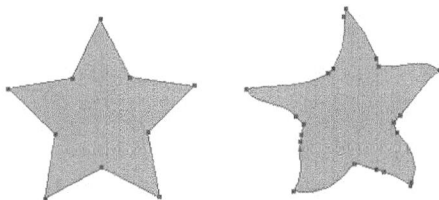

图 4.19 使用"变形工具"涂抹五角星后的效果

3）旋转扭曲工具

"旋转扭曲工具"可以使图形产生顺时针或逆时针旋转扭曲的效果。双击"旋转扭曲工具" ，会弹出"旋转扭曲工具选项"对话框。与"变形工具选项"对话框相比，"旋转扭曲工具选项"对话框中多了一个"旋转扭曲速率"选项，取值范围是－180～180。负数表示顺时针，正数表示逆时针，数值越大，变形越快。

选中对象后，选择"旋转扭曲工具" 在图形的边缘按住鼠标，即可使图形的边缘产生旋转扭曲的效果，图 4.20 显示了矩形应用"旋转扭曲工具"后的效果。

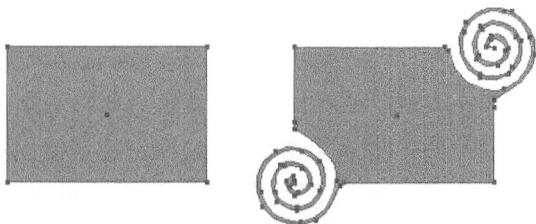

图 4.20 矩形应用"旋转扭曲工具"后的效果

4）缩拢工具

"缩拢工具"可以使图形产生向中心缩拢的效果。选中对象后，选择"缩拢工具" 在图形的边缘向图形的中心拖动鼠标,即可使图形产生缩拢的效果,图 4.21 显示了矩形的左右两边应用"缩拢工具"后的效果。

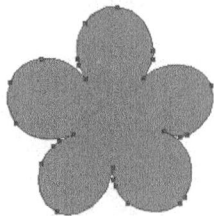

5) 膨胀工具

"膨胀工具"可以使图形产生向外膨胀的效果。选中对象后,选择"膨胀工具" 在图形的边缘按住鼠标,即可使图形产生膨胀的效果,图 4.22 显示了五角星形的边缘应用"膨胀工具"后的效果。

图 4.21　矩形应用"缩拢工具"后的效果　　　图 4.22　五角星形应用"膨胀工具"后的效果

6) 扇贝工具

"扇贝工具"可以使图形的边缘产生毛刺般的效果。选中对象后,双击"扇贝工具",会弹出"扇贝工具选项"对话框。与"变形工具选项"对话框相比,"扇贝工具选项"对话框多了一个"复杂性"选项,取值范围是 0~15,参数越大,形成的图形越复杂,图 4.23 显示了图形应用"扇贝工具"后的效果。

7) 晶格化工具

"晶格化工具"可以使图形的边缘产生晶格状的效果。选中对象后,选择"晶格化工具" 在图形的边缘按住鼠标,即可使图形产生晶格状的效果,图 4.24 显示了图形的边缘应用"晶格化工具"后的效果。

图 4.23　图形应用"扇贝工具"后的效果　　　图 4.24　图形应用"晶格化工具"后的效果

8) 褶皱工具

"褶皱工具"可以使图形的边缘产生褶皱的效果。选中对象后,双击"褶皱工具",会弹出"褶皱工具选项"对话框。与"扇贝工具选项"对话框相比,"褶皱工具选项"对话框中多了"水平"和"垂直"的选项,取值范围是 0%~100%,可以控制对象变形的方向,图 4.25 显示了"水平"和"垂直"的选项均为 100% 的褶皱效果。

2. 使用封套扭曲

在 Illustrator 中可以为对象创建封套效果,通过应用各种类型的封套来扭曲或重塑对象的形状。该功能可以用于路径对象、文本对象、网格对象、混合对象以及位图等对象。创建封套的方法有三种：用变形建立、用网格建立和用顶层对象建立。

1）用变形建立

选中要变形的对象，执行菜单"对象"|"扭曲封套"|"用变形建立"命令，会弹出"变形选项"对话框，如图4.26所示。在其中可以设置变形的样式、位置、弯曲程度、扭曲程度等选项。图4.27显示了对象应用"弧形"变形后的效果。

图 4.25 图形应用"褶皱工具"后的效果

图 4.26 "变形选项"对话框

图 4.27 对象应用"弧形"变形后的效果

2）用网格建立

选中要变形的对象，执行菜单"对象"|"扭曲封套"|"用网格建立"命令，会弹出"封套网格"对话框，如图4.28所示。在其中可以设置网格的行数和列数。图4.29显示了对象应用封套网格后的效果。

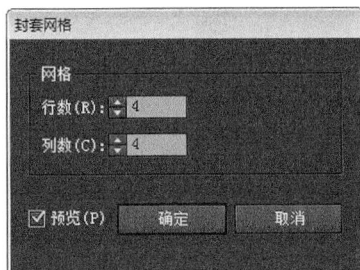

图 4.28 "封套网格"对话框

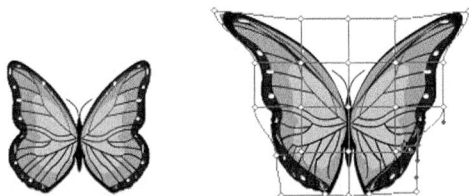

图 4.29 对象应用封套网格后的效果

3）用顶层对象建立

用户可以自己绘制一个封套的形状，使用"用顶层对象建立"命令来创建封套扭曲效果。例如，绘制一个圆形，放在要扭曲的对象上，将这两个对象同时选中，执行菜单"对象"|"扭曲封套"|"用顶层对象建立"命令即可用顶层对象建立封套扭曲的效果，如图4.30

所示。

图 4.30 用顶层对象建立封套后的效果

4）编辑内容

选中已经应用了封套的对象,执行菜单"对象"|"扭曲封套"|"编辑内容"命令,将显示原始对象的边框,此时可以编辑原始图形,如图 4.31 所示。

图 4.31 编辑封套内容

5）编辑封套

当图形处于编辑内容的状态时,执行菜单"对象"|"扭曲封套"|"编辑封套"命令,可以编辑封套来改变扭曲的形状,如图 4.32 所示。

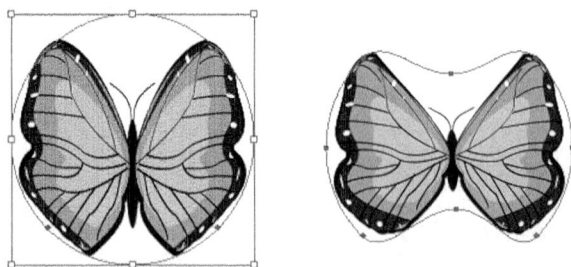

图 4.32 编辑封套

6）释放封套

选中已经应用了封套的对象,执行菜单"对象"|"扭曲封套"|"释放"命令,可以将封套从对象上释放,如图 4.33 所示。释放后可以将封套图形删除,恢复图形原来的形状。

7）扩展封套

选中已经应用了封套的对象,执行菜单"对象"|"扭曲封套"|"扩展"命令,可以将封套删除而只留下已经变形的对象,且不能再进行与封套编辑有关的操作,如图 4.34 所示。

图 4.33 释放封套

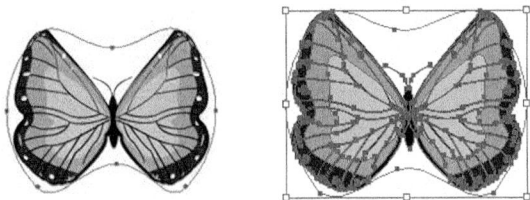

图 4.34 扩展封套

8）设置封套选项

选中已经应用了封套的对象，执行菜单"对象"|"扭曲封套"|"封套选项"命令，会弹
出"封套选项"对话框，如图 4.35 所示。其中各个选
项的作用如下。

消除锯齿：可以消除封套中被扭曲图形所出现
的混叠现象，使图形更清晰。

剪切蒙版和透明度：在编辑非直角封套时，可
以选择这两种方式来保护图形。

保真度：设置对象适合封套的逼真度。

扭曲外观：选中该复选框后，另外的两个复选
框也将被激活。它使具有外观属性的对象外观也发
生扭曲。

扭曲线性渐变填充和扭曲图案填充：可以设置
是否扭曲线性渐变填充或扭曲图案填充。

3. 使用"效果"命令

图 4.35 "封套选项"对话框

在 Illustrator CS6 中，用户还可以使用"效果"
菜单中的"变形"、"扭曲和变换"和"转换为形状"命令对对象进行变形处理。

1）使用"变形"命令

选择菜单"效果"|"变形"命令，可以看到 15 个变形选项，如图 4.36 所示。这些变形
选项与扭曲封套中"变形选项"对话框中的"样式"中的选项完全相同。

2）使用"扭曲和变换"命令

选择菜单"效果"|"扭曲和变换"命令，可以看到 7 个变形选项，如图 4.37 所示。
图 4.38 显示了图形扭转 45°后的效果。

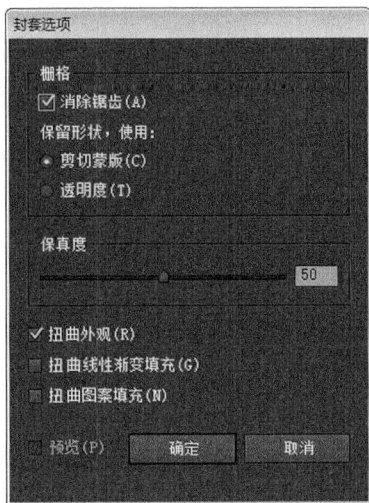

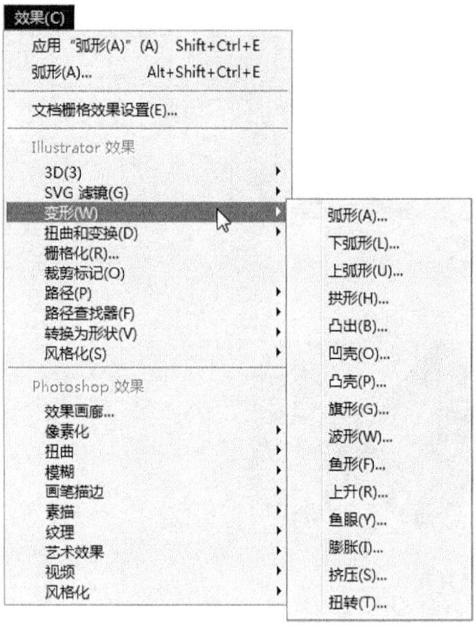

图 4.36 "变形"子菜单

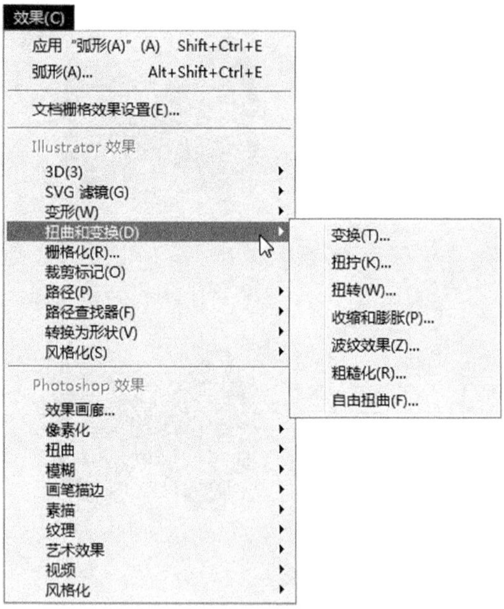

图 4.37 "扭曲和变换"子菜单

图 4.38 使用"扭转"效果变形对象

3）使用"转换为形状"命令

选择菜单"效果"|"转换为形状"命令，可以看到三个变形选项，如图 4.39 所示。可以将当前形状转换为矩形、圆角矩形或椭圆。

4.1.3 路径的运算与生成

1. 使用"路径查找器"面板

在 Illustrator 中，使用"路径查找器"面板可以将多个简单的路径进行运算而生成复杂的路径。选择菜单"窗口"|"路径查找器"命令，可以打开"路径查找器"面板，如图 4.40 所示。其中的按钮分为"形状模式"和"路径查找器"两组，下面将具体介绍每一个按钮的功能。

1）"联集"按钮

绘制一个圆形和一个矩形，分别设置不同的填充与描边色，单击"联集"按钮 🔲，两个图形将合成为一个新的图形，并使用上方图形的填充与描边效果，如图 4.41 所示。

2）"减去顶层"按钮

选中刚才绘制的两个图形，单击"减去顶层"按钮 🔲，下方的图形会减去上方图形覆盖

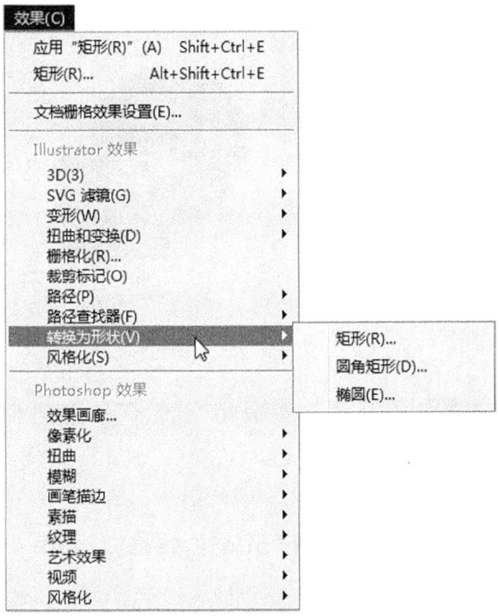

效果(C)

应用 "矩形(R)" (A)	Shift+Ctrl+E
矩形(R)...	Alt+Shift+Ctrl+E

文档栅格效果设置(E)...

Illustrator 效果

3D(3)　　　　　　　　▶
SVG 滤镜(G)　　　　　▶
变形(W)　　　　　　　▶
扭曲和变换(D)　　　　▶
栅格化(R)...
裁剪标记(O)
路径(P)　　　　　　　▶
路径查找器(F)　　　　▶
转换为形状(V)　　　　▶　　矩形(R)...
风格化(S)　　　　　　▶　　圆角矩形(D)...
　　　　　　　　　　　　　椭圆(E)...

Photoshop 效果

效果画廊...
像素化　　　　　　　　▶
扭曲　　　　　　　　　▶
模糊　　　　　　　　　▶
画笔描边　　　　　　　▶
素描　　　　　　　　　▶
纹理　　　　　　　　　▶
艺术效果　　　　　　　▶
视频　　　　　　　　　▶
风格化　　　　　　　　▶

图 4.39　"转换为形状"子菜单

图 4.40　"路径查找器"面板

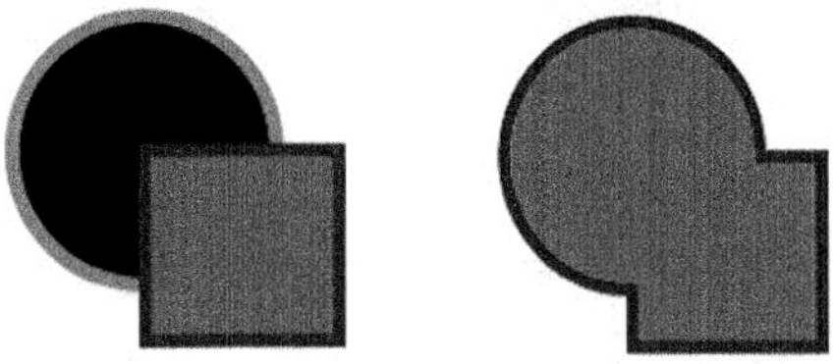

图 4.41　联集

的部分,如图 4.42 所示。

3)"交集"按钮

选中刚才绘制的两个图形,单击"交集"按钮□,将会只剩下相交的部分,并使用上方图形的填充与描边效果,如图 4.43 所示。

4)"差集"按钮

选中刚才绘制的两个图形,单击"差集"按钮□,将会只剩不重叠的部分,并使用上方图形的填充与描边效果,如图 4.44 所示。

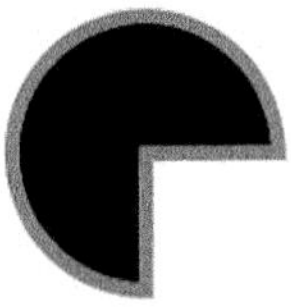

图 4.42　减去顶层 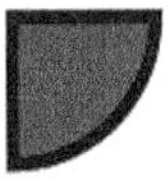　　　　　图 4.43　交集　　　　　图 4.44　差集

5)"分割"按钮

选中刚才绘制的两个图形,单击"分割"按钮,选择"编组选择工具"移动对象,图形会被分割成三个部分,如图 4.45 所示。

6)"修边"按钮

选中刚才绘制的两个图形,单击"修边"按钮,再选择菜单"对象"|"取消编组"命令,图形会被分割成两个部分,下方图形重叠的部分将被删除,对象的描边色会被取消,如图 4.46 所示。

7)"合并"按钮

选中刚才绘制的两个图形,单击"合并"按钮,图形会被合并成一个对象,并且描边色会被取消,如图 4.47 所示。

图 4.45 分割   图 4.46 修边   图 4.47 合并

8)"裁剪"按钮

选中刚才绘制的两个图形,单击"裁剪"按钮■,将只剩下图形相交的部分,并且保留最下方图形的填充色,描边色会被取消,如图 4.48 所示。

9)"轮廓"按钮

选中刚才绘制的两个图形,单击"轮廓"按钮■,将会得到两个图形的线稿图,如图 4.49 所示。

10)"减去后方对象"按钮

选中刚才绘制的两个图形,单击"减去后方对象"按钮■,上方的图形会减去下方图形覆盖的部分,如图 4.50 所示。

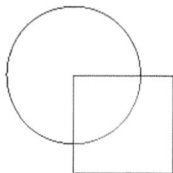

图 4.48 裁剪   图 4.49 轮廓   图 4.50 减去后方对象

2. 使用"形状生成器工具"

使用"形状生成器工具"可以合并或擦除简单形状从而创建复杂形状。下面通过一个实例说明"形状生成器工具"的具体使用方法。

(1)使用"椭圆工具"和"矩形工具"绘制如图 4.51 所示的钥匙图形。

(2)白色的圆形是不与其他图形合并的,因此,要将其独立出来。选中所有的图形,选择"形状生成器工具"■在白色的圆形上单击,就可以将其独立出来,如图 4.52 所示。

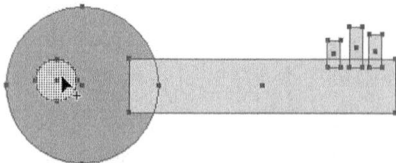

图 4.51 绘制钥匙图形   图 4.52 单击需要独立出来的图形

(3)选中需要合并的图形,再选择"形状生成器工具"■在需要合并的图形上按住鼠标左键拖动,如图 4.53 所示。

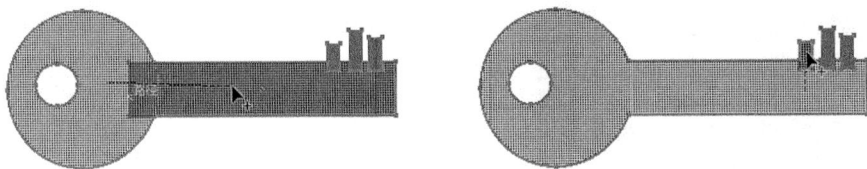

图4.53 使用"形状生成器工具"在需要合并的图形上拖动

（4）最终所有需要合并的图形将合成一个
单独的图形,如图4.54所示。

4.1.4 对象的混合

所谓"混合"是指在两个或多个对象之间生
成一系列的中间对象,使之产生从形状到颜色的

图4.54 合并后的效果

全面混合效果。混合的对象可以是闭合路径、开放路径或复合路径。

1. 创建混合

1）使用"混合工具"创建混合

绘制一个圆形和一个五角星形,分别填充不同的颜色。选择"混合工具" ,当鼠标
放到圆形上时,鼠标下方会变成一个乘号,表示混合的起点,此时单击鼠标;再将鼠标放
到五角星形上时,鼠标下方会变成一个加号,表示混合的终点,再次单击鼠标,如图4.55
所示。单击图形后会变成如图4.56所示的混合效果。

图4.55 使用"混合工具"在需要混合的
对象上单击

图4.56 使用"混合工具"创建混合效果

2）使用"混合命令"创建混合

选中需要混合的对象,执行菜单"对象"|"混合"|"建立"命令即可创建混合效果。

2. 设置混合选项

双击"混合工具" 或者选择菜单"对象"|"混合"|"混合选项"命令,会弹出"混合选
项"对话框。默认情况下,间距选项为"平滑颜色",
取向为"对齐页面",如图4.57所示。"平滑颜色"是
指让Illustrator自动计算混合的步骤数,图4.56显
示的就是平滑颜色的效果。

选中已经混合的对象,将间距改为"指定的步
数",并设置数值为"3",可以将混合对象之间的步骤
数设置为"3",效果如图4.58所示。

图4.57 "混合选项"对话框

图 4.58　设置"指定的步数"

选中已经混合的对象,将间距改为"指定的距离",并设置数值为"50pt",可以将混合步骤之间的距离设置为"50pt",效果如图 4.59 所示。

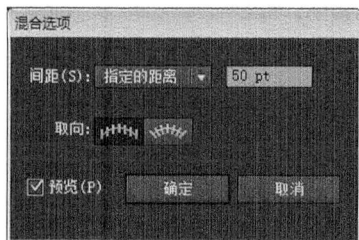

图 4.59　设置"指定的距离"

"取向"这个选项主要是针对混合轴为曲线的情况下混合对象的对齐方式,图 4.60 显示了分别设置"对齐页面"和"对齐路径"的区别。

图 4.60　设置"对齐页面"和"对齐路径"的区别

3. 修改混合对象

使用"编组选择工具" 可以单独选择某一个混合对象,如图 4.61 所示。选中后可以对对象进行修改,比如缩小并旋转,混合效果也会相应发生变化,如图 4.62 所示。

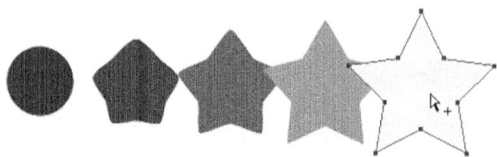

图 4.61　单独选中混合对象

图 4.62　修改混合对象

4. 修改混合轴

使用"直接选择工具" 在混合对象中间单击,可以选中混合轴,如图 4.63 所示。使用"添加锚点工具" 在混合轴上添加锚点,再选择"直接选择工具" 移动锚点的位置,混合效果也会相应发生变化,如图 4.64 所示。

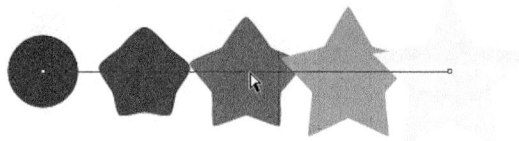

图 4.63 选中混合轴

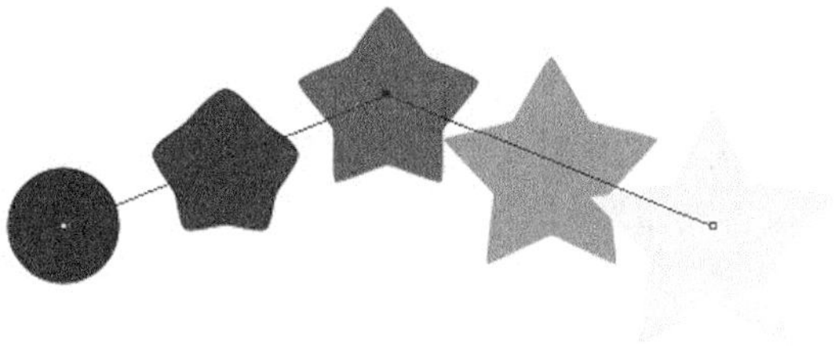

图 4.64 修改混合轴

也可以自己绘制混合轴来替换现有的混合轴。方法如下:使用"钢笔工具" ✒ 绘制一条曲线,同时选中混合对象和曲线,如图 4.65 所示。执行菜单"对象"|"混合"|"替换混合轴"命令,混合轴会被替换,如图 4.66 所示。

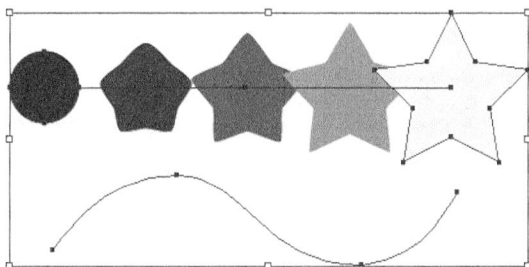

图 4.65 选中曲线和混合对象

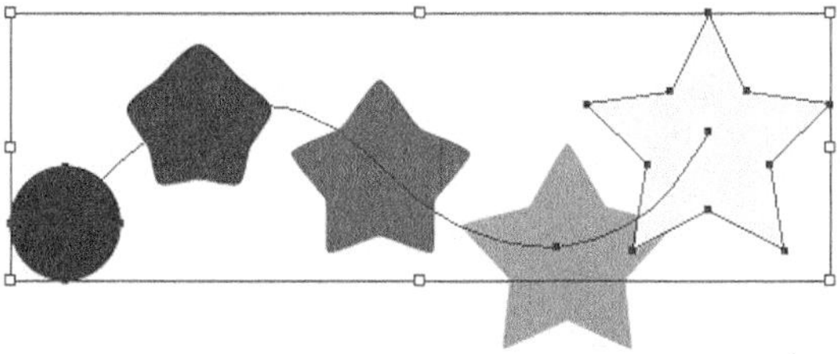

图 4.66 替换混合轴

5. 反向混合轴与反向堆叠

选择混合对象,执行菜单"对象"|"混合"|"反向混合轴"命令,可以实现混合轴反向的效果,如图 4.67 所示。执行菜单"对象"|"混合"|"反向堆叠"命令,可以实现混合对象的堆叠顺序颠倒的效果,如图 4.68 所示。

图 4.67　反向混合轴

6. 扩展与释放

选择混合对象,执行菜单"对象"|"混合"|"扩展"命令,可以将图形扩展出来。使用"编组选择工具" 或者取消编组,可以单独选择某个图形出来编辑,而不会影响其他的图形,如图 4.69 所示。执行菜单"对象"|"混合"|"释放"命令,可以取消混合效果。

图 4.68　反向堆叠

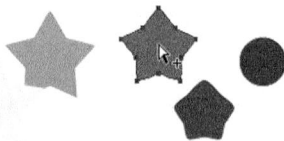

图 4.69　扩展

4.1.5　对象的编组、锁定、排列与对齐

1. 对象的编组与取消编组

在绘制图形的过程中,有时需要将多个对象组合成一个整体以方便进行移动、变换等操作,此时就需要用到"编组"命令。

选中多个对象,执行菜单"对象"|"编组"命令,或者按 Ctrl＋G 快捷键可以编组对象。编组的对象可以用"编组选择工具" 来单独选中。执行菜单"对象"|"取消编组"命令,或者按 Shift＋Ctrl＋G 快捷键可以取消当前的编组。

2. 对象的锁定与隐藏

在绘制复杂对象的过程中,为了不影响其他图形的绘制,有时需要将已经绘制好的图形锁定或隐藏起来。

选中一个或多个对象,执行菜单"对象"|"锁定"|"所选对象"命令,或按 Ctrl＋2 快捷键可以锁定所选对象。锁定的对象将不能编辑。执行菜单"对象"|"全部解锁"命令,或按 Ctrl＋Alt＋2 快捷键可以解锁对象。

选中一个或多个对象,执行菜单"对象"|"隐藏"|"所选对象"命令,或按"Ctrl＋3"快捷键可以隐藏所选对象。执行菜单"对象"|"显示全部"命令,或按"Alt＋Ctrl＋3"快捷键可以显示对象。

3. 对象的排列

在 Illustrator 中绘图,系统会按照绘制的顺序来自动排列对象的堆叠顺序,最后绘制的图形总是位于所有图形的最上方。

要改变对象的排列顺序,可以选中对象,选择菜单"对象"|"排列"子菜单中相应的命令;或在对象上单击右键,在快捷菜单的"排列"菜单中选择相应的命令;也可以按相应的快捷键来改变对象的排列顺序,如图4.70所示。各选项的含义如下。

置于顶层:将对象置于所有图形的最上层;前移一层:将对象向上移动一层。后移一层:将对象向下移动一层。置于底层:将对象置于所有图形的最下层。

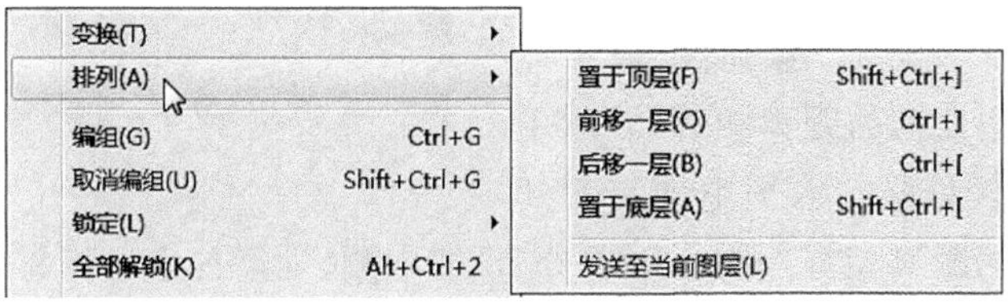

图4.70 "排列"子菜单

4. 对象的对齐与分布

在绘制图形的过程中,常常需要将多个对象进行对齐或分布操作,此时,可以使用"对齐"面板进行操作。选中多个对象,选择菜单"窗口"|"对齐"命令,可以打开如图4.71所示的"对齐"面板。在"对齐"面板的右下方可以选择对齐的对象:"对齐所选对象"是指对齐选中的多个对象,"对齐关键对象"是指对齐选中对象中的某一个对象,"对齐画板"是指对齐当前编辑的画板。

选中要对齐的多个对象,分别单击"对齐"面板上的"水平左对齐"按钮、"水平居中对齐"按钮和"水平右对齐"按钮后,效果如图4.72所示。

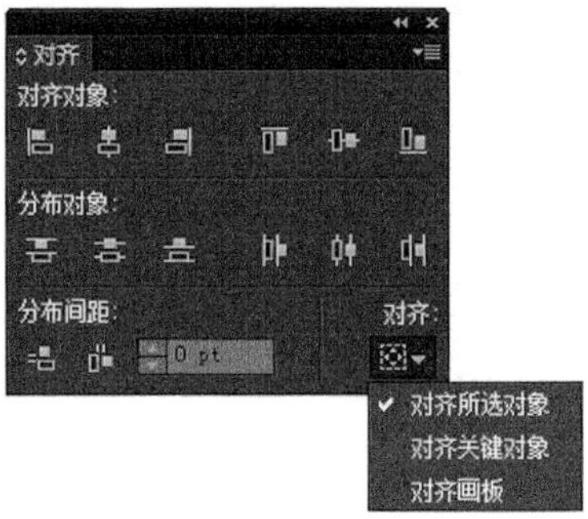

图4.71 "对齐"面板

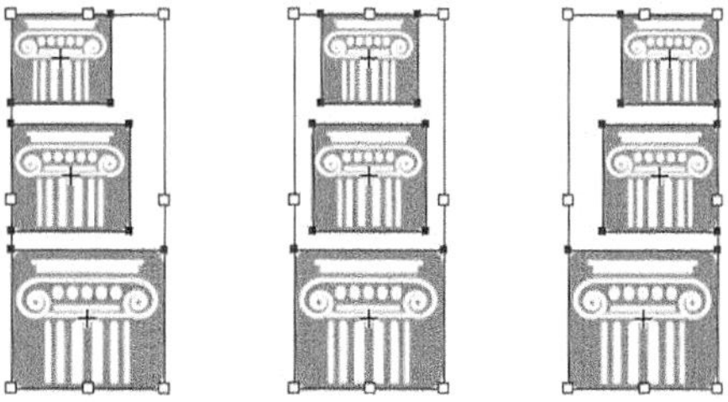

图4.72 水平左对齐、水平居中对齐和水平右对齐

选中要对齐的多个对象,分别单击"对齐"面板上的"垂直顶对齐"按钮、"垂直居中对齐"按钮和"垂直底对齐"按钮后,效果如图4.73所示。

图4.73 垂直顶对齐、垂直居中对齐和垂直底对齐

选中要分布的多个对象,分别单击"对齐"面板上的"垂直顶分布"按钮、"垂直居中分布"按钮和"垂直底分布"按钮后,效果如图4.74所示。

图4.74　垂直顶分布、垂直居中分布和垂直底分布

选中要分布的多个对象,分别单击"对齐"面板上的"水平左分布"按钮、"水平居中分布"按钮和"水平右分布"按钮后,效果如图4.75所示。

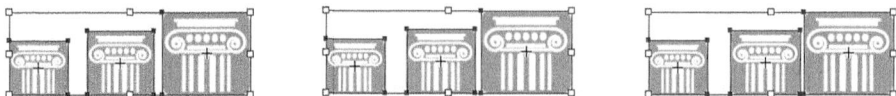

图4.75　水平左分布、水平居中分布和水平右分布

选中要对齐的多个对象,分别单击"对齐"面板上的"垂直分布间距"按钮和"水平分布间距"按钮后,效果如图4.76所示。

图4.76　垂直分布间距和水平分布间距

4.2　任务实践

4.2.1　绘制菊花图形

1. 任务说明

在本任务中,通过绘制如图4.77所示的菊花图形,学习图形的变换、变形与排列的方法。

图 4.77 菊花图形

2．操作步骤

步骤 1　新建一个文件，设置名称为"菊花图形"，画板数量为"1"，大小为"A4"，取向为"横向"，单位为"pt"，颜色模式为 RGB。

步骤 2　选择"椭圆工具" ，在画板上绘制一个椭圆，再选择"直接选择工具" 调整锚点的方向线，绘制如图 4.78 所示的花瓣图形。

步骤 3　为图形设置线性渐变填充，填充颜色的 RGB 值分别为：255,190,61；255,107,0；180,32,0，如图 4.79 所示。

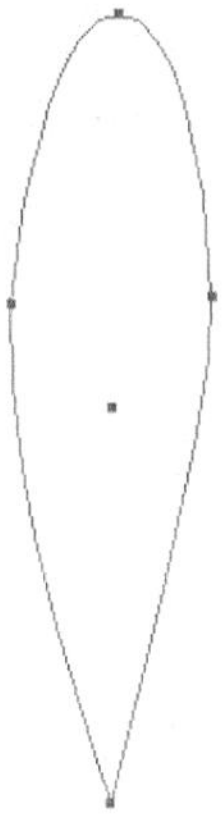

图 4.78 绘制花瓣图形

图 4.79 设置线性渐变填充

步骤 4　选择菜单"视图"|"智能参考线"命令，打开"智能参考线"。然后选择菜单"编辑"|"首选项"|"智能参考线"，勾选"度量标签"和"结构参考线"两个复选框，如图 4.80所示。这样对象在旋转的时候就可以看到旋转的具体角度了。

步骤 5　选择"旋转工具" ，在花瓣图形的下方单击，确定旋转的基准点将鼠标放到花瓣图形上单击并拖动鼠标，当看到显示的角度为－45°时，按下 Alt 键复制图形，如图 4.81 所示。

步骤 6　连续按 Ctrl＋D 快捷键，再次变换图形，直到形成如图 4.82 所示的图形。

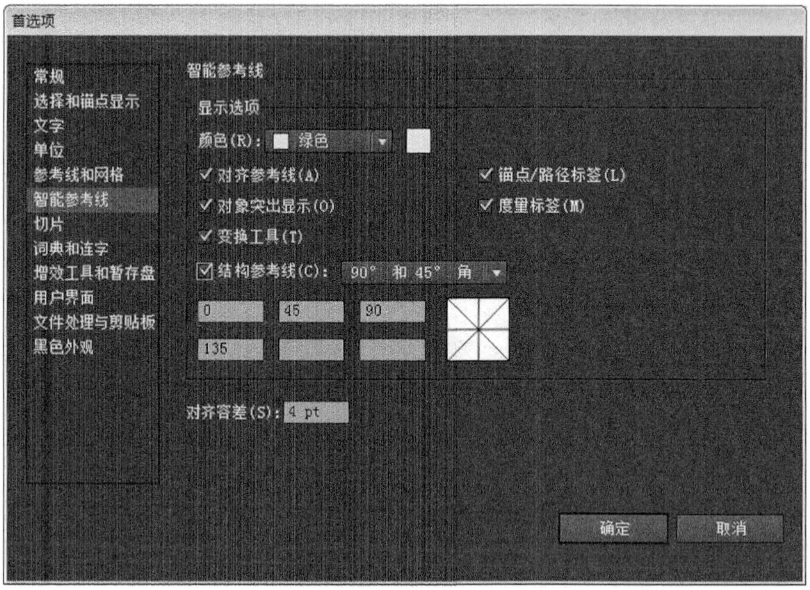

图 4.80　设置"首选项"

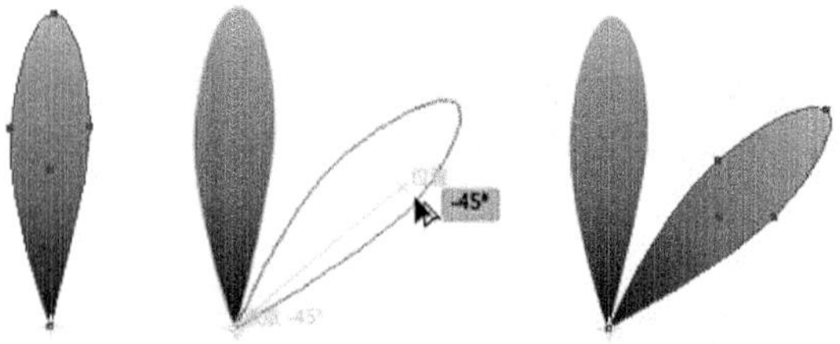

图 4.81　旋转并复制花瓣图形

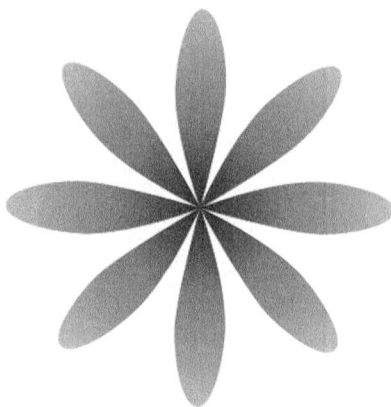

图 4.82　再次变换图形

步骤 7　选中最后复制的花瓣图形,选择"旋转工具"单击并拖动鼠标,当看到显示的角度为－22.75°时,按下 Alt 键复制图形,如图 4.83 所示。选择"渐变工具" ,将该图形的渐变填充的起点向下移动,绘制第二层花瓣图形,如图 4.84 所示。

步骤 8　将该图形旋转－45°并复制,如图 4.85 所示。连续按 Ctrl＋D 快捷键,再次变换该图形,直到形成如图 4.86 所示的图形。

步骤 9　选择"椭圆工具" 绘制一个正圆,在"渐变"面板中将类型改为"径向",设置两个滑块的颜色值分别为:

图 4.83　旋转并复制花瓣图形

255,107,0;180,32,0,如图 4.87 所示。

图 4.84 调整渐变填充的起点　　图 4.85 旋转并复制图形　　图 4.86 再次变换第二层花瓣图形

图 4.87 绘制正圆并设置渐变填充

步骤 10　双击"褶皱工具" 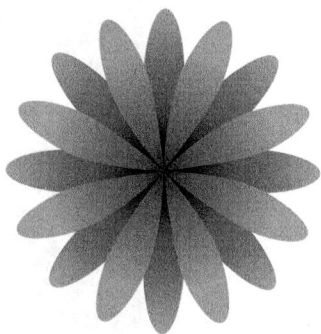，设置画笔宽度和高度均为 30pt，"褶皱选项"中的"水平"和"垂直"均为 100%，其他选项保持默认值，单击"确定"按钮后在圆形的边缘按住鼠标，设置褶皱效果，如图 4.88 所示。

步骤 11　选择褶皱变形的图形，双击"比例缩放工具" ，设置等比缩放 80%，单击"复制"按钮复制该图形，如图 4.89 所示。

步骤 12　修改图形的渐变填充，设置左边滑块的 RGB 值为：255,190,21，右边滑块的 RGB 值为：180,100,0，如图 4.90 所示。

步骤 13　按 Ctrl+D 快捷键，再次变换图形，并用吸管工具吸取最下方圆形的填充效果，如图 4.91 所示。

步骤 14　选中刚才绘制的所有图形，按 Ctrl+G 快捷键进行编组，形成一个整体，如图 4.92 所示。

步骤 15　选择菜单"文件"|"置入"命令，选择光盘文件"第 4 章\4.2.1\背景图 1"，将其置入到文件中。在该图上单击右键，在快捷菜单的"排列"菜单中选择"置于底层"命令，将其置于底层，如图 4.93 所示。

步骤 16　将菊花图形复制一个并缩小，调整两个菊花图形的位置，效果如图 4.94 所示。

图 4.88　设置褶皱效果

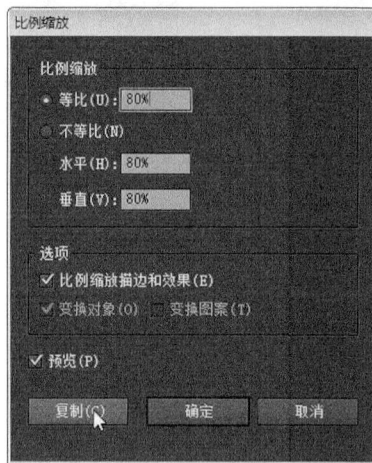

图 4.89　比例缩放图形

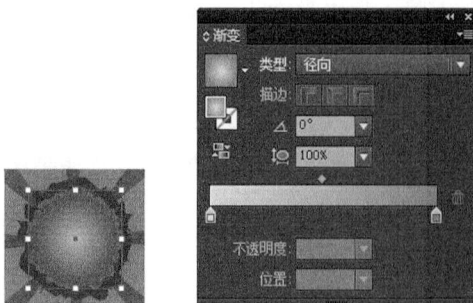

图 4.90　修改渐变填充

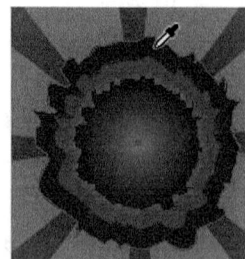

图 4.91　再次变换图形并设置填充色

图 4.92　编组图形

图 4.93　置入"背景图 1"并将其"置于底层"

图 4.94　复制、缩小、移动菊花图形

4.2.2　绘制奥运五环旗

1．任务说明

在本任务中,通过绘制如图 4.95 所示的奥运五环旗,学习"路径查找器"面板、"移动"命令、"对齐"面板、"变换"面板、"扭曲封套"和"变形工具"的用法。

2．操作步骤

步骤 1　新建一个文件,设置名称为"奥运五环旗",画板数量为"1",宽度为"300mm",高度为"195mm",单位为"毫米",颜色模式为 RGB。

步骤 2　选择"椭圆工具" ◯ 在画板上单击,绘制一个宽度和高度均为"50mm"的正圆。在"颜色"面板中设置颜色的 RGB 值为:0,113,188,如图 4.96 所示。

步骤 3　双击"比例缩放工具" ◫ ,设置等比"88%"缩放,单击"复制"按钮,缩小并复制正圆形,如图 4.97 所示。

图 4.95　奥运五环旗

图 4.96　绘制正圆并填充颜色

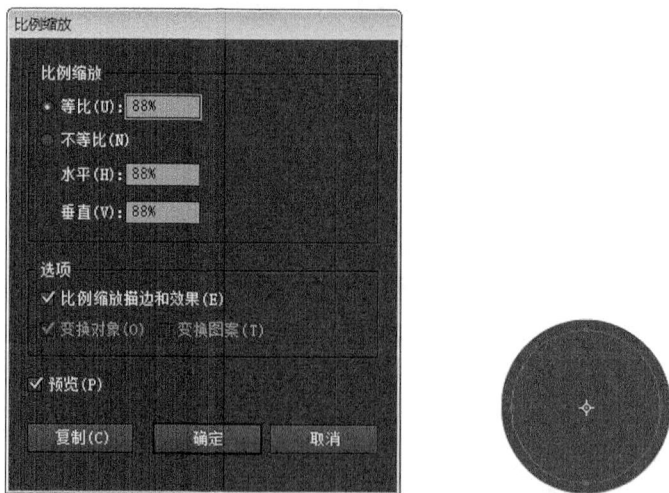

图 4.97　缩小并复制正圆形

步骤 4　选中两个圆,在"路径查找器"面板中单击"减去顶层"按钮,将会得到一个圆环图形,如图 4.98 所示。

步骤 5　选中环形,选择菜单"变换"|"对象"|"移动"命令,打开"移动"对话框,在其中设置水平位置为"53mm",垂直位置为"0mm",单击"复制"按钮,移动并复制该环形,设

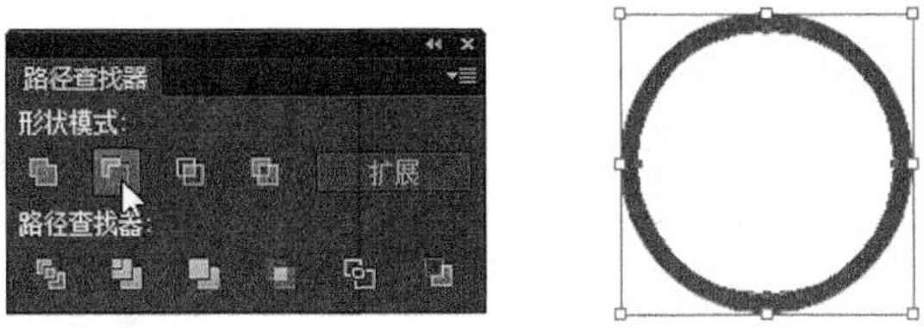

图 4.98 使用"路径查找器"面板得到圆环图形

置填充色为黑色,如图 4.99 所示。由于黑色环形与蓝色环形之间的距离为环的宽度,而环的宽度为大圆的直径减去小圆的直径除以 2,也就是$(50-44)÷2=3mm$,因此,蓝色环形要向右移动 $50+3=53mm$。

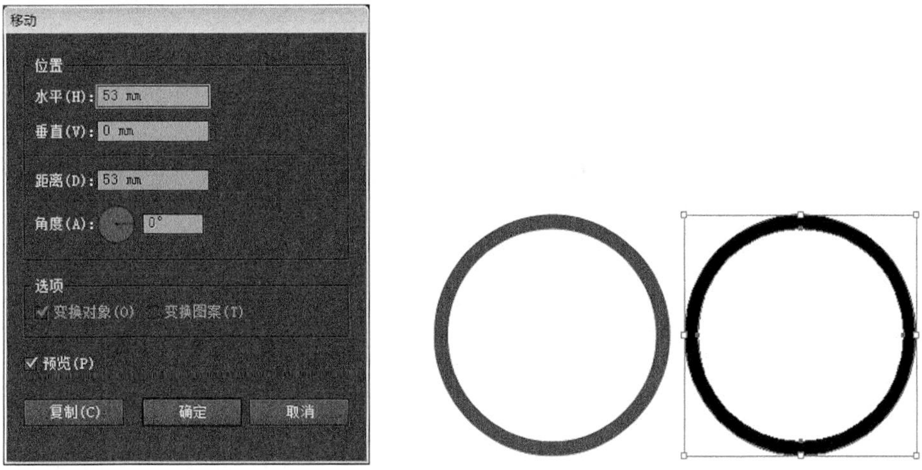

图 4.99 移动并复制环形

步骤 6　选中黑色的环形,按 Ctrl＋D 键再次变换,再复制一个圆形,并设置填充色为红色,即 R 值为 255,其他值为 0,如图 4.100 所示。

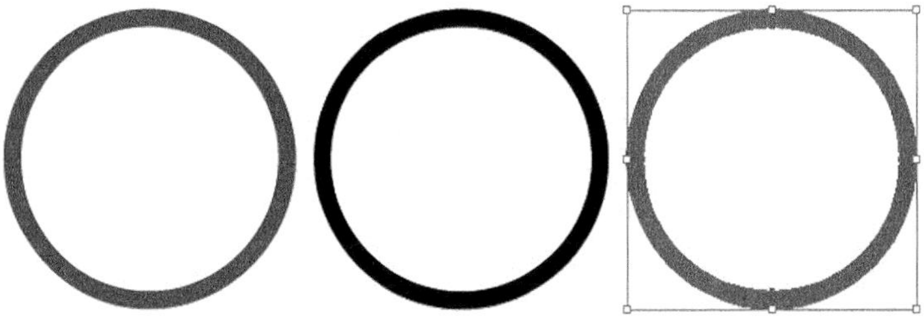

图 4.100 再次变换得到红色环形

步骤 7　再次选中蓝色环形,打开"移动"对话框,设置水平位置为"26.5mm",垂直位置为"25mm",单击"复制"按钮后,设置其填充色为黄色,即 RGB 值分别为:255,255,0,如图 4.101 所示。

步骤 8　选中黑色环形,按 Ctrl＋D 键再次变换,设置 RGB 值分别为:0,146,69,如图 4.102 所示。

图 4.101 移动并复制环形

图 4.102 再次变换得到绿色环形

步骤 9 同时选中蓝色环形和黄色环形,在"路径查找器"面板中单击"分割"按钮,将图形分割,如图 4.103 所示。

步骤 10 按 Shift＋Ctrl＋G 快捷键将其取消编组,单独选中上方的相交部分,用"吸管工具" 吸取蓝色环形的颜色,如图 4.104 所示。

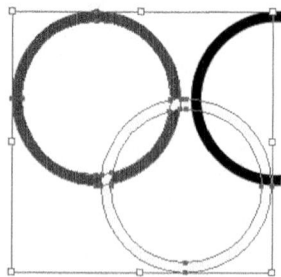

图 4.103 "分割"图形

图 4.104 取消编组并设置颜色

步骤 11 用同样的方法修改其他的环与环相交的部分,最终效果如图 4.105 所示。

步骤 12 将所有的环形选中并按 Ctrl＋G 键编组,如图 4.106 所示。

步骤 13 选择"矩形工具" 在画板上单击,绘制一个宽度为"200mm",高度为"130mm"的矩形,设置填充色为白色,如图 4.107 所示。

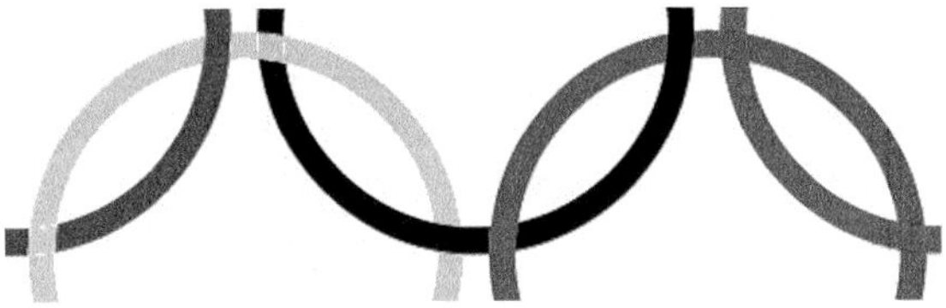

图 4.105　修改圆环的相交部分

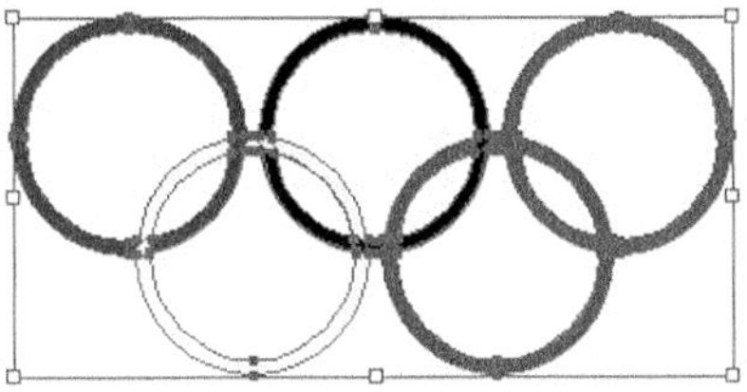

图 4.106　编组所有环形

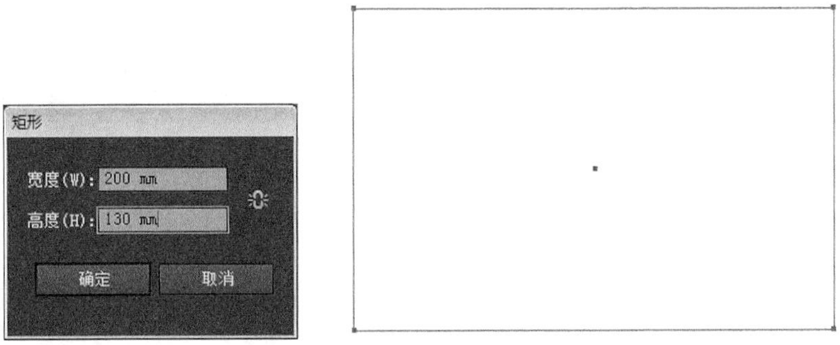

图 4.107　绘制白色矩形

步骤 14　按 Shift＋Ctrl＋[快捷键,将矩形至于底层。同时选中奥运五环和白色矩形,在"对齐"面板中右下角选择"对齐所选对象",然后再分别单击"水平居中对齐"按钮和"垂直居中对齐"按钮,使奥运五环位于旗帜的正中间,如图 4.108 所示。

图 4.108　对齐白色矩形和奥运五环

步骤 15　按 Ctrl＋G 快捷键将旗帜和奥运五环编组在一起。

步骤 16　选择菜单"文件"|"置入"命令,选择光盘文件"第 4 章\4.2.2\蓝天白云",将其置入到文件中。在"变换"面板中设置宽度为"300mm",高度为"195mm"。按 Shift＋Ctrl＋[快捷键,将其至于底层,并与画板对齐,如图 4.109 所示。

步骤 17　选择奥运五环旗,在"变换"面板中单击"约束宽度和高度比例"按钮后,设置宽度为"110mm",高度会自动发生变化,如图 4.110 所示。

步骤 18　选择菜单"对象"|"扭曲封套"|"用变形建立"命令,在"变形选项"对话框中设置样式为"上升",弯曲为"12％",其他都为默认值,为奥运五环旗设置变形效果,如图 4.111 所示。

图 4.109　置入素材图片

图 4.110　缩小奥运五环旗

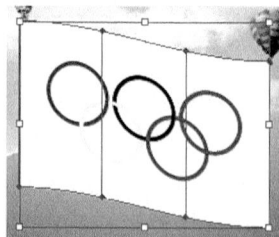

图 4.111　设置封套变形效果

步骤 19　双击"变形工具" ，设置画笔的宽度和高度均为"20mm"，其他均为默认值，单击"确定"按钮后，在旗帜的下边涂抹，产生波浪变形的效果，如图 4.112 所示。

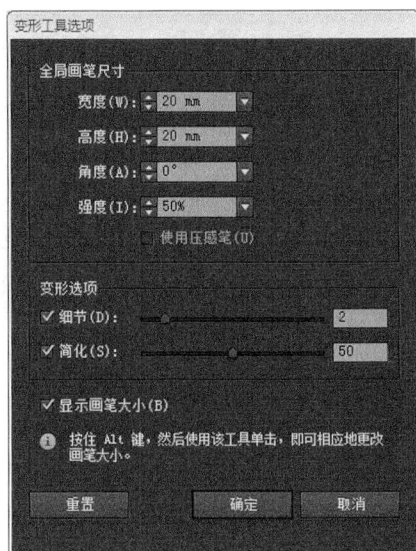

图 4.112 使用"变形工具"设置变形效果

4.2.3 制作公司名片

1. 任务说明

在本任务中,将运用"混合工具"、"对齐"面板、"移动"命令、比例缩放工具、剪切蒙版、"路径查找器"面板制作公司名片,如图 4.113 所示。

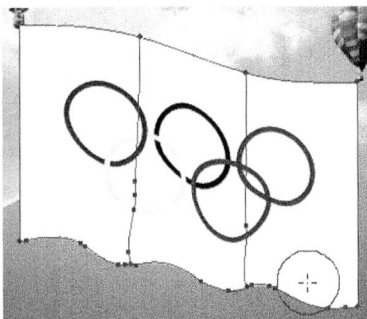

图 4.113 公司名片

2. 操作步骤

步骤 1 新建一个文件,设置名称为"公司名片",画板数量为"1",宽度为"90mm",高度为"55mm",单位为"毫米",颜色模式为 RGB。

步骤 2 选择"矩形工具" ▣,在画板上单击,绘制一个与画板同样大小的矩形,填充为黑色。打开"对齐"面板,在右下角选择"对齐画板",然后单击"垂直居中对齐"按钮▉和"水平居中对齐"按钮▉,如图 4.114 所示。

步骤 3 按 Ctrl+2 快捷键将矩形锁定。

图 4.114　绘制矩形并对齐画板

步骤 4　选择"椭圆工具" 在画板上单击,绘制一个宽度和高度均为"3mm"的正圆,设置填充色的 RGB 值为 247,226,142。在距离该圆形大概 70mm 的位置再绘制一个宽度和高度均为"1mm"的正圆,设置填充色的 RGB 值为 127,117,73,如图 4.115 所示。

图 4.115　绘制两个正圆

步骤 5　选中两个圆形,执行菜单"对象"|"混合"|"建立"命令,建立混合效果。然后再双击"混合工具" ,在"混合选项"对话框中设置间距为"指定的距离"、"3mm",如图 4.116 所示。

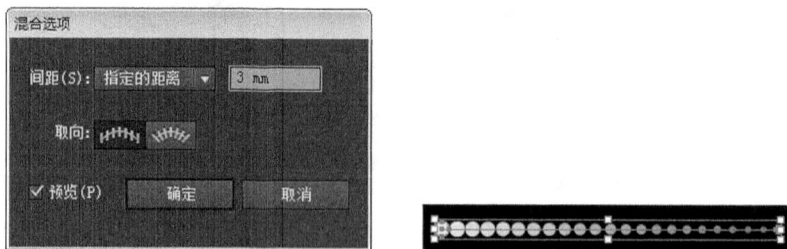

图 4.116　创建混合效果

步骤 6　选择菜单"对象"|"混合"|"扩展"命令,将混合图形扩展,按下 Shift+Ctrl+G 键取消编组。

步骤 7　在"对齐"面板的右下角选择"对齐所选对象",然后单击"水平分布间距"按钮 ,将各个图形之间的间距设置为相等,如图 4.117 所示。

步骤 8　选中所有的圆形,按 Ctrl+G 键将其编组。选择菜单"对象"|"变换"|"移

图 4.117　将各个图形之间的间距设置为相等

动"命令,在"移动"对话框中设置水平距离为"0mm",垂直距离为"－5mm",然后单击"复制"按钮,移动并复制编组对象,如图 4.118 所示。

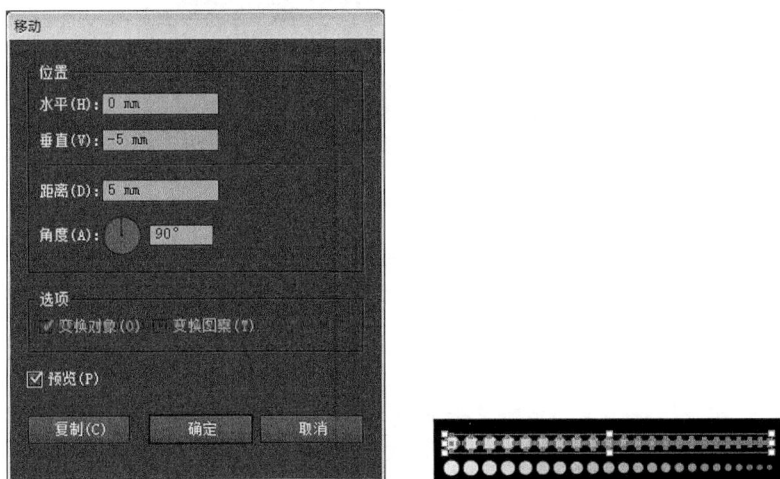

图 4.118　移动并复制编组对象

步骤 9　连按 4 次 Ctrl＋D 键再次变换对象,得到 6 行编组对象。将所有的对象再次编组,适当旋转后移动到画板的左上角,如图 4.119 所示。

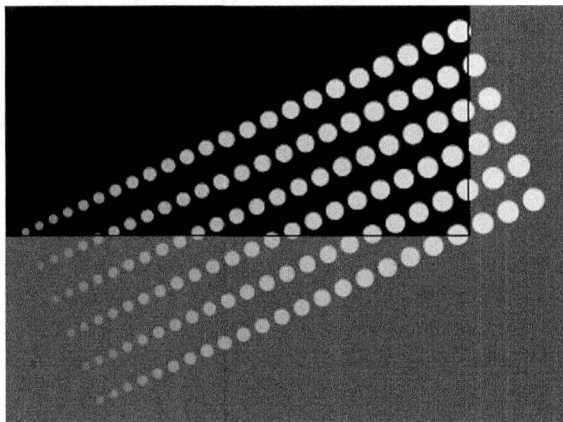

图 4.119　将编组对象旋转并移动到画板的左上角

步骤 10 复制该编组对象,旋转后移动到画板的左下角,注意使两个编组对象中的一个圆形重叠,如图 4.120 所示。

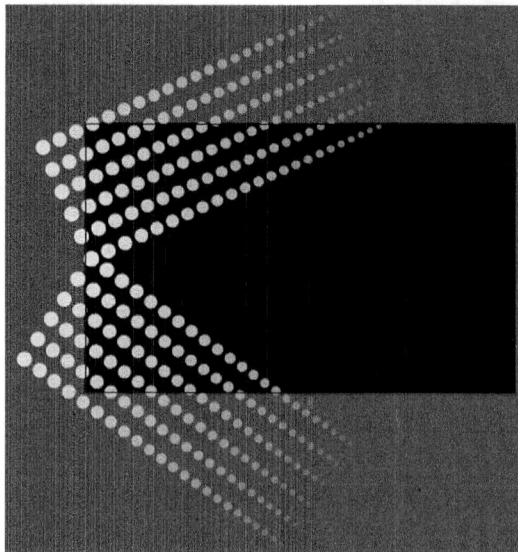

图 4.120 复制、旋转并移动编组对象

步骤 11 选择"矩形工具" 在画板上单击,绘制一个与画板同样大小的矩形,并与画板对齐。将两个编组对象与矩形同时选中,执行菜单"对象"|"剪切蒙版"|"建立"命令,可以建立剪切蒙版,遮住画板外的图形,如图 4.121 所示。

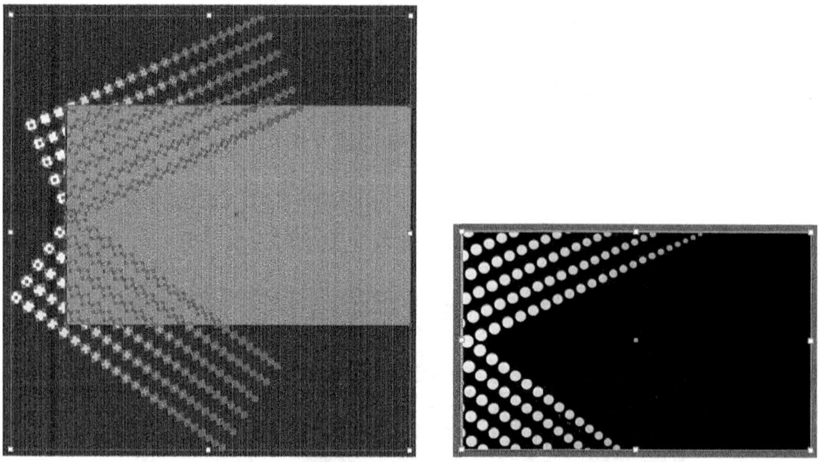

图 4.121 建立剪切蒙版

步骤 12 选择"椭圆工具" 在画板上单击,绘制一个宽度为"12mm"、高度为"8mm"的椭圆,设置填充色的 RGB 值为 247,226,142。如图 4.122 所示。

步骤 13 双击"比例缩放工具" ,在弹出的"比例缩放"对话框中设置等比"80%",单击"复制"按钮复制椭圆,如图 4.123 所示。

步骤 14 选择菜单"对象"|"变换"|"移动"命令,打开"移动"对话框,设置水平位置为"-2mm",垂直位置为"0mm",单击"确定"按钮移动小椭圆,如图 4.124 所示。

图 4.122 绘制椭圆

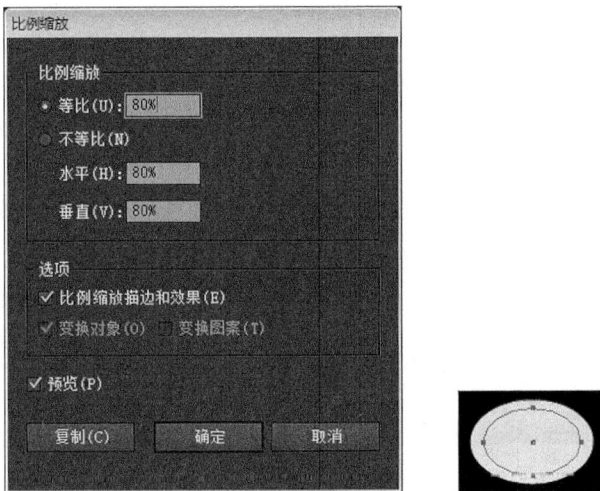

图 4.123 缩放并复制椭圆

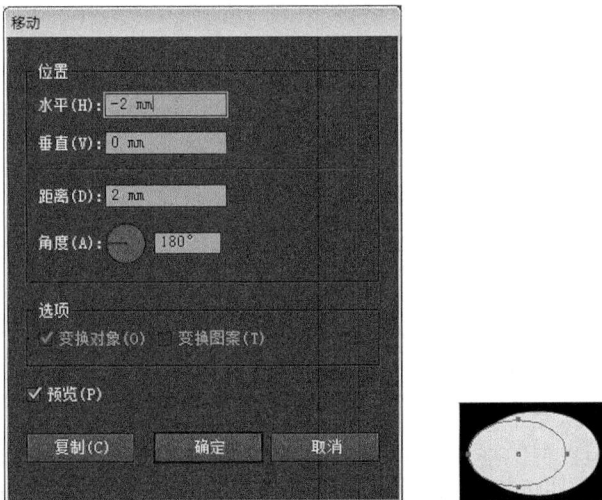

图 4.124 移动小椭圆

步骤 15 选中两个圆,在"路径查找器"面板中单击"减去顶层"按钮,得到如图 4.125 所示的标志图形。

步骤 16 选择"文字工具" T ,在标志图形的左边输入文字"星月集团",填充色与标志图形的填充色相同。在控制面板中设置字体为"微软雅黑",字号为"12pt",如图 4.126 所示。将文字和标志图形编组后移动到名片的右上角。

图 4.125　使用"路径查找器"面板创建标志图形

图 4.126　输入标志中的文字

步骤 17　在名片的中间绘制一条横线,描边色与标志相同。在横线的上方输入"王星辰/总经理",其中,"王星辰/"的字体为"方正姚体",大小为"14pt","总经理"的字体为"黑体",大小为"10pt"。在横线的下方输入"Jackey Wang",字体为"Arial",大小为"8pt",如图 4.127 所示。

步骤 18　选择"文字工具" T 在姓名的下方拉出一个框,在其中输入地址电话等信息,设置填充色的 RGB 值为:179,24,4,字体为"黑体",字号为"8pt",如图 4.128 所示。

图 4.127　输入姓名与职务的文字并设置其属性

图 4.128　输入地址电话的文字并设置其属性

4.3　独立练习

4.3.1　绘制折扇

1. 制作要求

绘制如图 4.129 所示的折扇图形,主要会用到本章所学的"镜像工具"、"旋转工具"、"排列"命令等。

2. 操作步骤提示

（1）用"矩形工具"绘制矩形,填充为粉红色。然后用"直接选择工具"将其变成梯形,形成折扇上方的折页图形。

（2）用"镜像工具"设置水平镜像折页图形,填充为深红色,并将图形的宽度缩小,形成下方的竹片图形。

（3）用"直线段工具"绘制折页和竹片的黑色边缘。

（4）将以上图形编组,旋转并复制。

图 4.129　折扇

（5）按 Ctrl＋D 键再次变换对象，直到形成扇形。

（6）在扇叶图形中隔一个折页选中一个矩形，设置其填充色为浅粉红色，然后将其置于底层。

（7）将最右侧的矩形改为深红色。

（8）绘制折扇下方的圆形，并设置为径向渐变填充。

4.3.2 绘制彩色花朵

1. 制作要求

绘制如图 4.130 所示的彩色花朵，主要用到本章所学的"混合工具"、"旋转工具"等。

图 4.130 彩色花朵

2. 操作步骤提示

（1）用"钢笔工具"绘制一个花瓣图形，将其填充为黄色。复制并缩小花瓣图形，将其填充为橙色。将两个花瓣图形进行混合，设置混合步数为 2。

（2）复制并旋转混合后的图形，使用"编组选择工具"分别选择最大和最小的花瓣，设置不同的颜色。

（3）用同样的方法绘制其他的花朵图形。

（4）使用钢笔工具绘制花朵下面的线条，将部分线条设置为虚线效果。

第 5 章　文字的编辑与处理

本章学习目标
- 掌握创建点文本与块文本的方法
- 掌握创建区域文本、路径文本,以及将文本转换为路径的方法
- 掌握插入字形与置入外部文本的方法
- 掌握使用"字符"面板与"段落"面板设置文本与段落格式的方法
- 掌握文本绕图与分栏的应用

　　文字的设计在平面设计中有着重要的作用,Illustrator 软件提供了创建与编辑各种类型文本的方法。本章从创建文本、设置文本的格式与修饰文本三个方面来介绍文本的创建与编辑方法,帮助读者掌握创建点文本与块文本的方法;创建区域文本、路径文本,以及将文本转换为路径的方法;插入字形与置入外部文本的方法;使用"字符"面板与"段落"面板设置文本与段落格式的方法;文本绕图与分栏的应用方法。最后通过多个任务的实践来帮助读者掌握文字的创建与编辑的方法。

5.1　知识准备

5.1.1　创建文本

　　Illustrator CS6 提供了 6 种文本工具,可以用来创建不同类型的文本,如普通文本、区域文本和路径文本。此外,Illustrator 还提供了大量的字形供用户使用,还可以置入外部文本。下面就来介绍各种不同类型文本的创建方法。

1. 创建普通文本

1) 创建点文本

　　点文本是指从单击的位置开始,随着字符输入而扩展的横排或直排文本。选择"文字工具" T 或"直排文字工具" T 在画板上单击,会出现闪动的输入文字的光标,此时输入文字就可以创建点文本了,如图 5.1 所示。

　　点文本是不能自动换行的,要换行必须按 Enter 键。点文本可以像图形一样使用"选择工具" 进行放大、缩小和旋转等操作。

2) 创建块文本

　　当需要输入大量的段落文本时,就需要创建块文本。选择"文字工具" T 或"直排文

字工具"![]在画板上拖出一个文本框,在文本框中里输入文字即可创建块文本,如图 5.2 所示。

图 5.1　创建点文本　　　　　　　　　　　　图 5.2　创建块文本

当输入的文本到达文本框的边缘时,会自动换行。如果要另起一段,可以按 Enter 键。当使用"选择工具"![]进行放大、缩小和旋转等操作时,改变的不是文本,而是外部的文本框。

2. 创建区域文本

区域文本是指在图形的内部输入文本。绘制一个图形,选择"区域文字工具"![]或"直排区域文字工具"![],在图形边缘上单击,该图形就会转换成文本框,失去填充和描边属性,此时就可以在其中输入文本,如图 5.3 所示。

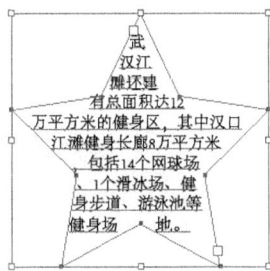

图 5.3　创建区域文本

3. 创建路径文本

路径文本是指沿着开放或封闭的路径来排列文字。绘制一条路径,选择"路径文字工具"![]或"直排路径文字工具"![],在路径边缘上单击,即可输入路径文本,如图 5.4 所示。

路径文本创建好以后会出现三条蓝色的竖线条,分别位于文本的起点、中点和终点。将鼠标放到路径的起点或终点拖动鼠标,可以改变文本的起点或终点的位置。将鼠标放到路径文字的中点拖动鼠标,可以改变文本在路径上的位置,如图 5.5 所示。

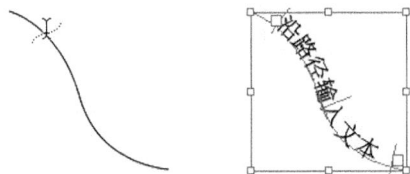

图 5.4　创建路径文本

选择菜单"文字"|"路径文字"|"路径文字选项"命令,打开"路径文字选项"对话框,在其中可以选择路径文字的"效果"、"翻转"、"对齐路径"以及"间距"等选项。如图 5.6 所示显示了设置"翻转"后的效果。

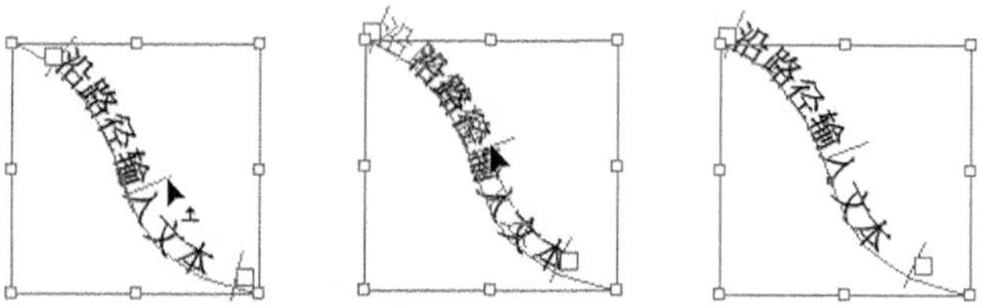

图 5.5　移动文本在路径上的位置

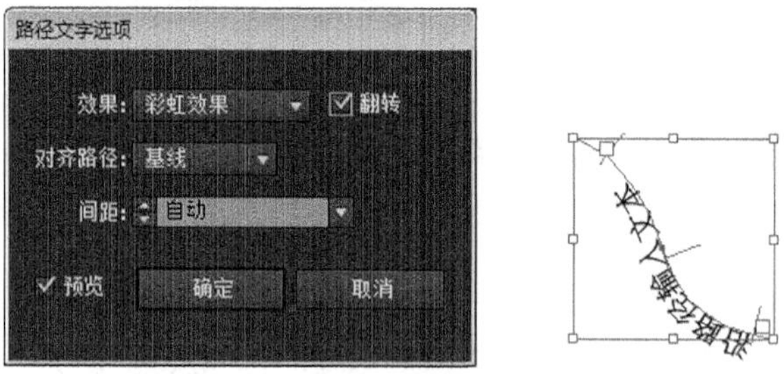

图 5.6　设置"路径文字选项"

4．插入字形

如果想输入键盘上没有的一些特殊字符，可以使用"字形"面板。选择"文字工具"
![T]在需要插入字形的位置单击，选择菜单"文字"|"字形"命令，打开"字形"面板，在其中
选择需要的字形双击即可插入该字形，如图 5.7 所示。

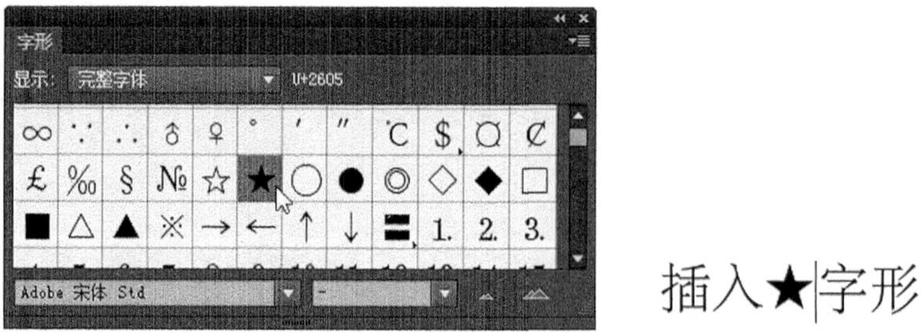

图 5.7　插入字形

5．置入外部文本

选择"文字工具"![T]在画板上拖出一个文本框，选择菜单"文件"|"置入"命令，选择
需要置入的文件，单击"置入"按钮后会弹出"文本导入选项"对话框，设置好后，单击"确
定"按钮即可将文本置入文本框中，如图 5.8 所示。

此外，也可以复制其他软件中的文本，在 Illustrator 中按 Ctrl＋V 快捷键，将文本复
制到 Illustrator 文件中。

5.1.2　设置文本的格式

在 Illustrator CS6 中，用户还可以使用控制面板、"字符"面板和"段落"面板来设置文
本的格式。

图 5.8 置入外部文本

1. 选择文本

选择"文字工具"T在文本区域中单击鼠标并拖动鼠标，可以选择单个或多个文字，如图 5.9 所示。选择"文字工具"T在点文本中双击鼠标，可以选中所有的点文本；在块文本中连续单击鼠标三次，可以选中所有的块文本，如图 5.10 所示。

图 5.9 选中单个或多个文字

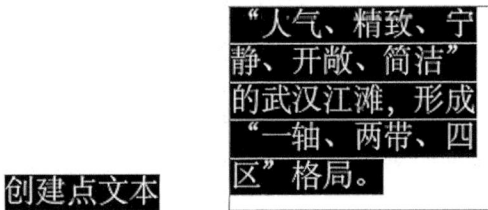

图 5.10 选中所有文本

选择"选择工具"可以选中点文本框或块文本框，选中后可以设置文本框中所有文字的格式。

2. 设置字符格式

选择菜单"窗口"|"文字"|"字符"命令，可以打开"字符"面板，各选项的含义如图 5.11所示。

1）设置字体和字号

选中要编辑的文字，在"字符"面板中的"设置字体系列"、"设置字体样式"（一般用于英文字体）和"设置字体大小"选项中可以设置文字的字体和字号，如图 5.12 所示。

2）设置行距

默认情况下，行距是字体大小的 120％，在"字符"面板中的"设置行距"选项中可以设置文字的行距。图 5.13 显示了行距由"28.8"改为"21"后的效果。

3）垂直缩放与水平缩放

选中要编辑的文字，在"字符"面板中的"垂直缩放"和"水平缩放"选项中可以设置垂

设置字体系列
设置字体样式
设置字体大小
垂直缩放
设置两字符间的字距微调
比例间距
左边插入空格
设置基线偏移
全部大写字母
小型大写字母

设置行距
水平缩放
设置所选字符的字距微调
右边插入空格
字符旋转
删除线
下划线

语言 上标 下标 设置消除锯齿的方法

图 5.11   "字符"面板

图 5.12   设置字体和字号

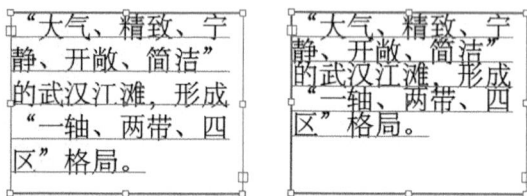

图 5.13   设置行距

直缩放与水平缩放的比例,图 5.14 分别显示了垂直缩放"200%"和水平缩放"200%"的效果。

图 5.14   垂直缩放与水平缩放

4)设置字距

"设置两字符间的字距微调"选项只能调整两个字符间的字距。选择"文字工具" 在文字间插入光标,在"字符"面板中的"设置两字符间的字距微调"选项中输入"300%"后,效果如图 5.15 所示。

"设置所选字符的字距微调"选项可以调整选中字符的字距。选中要编辑的文字,在"字符"面板中的"设置所选字符的字距微调"选项中输入"300%"后,效果如图 5.16所示。

创建|点文本   创建 |点文本   创建点文本   创 建 点 文 本

图 5.15 设置两字符间的字距微调   图 5.16 设置所选字符的字距微调

5）设置基线偏移

使用"选择工具"选中文字后,可以看到文字下方有一条蓝色的线条,这个线条就是文字的基线。在"字符"面板中的"设置字基线偏移"选项中,可以设置文字的基线,正值上移,负值下移。图 5.17 中"建"字的基线值为"−12","点"字的基线值为"12"。

6）设置字符旋转

选中要编辑的文字,在"字符"面板中的"字符旋转"选项中可以设置文字的旋转角度,图 5.18 显示了文字旋转"−45°"后的效果。

3. 设置段落格式

选择菜单"窗口"|"文字"|"段落"命令,可以打开"段落"面板,各选项的含义如图 5.19 所示。

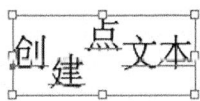

图 5.17 设置基线偏移

图 5.18 设置字符旋转

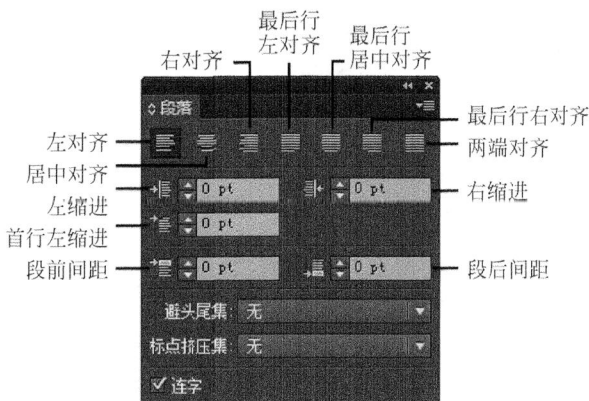

图 5.19 "段落"面板

1）设置段落的对齐方式

选中段落文本,分别单击"左对齐"、"居中对齐"和"右对齐"按钮,效果如图 5.20 所示。

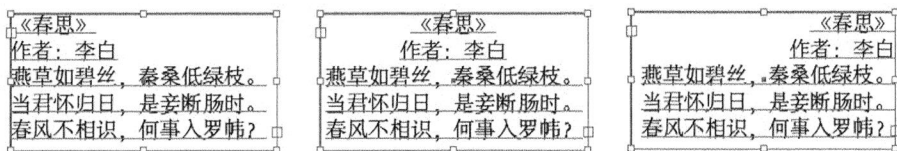

图 5.20 "左对齐"、"居中对齐"和"右对齐"

选中段落文本,分别单击"最后行左对齐"、"最后行居中对齐"、"最后行右对齐"和"两端对齐"按钮,效果如图 5.21 所示。

2）设置段落缩进方式

选中段落文本,分别设置左缩进"20pt"、右缩进"20pt"和首行缩进"30pt",效果如图 5.22 所示。

荷塘的四面，远远近近，高高低低都是树，而杨柳最多。这些树将一片荷塘重重围住；只在小路一旁，漏着几段空隙，像是特为月光留下的。

荷塘的四面，远远近近，高高低低都是树，而杨柳最多。这些树将一片荷塘重重围住；只在小路一旁，漏着几段空隙，像是特为月光留下的。

荷塘的四面，远远近近，高高低低都是树，而杨柳最多。这些树将一片荷塘重重围住；只在小路一旁，漏着几段空隙，像是特为月光留下的。

荷塘的四面，远远近近，高高低低都是树，而杨柳最多。这些树将一片荷塘重重围住；只在小路一旁，漏着几段空隙，像是特为月光留下的。

图 5.21 "最后行左对齐"、"最后行居中对齐"、"最后行右对齐"和"两端对齐"

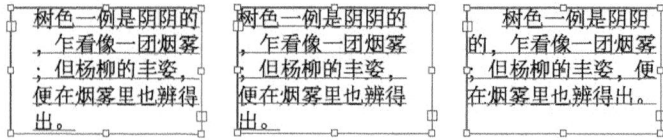

树色一例是阴阴的，乍看像一团烟雾；但杨柳的丰姿，便在烟雾里也辨得出。

树色一例是阴阴的，乍看像一团烟雾；但杨柳的丰姿，便在烟雾里也辨得出。

树色一例是阴阴的，乍看像一团烟雾；但杨柳的丰姿，便在烟雾里也辨得出。

图 5.22 左缩进、右缩进和首行缩进

3）设置段落间距

选中文本中的一个段落，分别设置段前间距"10pt"和段后间距"10pt"，效果如图 5.23 所示。

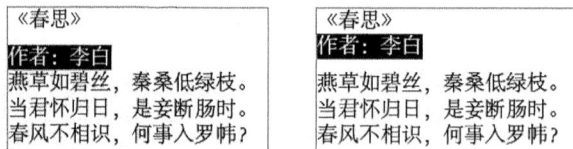

《春思》
作者：李白
燕草如碧丝，秦桑低绿枝。
当君怀归日，是妾断肠时。
春风不相识，何事入罗帏？

《春思》
作者：李白
燕草如碧丝，秦桑低绿枝。
当君怀归日，是妾断肠时。
春风不相识，何事入罗帏？

图 5.23 段前间距和段后间距

4. 创建字符样式与段落样式

设置好字符或段落的格式后，可以将其作为样式存储起来，方便以后可以快速应用。选中文本，选择菜单"窗口"|"文字"|"字符样式"命令，打开"字符样式"面板，单击"创建新样式"按钮，可以将选中文本的样式存储起来，如图 5.24 所示。

图 5.24 创建字符样式

要应用该样式只需要选中文本后，在"字符样式"面板中单击该字符样式的名称即可，如图 5.25 所示。

图 5.25 应用字符样式

段落样式的创建方法与字符样式相同,选择菜单"窗口"|"文字"|"段落样式"命令,即可打开"段落样式"面板进行设置。

5.1.3 修饰文本

1. 设置填充与描边

在 Illustrator 中,文字也可以设置填充与描边色,方法与为图形设置描边与填充的方法相同。图 5.26 显示了为文字设置黄色填充和红色描边的效果,图 5.27 显示了设置图案填充和蓝色描边的效果。要注意的是,无法为文字设置渐变填充。

图 5.26 黄色填充和红色描边   图 5.27 图案填充和蓝色描边

2. 设置文字效果

如果想要实现更丰富的文字效果,可以应用 Illustrator 中自带的"文字效果"。选中文字,选择菜单"窗口"|"图形样式库"|"文字效果"命令,打开"文字效果"面板,在其中单击一种文字效果即可,如图 5.28 所示。

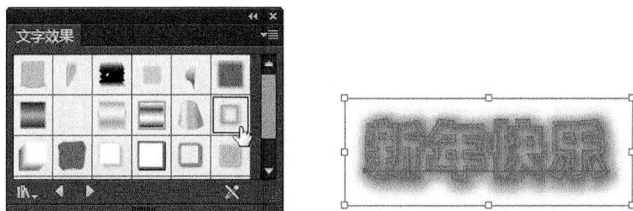

图 5.28 设置文字效果

3. 转换文本为路径

使用"创建轮廓"命令可以将文字转换为路径,转换为路径后,将不能再设置字符与段落属性。选中文字,执行菜单"文字"|"创建轮廓"命令或者在文字上单击右键,在快捷菜单中选择"创建轮廓"命令,即可将文本转换为路径,如图 5.29 所示。

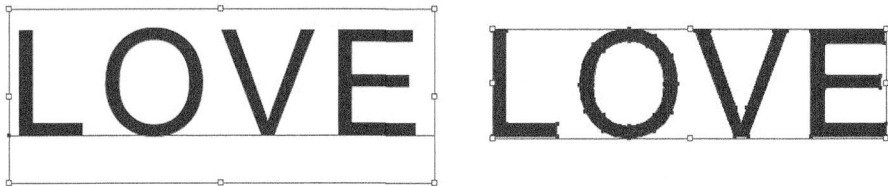

图 5.29 将文本转换为路径

文本转换为路径后,可以按 Shift＋Ctrl＋G 键取消编组,然后使用"直接选择工具"、"添加锚点工具"、"删除锚点工具"和"转换锚点工具"编辑路径上的锚点。效果如图 5.30 所示。

图 5.30　编辑路径

4. 改变文字方向

文字创建好以后也可以改变文字的方向。选中文字,执行菜单"文字"|"文字方向"|"水平"/"垂直"命令,即可改变文字的方向,如图 5.31 所示。

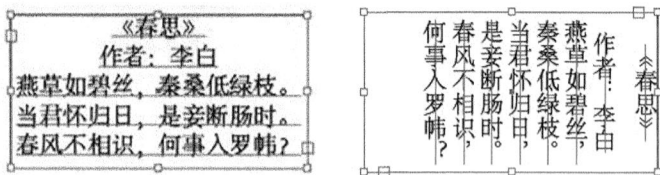

图 5.31　改变文字方向

5. 文本绕图

在块文本或区域文本中,可以实现文本绕图的效果。将文字和图片全部选中,执行菜单"对象"|"文本绕排"|"建立"命令,即可实现文本绕图的效果,如图 5.32 所示。

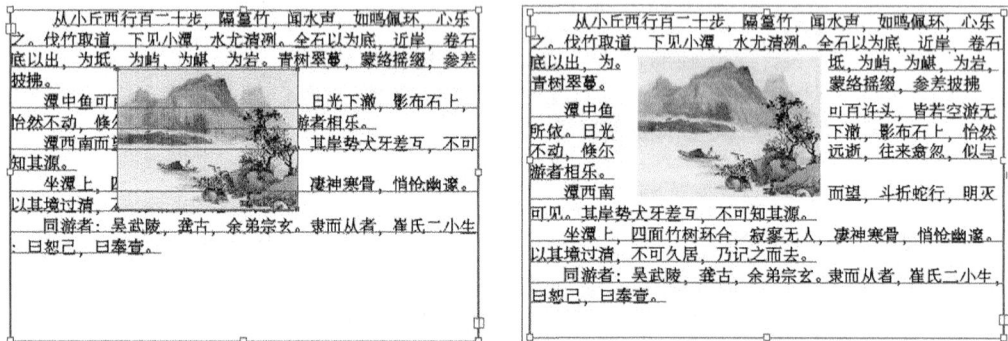

图 5.32　创建文本绕图效果

选择菜单"对象"|"文本绕排"|"文本绕排选项"命令,可以打开"文本绕排选项"对话框,如图 5.33 所示。其中,"位移"选项可以设置图形与文本之间的距离,"反向绕排"可以围绕对象反向绕排文本。选择菜单"对象"|"文本绕排"|"释放"命令可以释放文本绕排的效果。

6. 链接文本

在创建块文本或区域文本时,当文本数量超过了文本框时,文本框的右下角会出现一个红色的加号。选择"选择工具"在红色加号上单击,鼠标会变成的形状,此时在右侧拖出一个文本框,多余的文字将会显示在文本框中,如图 5.34 所示。

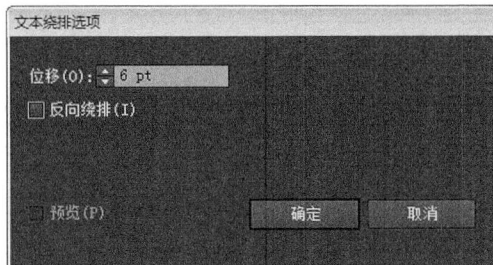

图 5.33　"文本绕排选项"对话框

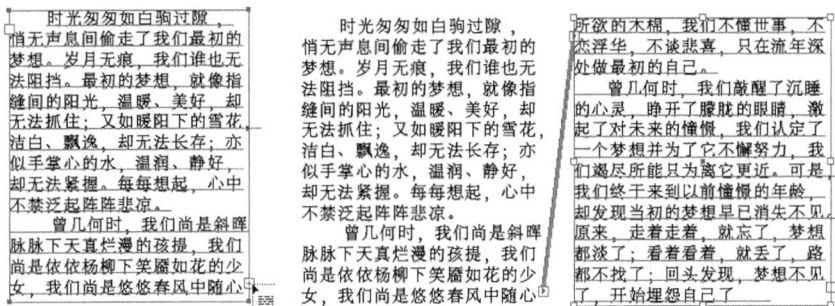

图 5.34　创建链接文本

7. 设置分栏效果

选择菜单"文字"|"区域文字选项"命令，可以打开"区域文字选项"对话框。在其中可以设置区域文本的宽度、高度、行数、列数、内边距、基线最小值以及文本框排列顺序等信息，如图 5.35 所示。将列数设置为"2"，内边距设置为"2mm"后，效果如图 5.36 所示。

图 5.35　"区域文字选项"对话框

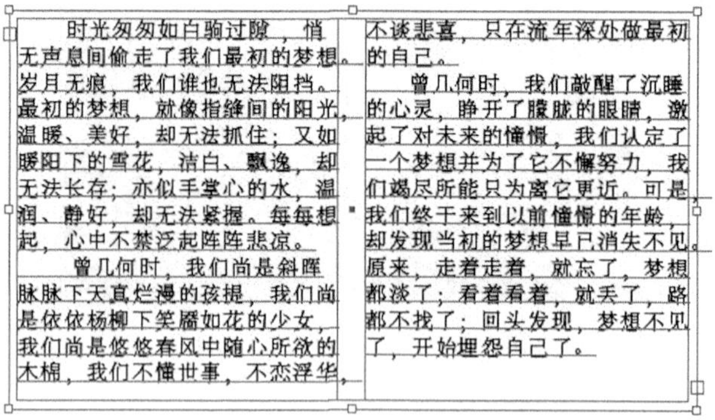
时光匆匆如白驹过隙，悄无声息间偷走了我们最初的梦想。岁月无痕，我们谁也无法阻挡。最初的梦想，就像指缝间的阳光，温暖、美好，却无法抓住；又如暖阳下的雪花，洁白、飘逸，却无法长存；亦似手掌心的水，温润、静好，却无法紧握。每每想起，心中不禁泛起阵阵悲凉。

曾几何时，我们尚是斜晖脉脉下天真烂漫的孩提，我们尚是依依杨柳下笑靥如花的少女，我们尚是悠悠春风中随心所欲的木棉，我们不懂世事，不恋浮华，不谈悲喜，只在流年深处做最初的自己。

曾几何时，我们敲醒了沉睡的心灵，睁开了朦胧的眼睛，激起了对未来的憧憬，我们认定了一个梦想并为了它不懈努力，我们竭尽所能只为离它更近。可是，我们终于来到以前憧憬的年龄，却发现当初的梦想早已消失不见。原来，走着走着，就忘了，梦想都淡了；看着看着，就丢了，路都不找了；回头发现，梦想不见了，开始埋怨自己了。

图 5.36 设置分栏效果

5.2 任务实践

5.2.1 制作泰勒公司标志

1. 任务说明

在本任务中，通过绘制如图 5.37 所示的泰勒公司标志，学习路径文字的创建与编辑的方法。

2. 操作步骤

步骤 1 新建一个文件，设置名称为“泰勒公司标志”，画板数量为“1”，宽度和高度均为“200mm”，单位为“毫米”，颜色模式为 RGB。

步骤 2 按 Ctrl＋R 快捷键打开标尺，在画板的正中间拖出两条互相垂直的参考线。

步骤 3 选择“椭圆工具”在画板上单击，绘制一个宽度为“90mm”，高度为“40mm”的椭圆，再选择“选择工具”将椭圆的中心点移动到参考线的中心，如图 5.38 所示。

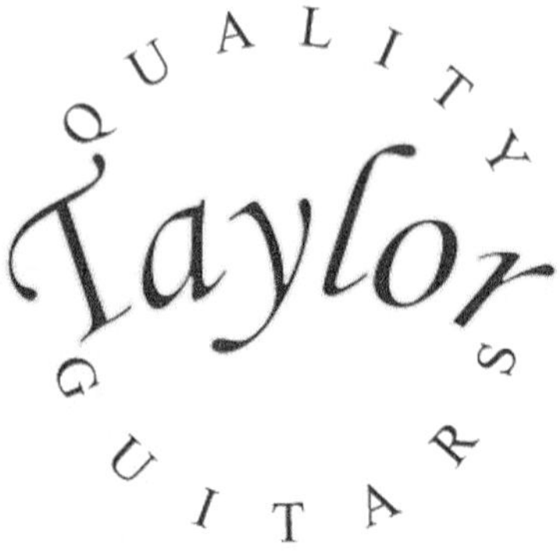

图 5.37 泰勒公司标志

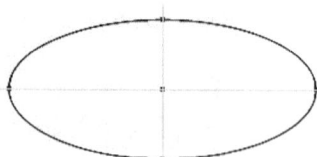

图 5.38 绘制椭圆

步骤 4 选择“路径文字工具”在椭圆上单击并输入文字“Taylor”，设置字体为

Monotype Corsiva，字体样式为 Regular，字号为"120pt"，如图 5.39 所示。

步骤 5　选中路径文字的中点，也就是右下方的蓝色线条，拖动调整文本在路径上的位置，使"y"字母位于路径的正中间，如图 5.40 所示。

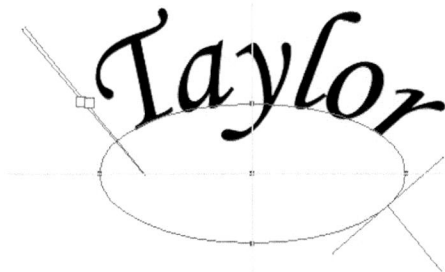

图 5.39　输入路径文字

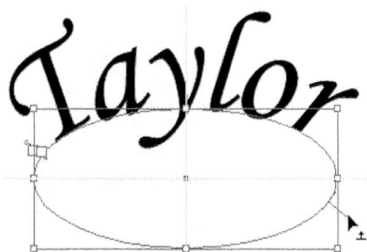

图 5.40　调整文字在路径上的位置

步骤 6　设置文本的填充色的 RGB 值为：193，39，45，描边色的 RGB 值为：252，238，33，描边粗细为"2pt"，如图 5.41 所示。

步骤 7　将路径文本向下移动，使"y"字母位于参考线的正中间，如图 5.42 所示。

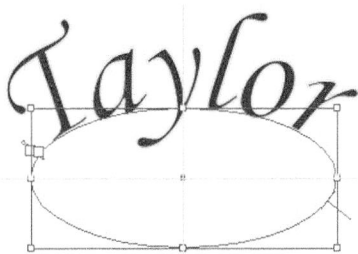

图 5.41　设置路径文字的填充与描边

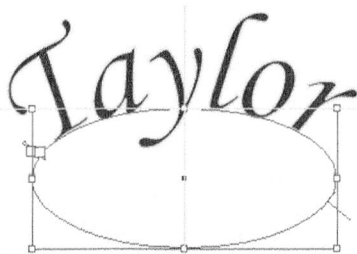

图 5.42　移动路径文本

步骤 8　选择"椭圆工具"，将鼠标移动到参考线的中心，按住 Shift＋Alt 键绘制一个正圆，如图 5.43 所示。

步骤 9　选择"路径文字工具"在正圆上单击并输入文字"QUALITY"，设置字体为 Times New Roman，字体样式为 Regular，字号为"30pt"，如图 5.44 所示。

图 5.43　绘制正圆

图 5.44　输入路径文本

步骤 10　设置文本的填充色的 RGB 值为：193，39，45。打开"字符"面板，在其中设置字距为"800",适当调整文字在路径上的位置,效果如图5.45所示。

图5.45 设置文本的填充色与字距

步骤11 再绘制一个同样大小的正圆,选择"路径文字工具" 在正圆上单击并输入文字"GUITARS",设置字体为Times New Roman,字体样式为Regular,字号为"30pt"。

步骤12 选择菜单"文字"|"路径文字"|"路径文字选项"命令,打开"路径文字选项"对话框,在其中勾选"翻转"复选框,如图5.46所示。

图5.46 将路径文字翻转

步骤13 设置文本的填充色的RGB值为:193,39,45。打开"字符"面板,在其中设置字距为"1000",适当调整文字在路径上的位置,效果如图5.47所示。

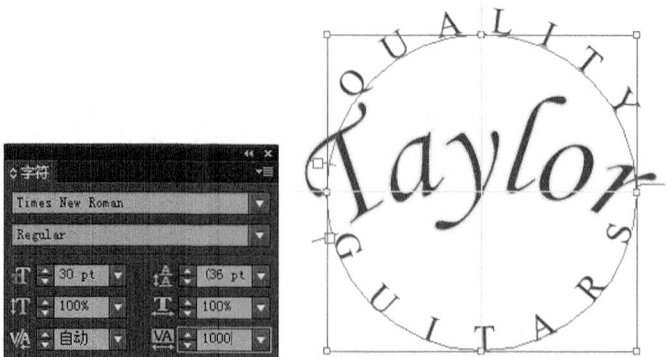

图5.47 设置文本的填充色与字距

5.2.2　制作特效文字

1. 任务说明

在本任务中，将运用"文字工具"、"创建轮廓"命令、"直接选择工具"、"钢笔工具"、"添加锚点工具"、"转换锚点工具"、"路径查找器"面板、"渐变工具"以及"混合工具"制作如图 5.48 所示的特效文字。

图 5.48　特效文字

2. 操作步骤

步骤 1　新建一个文件，设置名称为"特效文字"，画板数量为"1"，大小为"A4"，颜色模式为 RGB。

步骤 2　选择"文字工具" T，在画板上单击，输入文字"清凉夏日"，在控制面板中设置字体为"汉真广标"，大小为"120pt"，如图 5.49 所示。

步骤 3　在文字上单击右键，在弹出的快捷菜单中选择"创建轮廓"命令，将文本转换为路径，如图 5.50 所示。

图 5.49　创建文字并设置字体和字号

图 5.50　将文本转换为路径

步骤 4　按住 Shift＋Ctrl＋G 键将文字路径取消编组，选择"直接选择工具" ▶ 框选中"清"字的左边部首并按 Delete 键删除，如图 5.51所示。

步骤 5　选择"钢笔工具" ✎，在"青"字左边绘制如图 5.52(a)所示的三点水图形。然后将其

图 5.51　删除"清"字的左边部首

填充色设置为"黑色",描边为"无",如图5.52(b)所示。

步骤6 选择"直接选择工具"▶,选中"凉"字左边下方的点并适当调整点的位置,如图5.53所示。

(a)绘制三点水图形　　　(b)为图形设置填充与描边

图5.52　绘制三点水图形并设置填充与描边

图5.53　修改"凉"字的部首

步骤7 在"凉"字上单击右键,在弹出的快捷菜单中选择"释放复合路径"命令后,效果如图5.54所示。

步骤8 使用"选择工具"选中中间的矩形图形,如图5.55所示,并将其删除。

步骤9 使用"钢笔工具"绘制如图5.56所示的图形。

图5.54　释放复合路径　　　图5.55　选中矩形并删除　　　图5.56　绘制新的图形

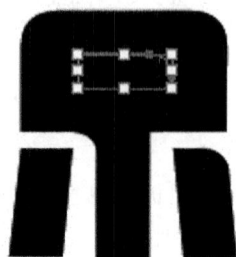

步骤10 将绘制的新图形与下方的图形同时选中,在"路径查找器"面板中单击"减去顶层"按钮,如图5.57所示。

步骤11 选中"京"字左下方的点,并将其删除。绘制一个椭圆,并通过"添加锚点工具"✒和"直接选择工具"▶将其调整成水滴的形状,如图5.58所示。

图5.57　减去顶层

图5.58　绘制水滴图形

步骤12　在水滴中间绘制一个圆形,如图5.59所示。同时选中两个图形,在"路径查找器"面板中单击"减去顶层"按钮,减去上方的圆形,将得到的图形设置填充色为"黑色",描边为"无",如图5.60所示。

步骤13　使用"选择工具" 选中"日"字并删除。使用"椭圆工具" ⬤ 和"路径查找器"面板绘制环形。再使用"钢笔工具" ✏ 绘制中间的月牙图形,并设置填充色为黄色,如图5.61所示。

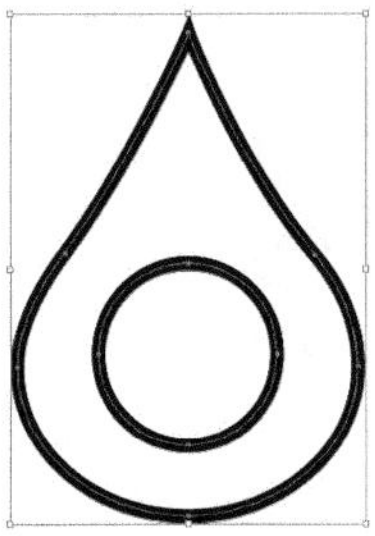

图 5.59　绘制圆形 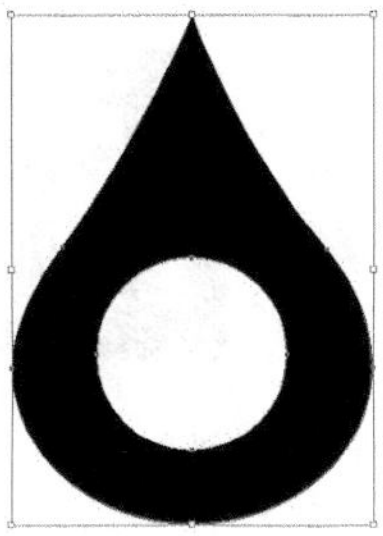　　　　图 5.60　减去顶层 　　　　图 5.61　绘制太阳图形

步骤14　使用"钢笔工具" ✏ 绘制太阳周围的光芒,并分别填充为橙色、蓝色、绿色和紫色,如图5.62(a)所示。

步骤15　使用"直接选择工具" ▶、"添加锚点工具" ✒ 以及"转换锚点工具" ▶,修改"夏"字的最后一笔,如图5.62(b)所示。

(a)　　　　　　　　　　　　　　　(b)

图 5.62　绘制太阳周围的光芒并修改"夏"字的最后一笔

步骤16　选择"文字工具" T,在"清凉夏日"的下方输入文字"起购",设置字体为"汉真广标",大小为"120pt",然后将其转换为路径。按住 Shift+Ctrl+G 键将文字路径取消编组,选中"购"字,并按住 Shift 键将其适当缩小,如图5.63所示。

步骤17　选择"直接选择工具" ▶ 将"起"字中"走"字最后一笔的锚点拉长,效果如图5.64所示。

步骤18　选择"钢笔工具" ✏ 绘制心形,将其旋转后复制多个,效果如图5.65所示。

步骤19　调整两行文字路径的位置,并将其全部选中后按 Ctrl+G 快捷键编组,然后将其适当旋转,如图5.66所示。

图 5.63 输入文字"起购"

图 5.64 将"购"字缩小

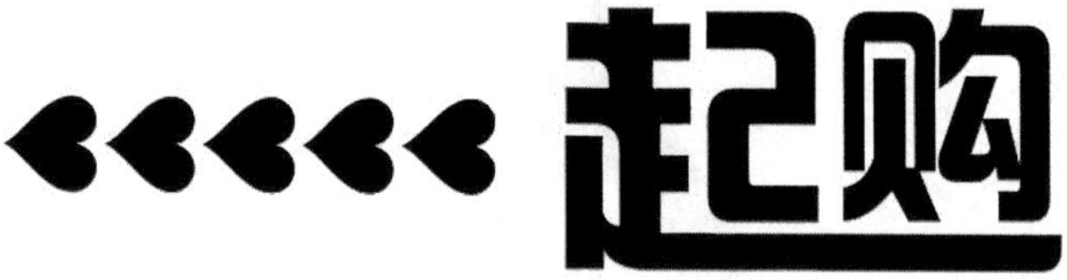

图 5.65 绘制心形

图 5.66 编组并旋转文字路径

步骤 20 选中文字路径，按 Ctrl＋C 键复制，再按两次 Shift＋Ctrl＋V 键就地粘贴，将文字路径复制两个。将最上层的文字路径拖动到画板的其他地方备用。

步骤 21 选中中间层的文字路径，设置填充色的 RGB 值为：46,49,146，然后向右下移动一定位置。选中最下层的文字路径，设置填充色的 RGB 值为：144,218,244，如图 5.67 所示。

步骤 22 选择"混合工具" ，分别在中间层和最底层的文字路径上单击，创建混合效果，如图 5.68 所示。

步骤 23 打开"渐变"面板，选择类型为"线性"，渐变滑块的颜色分别为：白色、黄色、白色，如图 5.69 所示。

步骤 24 将最上层的文字路径移动到混合对象上方，取消对"日"字的选择，使用"渐变工具" 沿着文字路径的倾斜方向，从上往下拖动鼠标，效果如图 5.70 所示。

步骤 25 选择菜单"文件"|"置入"命令，选择文件"第 5 章\5.2.2\文字背景"，将其置入到文件中，将其与画板对齐并置于底层，适当调整文字路径的位置，如图 5.71 所示。

图 5.67　设置文本颜色

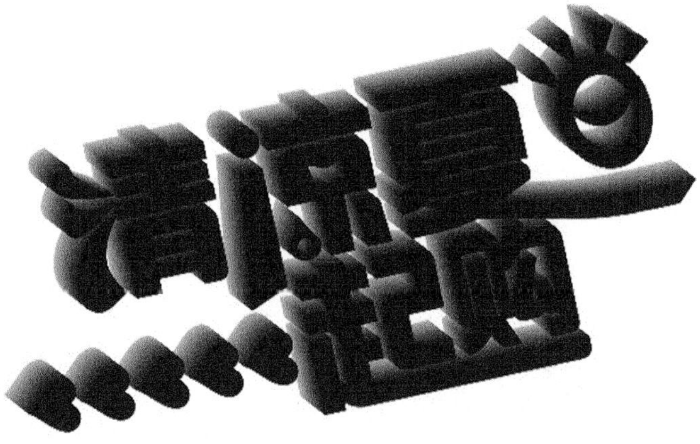

图 5.68　创建混合效果

图 5.69　创建混合效果

图 5.70　设置线性渐变填充

图 5.71　调整文字路径的位置并编组

5.2.3　制作时尚杂志内页

1. 任务说明

在本任务中,将运用"文字工具"、"区域文字工具"、"字符"面板、"段落"面板、"字符样式"面板、"段落样式"面板以及"文本绕排"命令制作杂志内页,如图 5.72 所示。

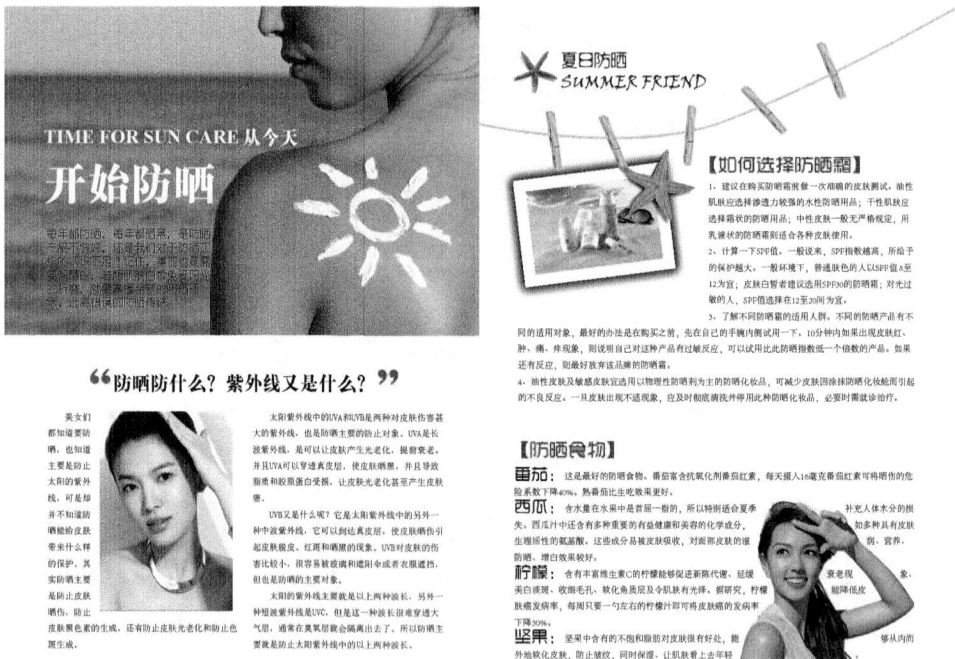

图 5.72　时尚杂志内页

2. 操作步骤

步骤 1　新建一个文件,设置名称为"时尚杂志内页",画板数量为"1",宽度为

"420mm",高度为"297mm",单位为"毫米",各个方向出血均为"3mm",颜色模式为CMYK。

步骤2 按Ctrl＋R键显示标尺,在垂直方向拖出5条参考线,打开"变换"面板,分别设置参考线的X坐标值为:15mm、195mm、210mm、225mm、405mm。然后在水平方向拖出两条参考线,在"变换"面板中分别设置参考线的Y坐标值分别为:15mm、282mm,如图5.73所示。

图5.73 创建参考线

步骤3 选择菜单"文件"|"置入"命令,选择文件"第5章\5.2.3\素材\图片1",将其置入到文件中。在"变换"面板中单击"约束宽度和高度比例"按钮,设置其宽度为"213mm",将图片移动到画板的左上角,并与出血线对齐,如图5.74所示。

图5.74 置入"图片1"

步骤4 选择"文字工具" T ,在图片上的左边参考线处单击,输入文字"TIME FOR SUN CARE 从今天",设置英文的字体为Times New Roman Bold,中文的字体为"汉仪粗宋简",字号为"24pt",颜色为"白色"。换行后再输入文本"开始防晒",更改字号为"55pt"。

步骤 5 选择"文字工具" T ,在图片的左边参考线处单击并拖出一个框,在"Char05\任务实践\素材"文件夹中打开 Word 文件"文本素材",复制标题后的第一段话,粘贴到AI 文件的文本框中,设置字体为"幼圆",字号为"14pt",颜色为"黑色",如图 5.75 所示。

图 5.75 输入标题文本

步骤 6 选择"文字工具" T ,在图片下方输入文本:"防晒防什么?紫外线又是什么?"。设置文字的字体为"汉仪粗宋简",字号为"24pt",颜色为"黑色"。将两个引号的字号改为"60pt",颜色改为"红色"。打开"字符"面板,在其中设置基线偏移值为"−20pt",如图 5.76 所示。

步骤 7 选择"文字工具" T ,在刚才创建的标题文字下方拖出一个文本框,在 Word文件"文本素材"中复制后面的 4 段文本到文本框中。设置字体为"宋体",字号为"11pt",行距为"20 pt",如图 5.77 所示。

图 5.76 设置引号的字号与基线偏移

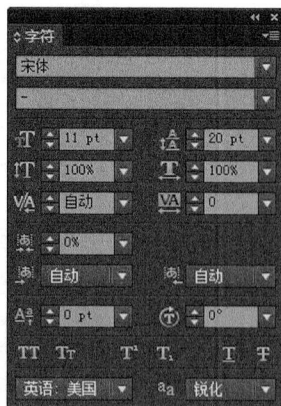

图 5.77 在"字符"面板中
设置文本属性

步骤 8　执行菜单"文字"|"区域文字选项"命令,在弹出的"区域文字选项"对话框中设置列数为"2",如图 5.78 所示。

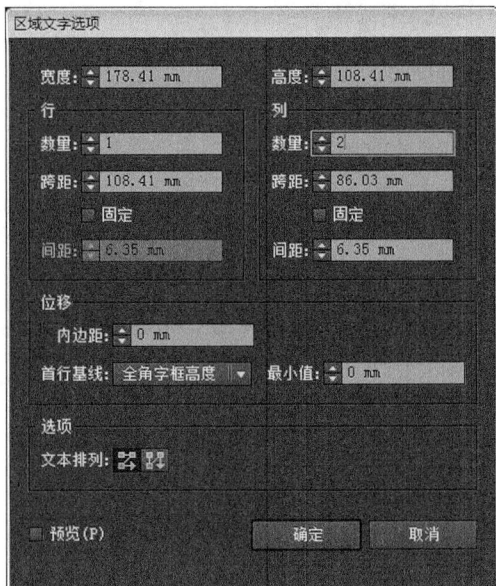

图 5.78　在"区域文字选项"面板中设置列数为"2"

步骤 9　打开"段落"面板,将"避头尾集"选项设置为"严格",如图 5.79 所示。

步骤 10　打开"字符样式"面板,单击"创建新样式"按钮,创建"字符样式 1",将当前的字符样式存储起来,方便后面使用。打开"段落样式"面板,用同样的方法创建"段落样式 1",如图 5.80 所示。

图 5.79　在"段落"面板中设置段落属性

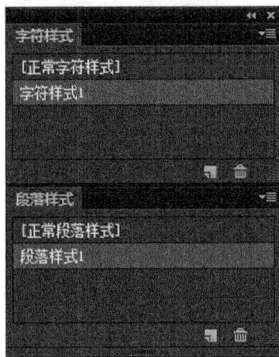

图 5.80　创建字符样式与段落样式

步骤 11　选择菜单"文件"|"置入"命令,选择文件"第 5 章\5.2.3\素材\图片 2",将其置入到文件中。在"变换"面板中单击"约束宽度和高度比例"按钮,设置其宽度为"60mm"。同时选中文本框和"图片 2",执行菜单"对象"|"文本绕排"|"建立"命令。适当调整图片的位置后,效果如图 5.81 所示。

步骤 12　下面来制作杂志的右边页面。选择菜单"文件"|"置入"命令,选择文件"第 5 章\5.2.3\素材\海星 1",将其置入到文件中,并对齐垂直方向的第 4 条参考线与水平

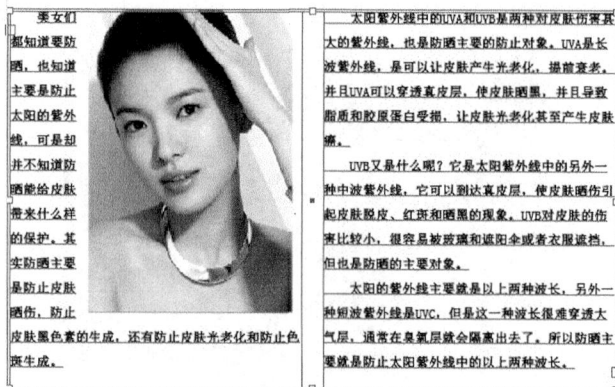

图 5.81　创建文本绕排

方向的第 1 条参考线。

步骤 13　在"海星 1"右边输入文本"夏日防晒 SUMMER FRIEND",设置中文的字体为"方正细珊瑚_GBK",字号为"21",颜色为"蓝色",英文的字体为 Viner Hand ITC,字号为"21",颜色为"蓝色",如图 5.82 所示。

步骤 14　选择菜单"文件"|"置入"命令,选择文件"第 5 章\5.2.3\素材\夹子",将其置入到文件中,并适当调整其位置,如图 5.83 所示。

图 5.82　置入"海星 1"并输入文本

图 5.83　置入"夹子"

步骤 15　选择菜单"文件"|"置入"命令,选择文件"第 5 章\5.2.3\素材\防晒霜",将其置入到文件中,适当旋转后置于底层。再置入文件"海星 2"并适当旋转,效果如图 5.84 所示。

步骤 16　在图片右侧输入文本"【如何选择防晒霜】",设置字体为"时尚中黑简体",字号为"24",颜色为暗红色,如图 5.85 所示。

步骤 17　在图片右侧和下方分别绘制两个矩形,如图 5.86 所示。同时选中两个矩形,在"路径查找器"面板中单击"联集"按钮,如图 5.87 所示,将两个矩形合成为一个图形。

图 5.84　置入图片"防晒霜"和"海星 2"

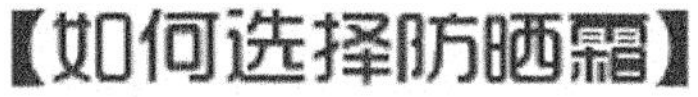

图 5.85　输入标题文本并设置属性

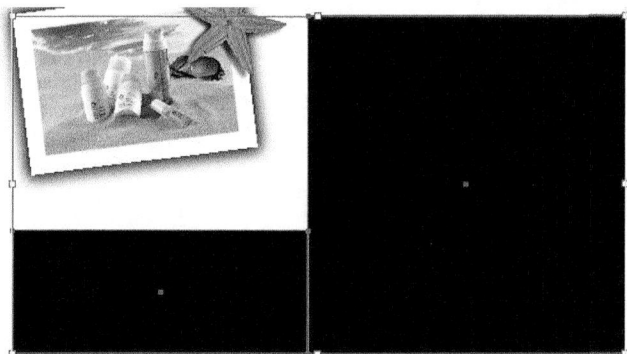

图 5.86　绘制矩形

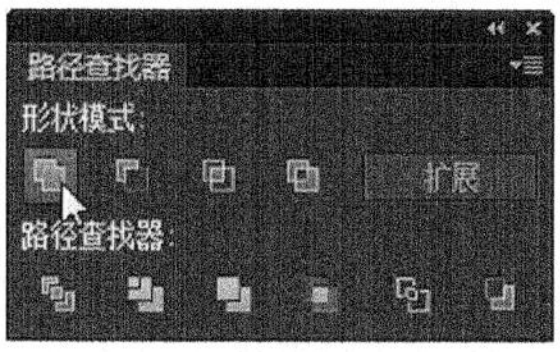

图 5.87　设置"联集"

步骤 18　选择"区域文字工具" ，在合并后的图形上单击，将 Word 文件"文本素材"中"【如何选择防晒霜】"后面的 4 段文本复制到区域文本中。在"字符样式"面板中单击"字符样式 1"，在"段落样式"面板中单击"段落样式 1"，应用之前创建的字符样式和段落样式，效果如图 5.88 所示。

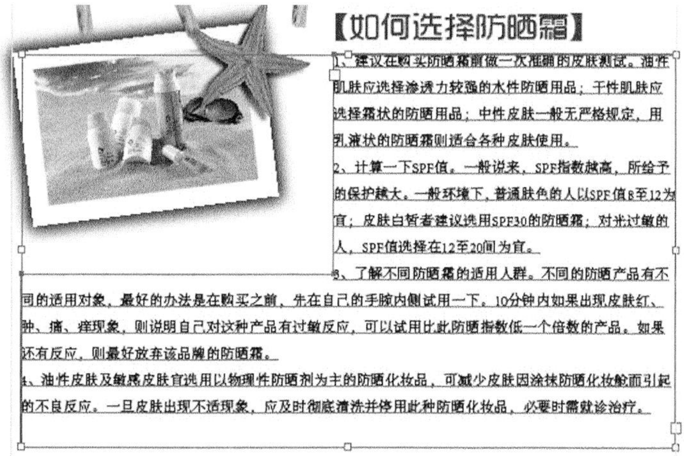

图 5.88　复制文本并设置字符样式和段落样式

步骤 19　在文本下方输入文本"【防晒食物】"，设置字体为"时尚中黑简体"，字号为"24"，颜色为"暗红色"。

步骤20 选择"文字工具" T，在刚才创建的标题文字下方拖出一个文本框，在 Word文件"文本素材"中复制最后的4段文本到文本框中。在"字符样式"面板中单击 "字符样式1"，在"段落样式"面板中单击"段落样式1"。

步骤21 分别选择文字"番茄："、"西瓜："、"柠檬："、"坚果："，设置其字体为"时尚中黑简体"，字号为"21"，效果如图5.89所示。

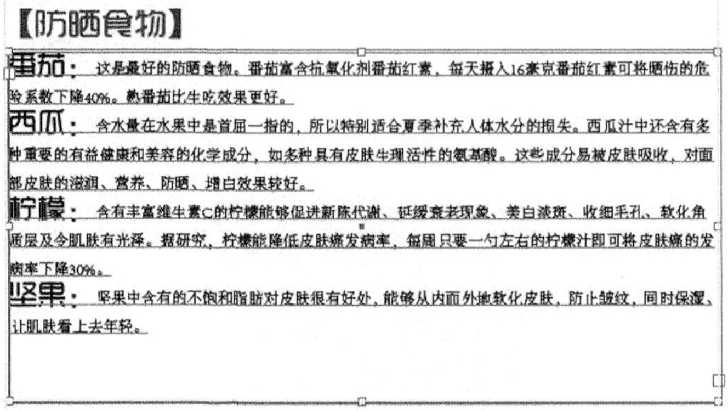

图5.89 输入文本并设置属性

步骤22 选择菜单"文件"|"置入"命令，选择文件"第5章\5.2.3\素材\图片3"，将其置入到文件中。同时选中文本框和"图片3"，执行菜单"对象"|"文本绕排"|"建立"命令。适当调整图片的位置后，效果如图5.90所示。

图5.90 创建文本绕排

5.3 独立练习

5.3.1 制作艺术字

1. 制作要求

制作如图5.91所示的艺术字，主要会用到"文字工具"、"创建轮廓"命令、"钢笔工具"、"添加锚点工具"、"路径查找器"面板以及"渐变工具"等。

图 5.91 艺术字

2. 操作步骤提示

(1) 用"文字工具"输入文字"春韵舞动",设置字体为"汉仪粗宋简"。

(2) 在文字上单击右键,在快捷菜单中选择"创建轮廓"命令,将文字转换为路径,然后取消编组。

(3) 用"钢笔工具"、"添加锚点工具"绘制曲线图形。

(4) 选中曲线图形和文字路径,在"路径查找器"面板中单击"联集"按钮,将曲线图形与文字合成一个整体。

(5) 沿着"韵舞动"的边缘绘制图形,并设置多种绿色的线性渐变填充,再将其置于底层。

(6) 将"韵舞动"复制一个,下一层的填充为黑色,上一层的填充为绿色、白色、绿色的线性渐变填充,并适当向右移动位置,使之与黑色文字有一定距离。

(7)"春"字要复制两个,最下层的文字最大,填充为紫色。中间层的填充为白色,最上层的填充为浅紫色与白色的渐变。

5.3.2 制作健康杂志内页

1. 制作要求

制作如图 5.92 所示的健康杂志内页,主要用到本章所学的"文字工具"、"字符"面板、"段落"面板以及"文本绕排"命令制作杂志内页等。

2. 操作步骤提示

(1) 置入素材图片"第 5 章\5.3.2\素材\图片 1"。

(2) 用"矩形工具"绘制矩形,填充为绿色。

(3) 用"文字工具"在绿色矩形上拖出一个文本框,打开"第 5 章\5.3.2\素材\文字",将第一段文字复制到文本框中。

(4) 绘制矩形,填充为洋红色。

(5) 输入标题文本,设置字体为"华文行楷",填充色为"白色",描边为"洋红色"。

(6) 用"文字工具"拖出一个大文本框,将文字素材中的其他文字全部复制进去,设置字体为"宋体",字号为"11pt",行距为"20pt",避头尾集为"严格"。

(7) 选择菜单"文字"|"区域文字选项",在"区域文字选项"对话框中设置列数为"2"。

图 5.92 健康杂志内页

　　（8）置入素材图片"第 5 章\5.3.2\素材\图片 2"，用"文本绕排"命令创建文本绕图效果。

第6章　符号与图表的应用

本章学习目标
- 掌握使用符号面板管理符号的方法
- 掌握创建符号的方法
- 掌握创建和修改图表的方法

Illustrator CS6 中的符号是一些预定义好的图形,可以重复使用符号,从而为绘制工作带来极大的方便;而 Illustrator 提供的图表工具,则可以创建各种类型的图表,有时候无法使用文字或话语描述的信息用图表则可以更清晰简明地表达。

6.1　知识准备

6.1.1　"符号"面板的应用

符号是在文档中重复使用的对象,其最大特点是可以方便、快速地生成很多相似的符号实例。"符号"面板中包括大量的符号,同时还可以自己创建、编辑符号。通过"符号"面板可以实现更改符号的显示、复制符号和重命名符号等操作。选择"窗口"|"符号"命令,可以打开"符号"面板,如图 6.1 所示。

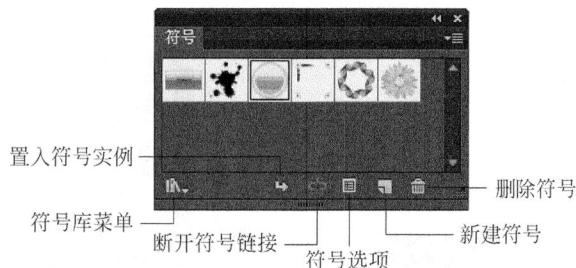

图 6.1　"符号"面板

1. 更改面板中符号的显示

符号的显示可以通过面板菜单中选择视图选项来调整。单击"符号"面板右上角的小三角,如图 6.2 所示,在弹出的菜单中选择"缩览图视图"命令,显示缩览图;选择"小列表视图"命令,显示带有小缩览图的命名符号的列表,如图 6.3 所示;选择"大列表视图"

命令,显示带有大缩览图的命名符号的列表,如图 6.4 所示。

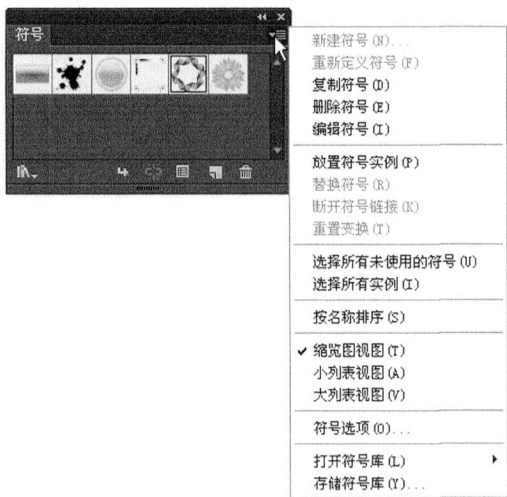
图 6.2 更改面板中符号显示

图 6.3 小列表视图

图 6.4 大列表视图

在"符号"面板上菜单中选择"按名称排序"命令,符号则按照字母顺序排列。也可以按住鼠标左键将符号拖动到不同位置来排序。

2. 复制面板中的符号

通过复制"符号"面板中的符号,可以基于现有符号来创建一个新符号。方法为在"符号"面板中选择一个符号,并从面板菜单中选择"复制符号"命令,也可以直接将符号拖动到"新建符号"按钮上进行复制,如图 6.5 所示。

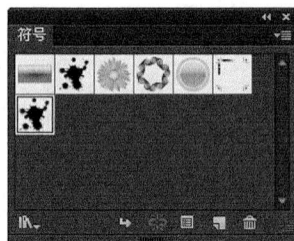
图 6.5 复制面板中的符号

3. 重命名符号

在"符号"面板上,选择要重命名的符号,如图 6.6 所示单击"符号选项"按钮,弹出如图 6.7 所示"符号选项"对话框,输入名称以实现重命名。

图 6.6 重命名符号

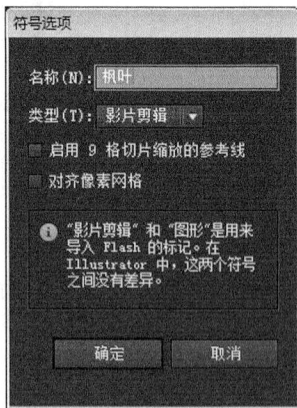
图 6.7 "符号选项"对话框

也可以直接选择绘图窗口的符号实例,在"符号"面板菜单中选择"符号选项"命令,在弹出来的对话框中进行重命名。

6.1.2 创建符号

创建符号的方法有很多种,可以使用"符号"面板选择现有的符号,也可以自己创建新符号。

1. 置入符号

在"符号"面板中选择要置入的符号,单击面板下方的"置入符号实例"按钮,或者直接将符号拖动到绘图窗口中,这样页面中会创建该符号的一个实例。

如果想要选择更多符号,也可以使用符号库。如图 6.8 所示,在"符号"面板中单击"符号库菜单"按钮或在面板菜单中选择"打开符号库"命令,在弹出的菜单中选择系统预设的符号库,打开"寿司"符号面板。在"寿司"面板中单击所需的符号样式,将其添加到"符号"面板中,然后单击"置入符号实例"按钮,所选符号将被添加到绘图窗口中。

2. 创建新符号

选择绘图窗口中要作为新符号的对象,单击"符号"面板右上角的小三角按钮,在面板菜单中单击"新建符号"按钮,或者直接将符号拖动到"符号"面板,都会弹出"符号选项"对话框,为新建符号命名,如图 6.9 所示。

图 6.8 置入符号

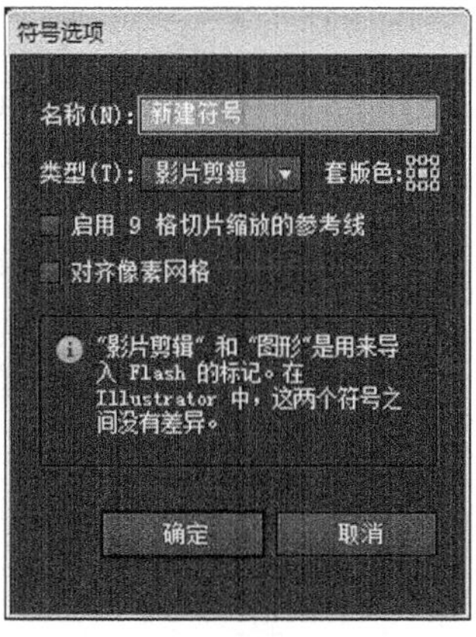

图 6.9 "符号选项"对话框

3．编辑符号实例

1）修改符号实例

在 Illustrator 中，符号实例与源符号之间存在链接关系，当编辑某符号时，利用该符号创建的所有符号实例也将同步更改，如果不想同步，可以先断开符号链接，方法为选择符号实例，单击"符号"面板中的"断开符号链接"按钮，将符号链接断开，并进行修改。

如果要用编辑过的符号替换原有的符号，可以按住 Alt 键，同时将修改过的符号拖动到"符号"面板中原有符号上，替换掉原有符号。

如果不想替换，也可以将修改过的符号拖动到"符号"面板上，创建一个新符号。

2）复制符号实例

如果对符号实例进行缩放、旋转、倾斜等编辑，想要添加经过相同修改的更多实例，可以通过复制符号来实现。选择符号实例，按住 Alt 键并拖动符号即可。

3）扩展符号实例

如果想要扩展符号实例，可以通过三种方法实现。第一种是选择一个或多个符号实例，单击"符号"面板中的"断开符号链接"按钮；第二种是选择一个或多个符号实例，单击控制面板中的"断开符号链接"按钮；第三种是选择"对象"|"扩展"命令，在"扩展"对话框中单击"确定"按钮。

4）替换符号实例

想使用不同的符号替换符号实例，首先选择绘图窗口中的符号实例，然后可以在"符号"面板中选择新符号，并从"符号"面板菜单中选择"替换符号"命令。

6.1.3 创建图表

图表可以创建不同类型的图表对象。可以导入图表数据或输入新数据来创建图表。

1．图表类型

在 Illustrator 中，系统提供了 9 个图表类型。使用鼠标左键按住工具箱中的"柱形图工具" ，会出现如图 6.10 所示的 9 个图表工具，单击图中右侧鼠标指示的小三角，将弹出如图 6.11 所示的图表面板。

图 6.10　图表工具组

图 6.11　图表面板

这 9 种图表工具分别可以创建不同的图表类型。选择哪个图表类型，取决于要表达的信息。

（1）柱形图工具 ：创建的图表可以用垂直柱形来比较数值，如图 6.12 所示。

（2）堆积柱形图工具█：创建的图表与柱形图类似，但它将各个柱形堆积起来，而不是相互排列。这种图表类型用于表达部分和总体的关系，如图 6.13 所示。

（3）条形图工具█：创建的图表与柱形图相似，但是水平放置条形而不是垂直放置柱形，如图 6.14 所示。

（4）堆积条形图工具█：创建的图表与堆积柱形图相似，但是条形是水平堆积而不是垂直堆积，如图 6.15 所示。

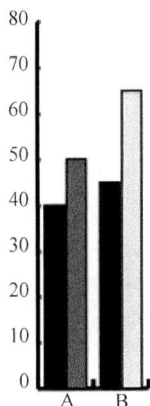

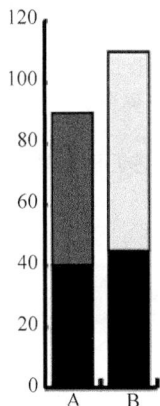

図 6.12　柱形图表　　　图 6.13　堆积柱形图表　　　图 6.14　条形图表　　　图 6.15　堆积条形图表

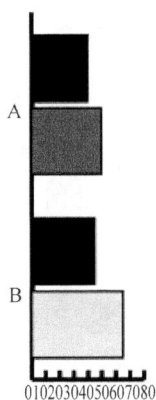

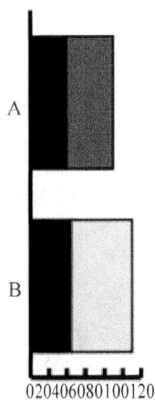

（5）折线图工具█：创建的图表使用点来表示一种一组或多组数值，并且对每组中的点都采用不同的线段来连接。通常用于表示在一段时间内一个或多个主题的趋势，如图 6.16 所示。

（6）面积图工具█：创建的图表与折线图相似，但是它强调数值的整体和变化情况，如图 6.17 所示。

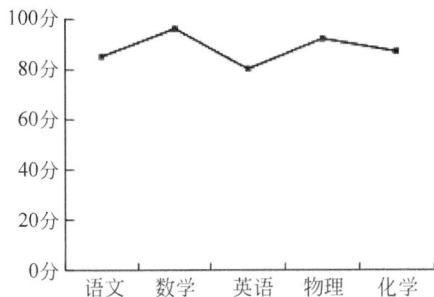

图 6.16　折线图表　　　　　　　　　　　　図 6.17　面积图表

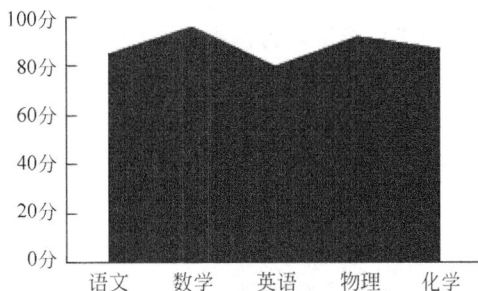

（7）散点图工具█：创建的图表沿 X 轴和 Y 轴将数据点作为成对的坐标组进行绘制，散点图可用于识别数据中的图案或趋势，它们还可表示变量是否相互影响，如图 6.18 所示。

（8）饼图工具█：可创建圆形图表，其中楔形表示所比较的数值的相对比例，如图 6.19 所示。

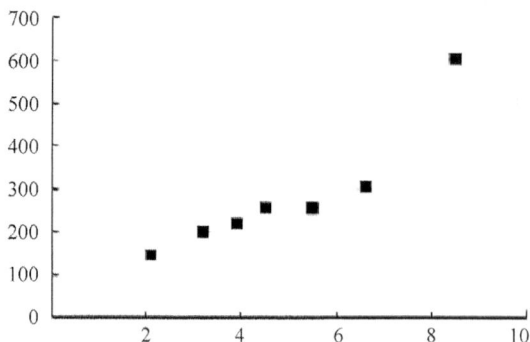

图 6.18　散点图表

（9）雷达图工具 ：也称为网状图，创建的图表可在某一特定时间点或特定类别上比较数值组，并以圆形格式表示，如图 6.20 所示。

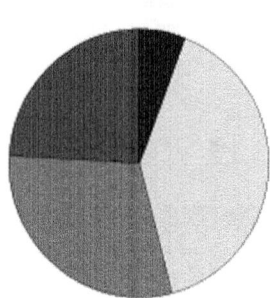

图 6.19　饼图图表

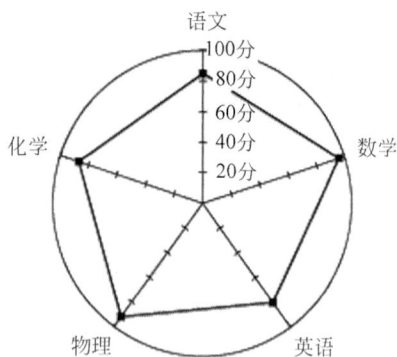

图 6.20　雷达图表

2．创建图表

利用图表可以清晰地看到统计信息，通过图表工具输入图表数据可以创建图表。下面以创建柱形图表为例来介绍创建图表方法。

选择工具箱中的"柱形图工具" ，在绘图窗口中单击鼠标，弹出如图 6.21 所示的"图表"对话框，在"宽度"和"高度"编辑框中输入数值来设置图表大小。单击"确定"按钮后，绘图窗口将显示用户定义的图表，如图 6.22 所示，同时会弹出如图 6.23 所示的"图表数据"面板。

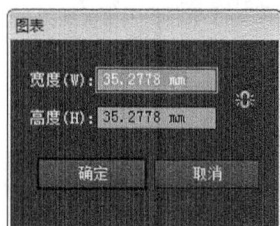

图 6.21　"图表"对话框

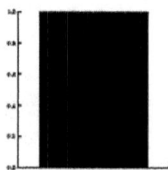

图 6.22　用户定义的图表

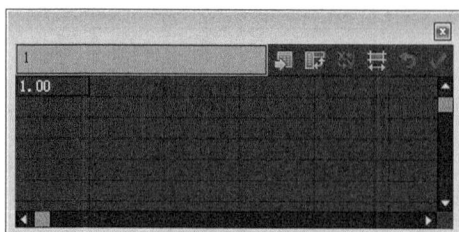

图 6.23　"图表数据"面板

在"图表数据"面板中,选择要输入数据的单元格,然后在面板上方的编辑框中输入数据,输入完毕后按 Tab 键,确认输入并选择同行中下一个单元格。按 Enter 键,确认输入并选择同列中下一个单元格。

如图 6.24 所示,输入完数据后,单击窗口右上角的"应用"按钮![],然后单击"关闭"按钮![],得到如图 6.25 所示柱状图表。

图 6.24 输入数据

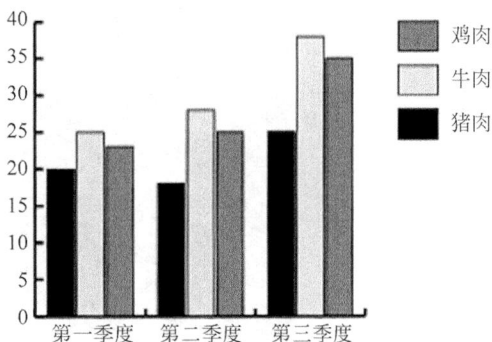

图 6.25 创建柱状图表

"图表数据"面板具体设置如下:

"导入数据"按钮![]:单击该按钮可打开"导入图表数据"对话框,导入已有的图表数据文本文件(TXT 格式)。在文本文件中,各列单元格数据用制表符分开,各行单元格数据用回车符分开。

"换位行/列"按钮![]:单击该按钮可将数据表格中行和列的数据相互调换。

"切换 X/Y"按钮:单击该按钮可切换 X 轴和 Y 轴的位置,此功能只有在制作散点图表中才可用。

"单元格样式"按钮![]:单击该按钮可打开"单元格样式"对话框,用户可从中设置在数值数据中要保留的小数位数以及列宽度。

"恢复"按钮![]:如对当前设置不满意,可单击该按钮来恢复数据到初始状态。

6.1.4 修改图表

1. 修改图表数据

生成图表后,如果要修改图表中的数据,可用"选择工具"![]选择图表,然后单击"对象"|"图表"|"数据"命令,打开"图表数据"窗口,重新修改图表的数据,然后单击"应用"按钮![],将新数据应用到图表中。

2. 修改图表类型

在 Illustrator 中,可利用"图表类型"对话框对已生成的图表进行格式修改。

用"选择工具"![]选择之前创建的柱状图表,双击工具箱中任何一个图表工具,或者选择"对象"|"图表"|"类型"命令,会弹出"图表类型"对话框,如图 6.26 所示。该对话框中各个选项的含义如下。

类型:在该选项组中单击相应按钮,选择所需图表的类型,并能设置数值轴的位置

图 6.26　"图表类型"对话框

（饼形图表无须设置数值轴）。图 6.27 是修改为堆积柱形图的效果。

数值轴：确定数值轴出现的位置。

样式：在该选项组中可以为图表添加阴影、在顶部添加图例等。图 6.28 为勾选"样式"组中所有复选框后柱形图的图表效果。

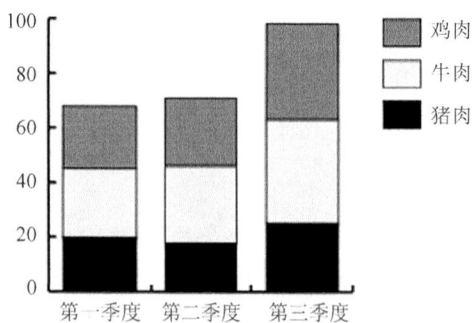

图 6.27　堆积柱形图

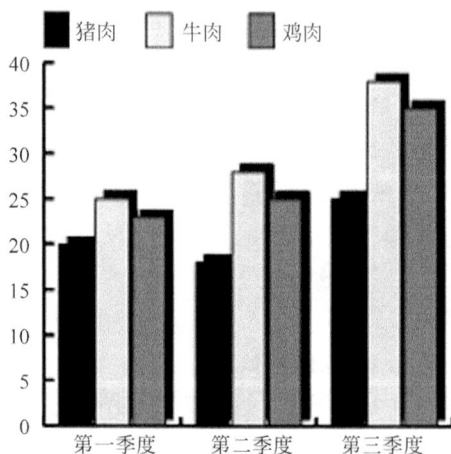

图 6.28　为图表添加样式

添加投影：在图表中的柱形、条形或线段后面和对整个饼图应用投影。

第一行在前：在顶部的图表数据窗口中放置与数据第一行相对应的柱形、条形或线段。

在顶部添加图例：在图表顶部而不是图表右侧水平显示图例。

第一列在前：在顶部的图表数据窗口中放置与数据第一列相对应的柱形、条形或线段。

选项：选择不同的图表类型时，在该选项组中将会显示不同的选项。如果选择条形图为图表类型，则具体设置如下。

条形宽度：指定各矩形条的宽度。

簇宽度：指定各群集直接的距离。

如果要更改图表的填充属性，可以使用"直接选择工具" 或"编辑选择工具" ，选中要设置填充属性的图表组成对象，然后在"颜色"面板或"色板"面板中设置填充颜色或样本。

如果要更改图表的文字属性，可以使用"选择工具" 选择图表，在"字符"面板中重新设置。但如果要单独修改部分文字对象，则使用"直接选择工具" 或"编辑选择工具" 选择文字，可进行位置移动、重新设置其字体、大小及颜色等操作。

使用"选择工具" 选择图表，单击鼠标右键，弹出快捷菜单，选择"变换"命令，还可以对图表进行移动、旋转、缩放等操作。

3. 图表设计

在 Illustrator CS6 中，除了可以创建 9 种基础图表以外，还可以自定义创建图案图表。图表创建完成后，可以用一个图案替换图表中代表数据的柱形图。这种图表设计可以是图表中表示值的简单绘图、徽标和其他符号，也可以是包含图案和参考线的复杂对象。

要使用图案来表现图表，首先要定义能够应用到图表的图案。使用"选择工具" 选择整个图案设计，选择"对象"|"编组"命令将其编组。然后选择"对象"|"图表"|"设计"命令，单击"新建设计"按钮，将会显示所选设计的预览效果，如图 6.29 所示。从图表选择、复制一个标记矩形，并将其粘贴到要创建设计的位置，建立标记大小。

1）对柱形图应用标记设计

创建或导入柱形设计，使用"编辑选择工具" 选择要用设计取代的图表中的标记和图例，然后选择"对象"|"图表"|"标记"命令选择一个设计即可。

2）对图表应用柱形设计

创建柱形设计，使用"编组选择工具" 选择要用设计填充的柱形或条形，选择"对象"|"图表"|"柱形"命令，弹出如图 6.30 所示对话框，选择柱形设计类型。

图 6.29　"图表设计"对话框

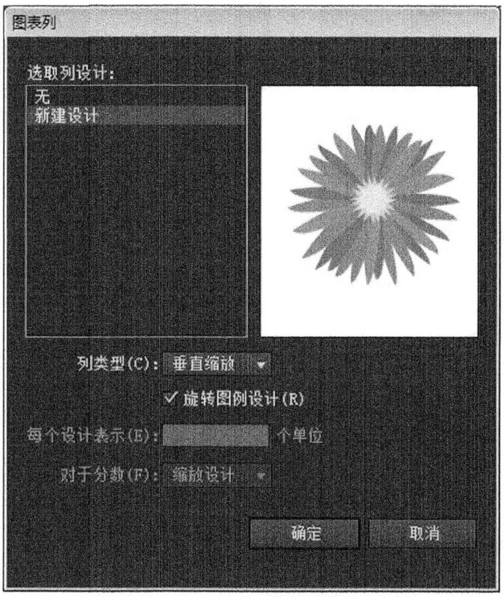

图 6.30　"图表列"对话框

如图 6.31 所示"图表列"对话框中"列类型"的具体选项如下。

垂直缩放：设计在垂直方向进行伸展或压缩,它的宽度没有改变。图 6.32 显示了选择"垂直缩放"后的效果。

图 6.31 "列类型"设置选项

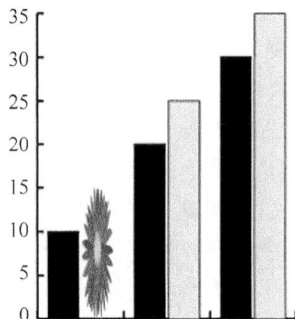

图 6.32 垂直缩放

一致缩放：设计在水平和垂直方向同时缩放,设计的水平间距不是为不同宽度而调整的。图 6.33 显示了选择"一致缩放"后的效果。

重复堆叠：设计堆积设计以填充柱形,可以指定每个设计表示的值,以及是否要截断或缩放表示分数字的设计。图 6.34 显示了选择"重复堆叠"后的效果。

局部缩放：设计与垂直缩放设计类似,但可以在设计中指定伸展或压缩的位置。图 6.35 显示了选择"局部缩放"后的效果。

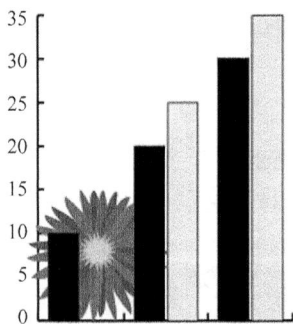

图 6.33 一致缩放

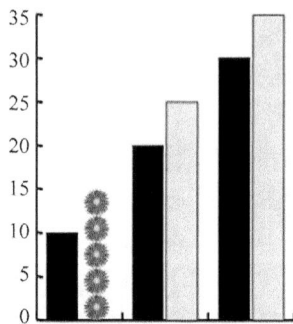

图 6.34 重复堆叠

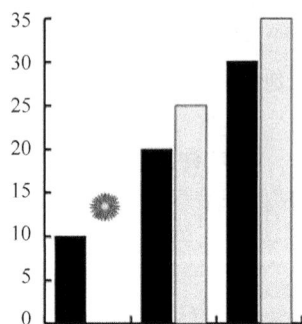

图 6.35 局部缩放

6.2 任务实践

6.2.1 制作珠宝销售季度统计图

1. 任务说明

在本任务中,将使用"文字工具"、"直线段工具"、"矩形工具"、"柱形图工具"等绘制如图 6.36 所示的珠宝季度销售情况。

2. 操作步骤

步骤 1 新建一个文件,设置名称为"珠宝销售季度统计图",画板数量为"1",宽度为

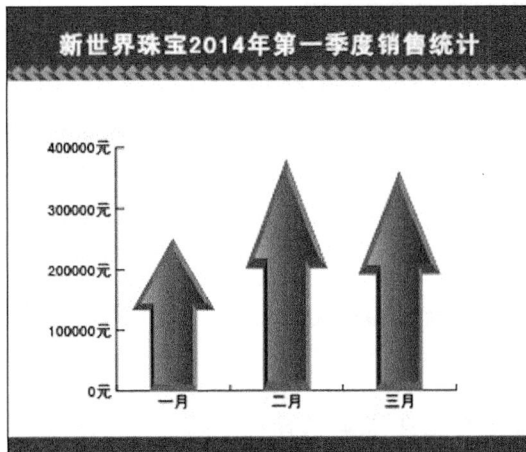

图 6.36 珠宝销售季度统计图

"470pt",高度为"400pt",单位为"像素",在"高级"选项中设置颜色模式为 RGB,如图 6.37所示。

步骤 2 选择"矩形工具" ,设置填色为"#993366"(R=153,G=51,B=102),描边为"无",在画板顶部和底部分别绘制矩形图形,如图 6.38 所示。

图 6.37 新建文档

图 6.38 绘制矩形图形

步骤 3 选择"直线段工具" ,按住 Shift 键绘制一条水平线,如图 6.39 所示。单击"画笔"面板底部的"画笔库菜单"按钮 ,选择下拉菜单"边框"|"几何图形"命令。如图 6.40 所示,在弹出的"边框_几何图形"面板中选择"几何图形 12",为水平线添加样式,如图 6.41 所示。

图 6.39　绘制水平线

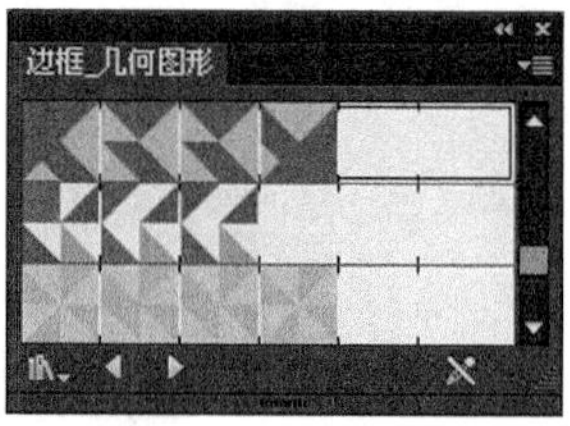

图 6.40　选择几何图形样式

步骤 4　选择"直接选择工具" ，选择水平线，设置其描边粗细为"0.5pt"，并移动到画板上方矩形底部，如图 6.42 所示。

图 6.41　为水平线添加样式

图 6.42　修改水平线描边粗细

步骤 5　选择"文字工具" ，设置填充色为白色，描边色也为白色，在画板上方输入文字"新世界珠宝 2014 年第一季度销售统计"，在"字符"面板中设置"字体"为"黑体"，"大小"为"21pt"，效果如图 6.43 所示。

图 6.43　输入标题文字

步骤 6　在"图层"面板中，锁定"图层 1"，新建"图层 2"。双击"柱形图工具" ，会弹出"图表类型"对话框。如图 6.44 所示，在对话框中，选择下拉列表中的"数值轴"选项，勾选"忽略计算出的值"复选框，设置"最大值"为"400000"，"刻度"为"4"，并在"添加标签"选项组中"后缀"选项中输入"元"。设置完毕后，单击"确定"按钮。

步骤 7　选择"柱形图工具" ，在画板上拖动画出一个区域，在弹出的"图表数据"面板中，输入相应数据，如图 6.45 所示。

步骤 8　数据输入完毕后，单击窗口右上角的"应用"按钮 ，结果如图 6.46 所示。

步骤 9　执行"窗口"|"符号"命令，在弹出的"符号"面板中，单击底部的"符号库菜单"按钮 ，在下拉菜单中选择"箭头"命令，在出现的"箭头"面板中选择其中的"箭头 11"，拖入到画板中，如图 6.47 所示。

步骤 10　选择"选择工具" ，选中箭头符号实例，执行"对象"|"图表"|"设计"命令，在弹出的"图表设计"对话框中，单击"新建设计"按钮，将箭头符号添加到新建设计里，然后单击"重命名"按钮，输入名称为"箭头"，如图 6.48 所示。

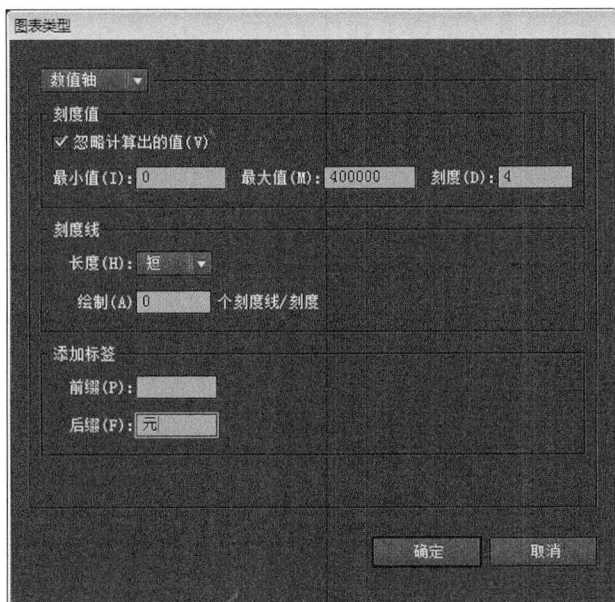

图 6.44　设置"图表类型"的数值轴参数

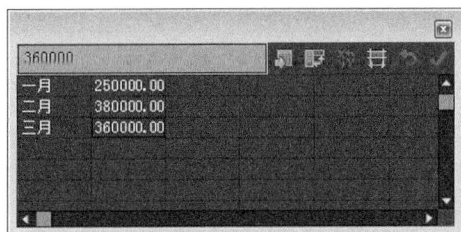

图 6.45　输入数据

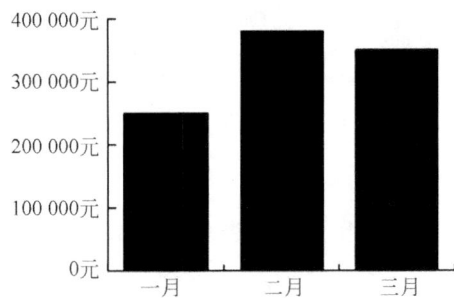

图 6.46　生成柱形图表

图 6.47　拖入箭头符号实例到画板

图 6.48　"图表设计"对话框

步骤11 删除画板中拖入的箭头符号实例。选中柱形图表,执行"对象"|"图表"|"柱形图"命令,弹出"图表列"对话框。在如图6.49所示对话框中,"选取列设计"列表中选择"箭头"选项,"列类型"为"垂直缩放",设置完毕后,单击"确定"按钮,图表效果如图6.50所示。

图6.49 设置"图表列"对话框

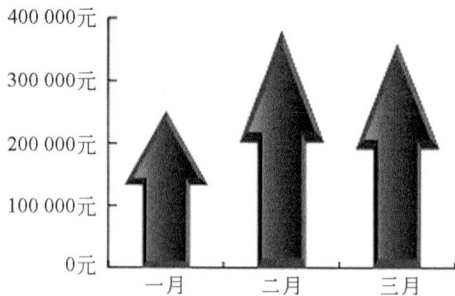

图6.50 图表效果

6.2.2 制作人口普查受教育情况统计图

1. 任务说明

在本任务中,将运用"柱形图工具"、"编组选择工具"、"文字工具"、图形样式等绘制如图6.51所示的柱形图表。

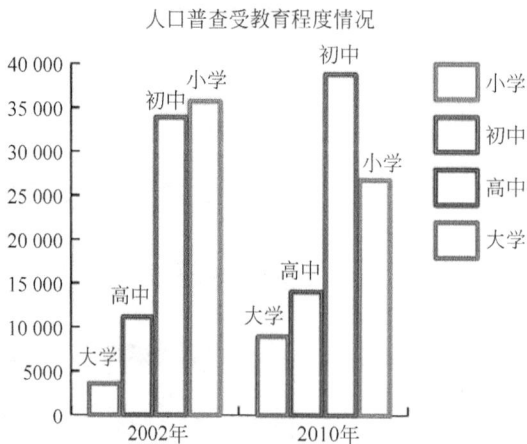

人口普查受教育程度情况

注明:上述数据指每十万人中含有的该文化程度的人数。

图6.51 人口普查受教育情况统计图

2. 操作步骤

步骤1　新建一个文件,设置名称为"人口普查受教育程度情况",画板数量为"1",宽度为"150mm",高度为"180mm",单位为"毫米",在"高级"选项中,设置"颜色模式"为RGB,如图6.52所示。

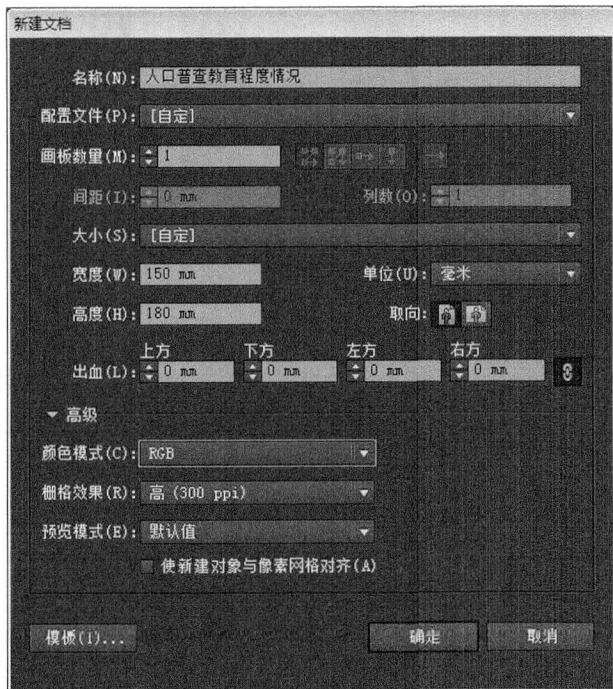

图6.52　新建文档

步骤2　选择"柱形图工具" ,在画板上拖动画出一个区域,在弹出的"图表数据"面板中,输入相应数据,如图6.53所示。

步骤3　数据输入完毕后,单击窗口右上角的"应用"按钮 ,结果如图6.54所示。

图6.53　输入数据

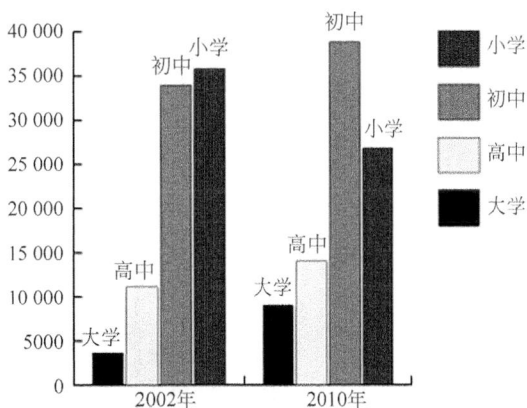

图6.54　生成柱形图表

步骤4　选择"编组选择工具" ,选择图表中第一个柱形,再连续单击三次鼠标,选择该组数据,如图6.55所示。

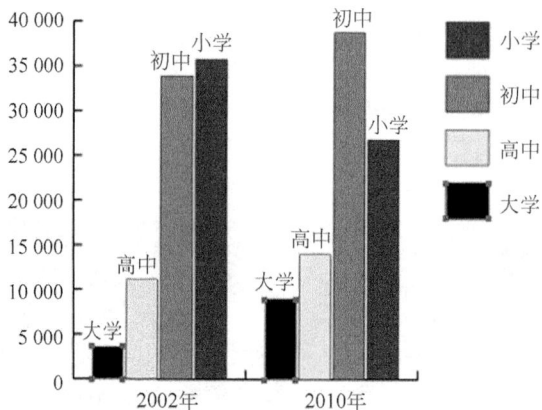

图 6.55　选择第一组数据

步骤 5　执行"窗口"|"图形样式库"|"霓虹效果"命令,打开"霓虹效果"图形样式面板,如图 6.56 所示单击"浅红色霓虹"样式,为选择的数据添加该样式,效果如图 6.57 所示。

图 6.56　"霓虹效果"图形样式面板

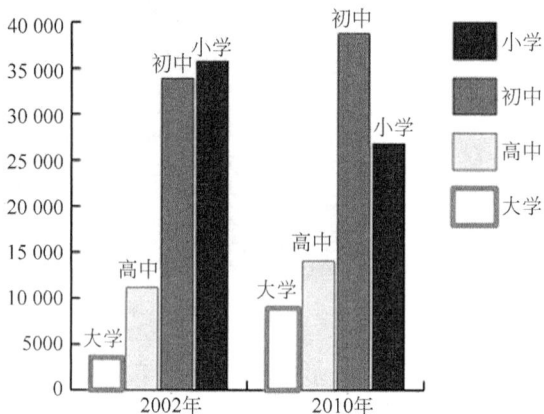

图 6.57　应用"霓虹效果"样式

步骤 6　用同样的方法,依次为其他数据组添加不同样式,分别为"浅紫罗兰色霓虹"样式、"浅蓝色霓虹"样式、"浅橙色霓虹"样式,如图 6.58 所示。

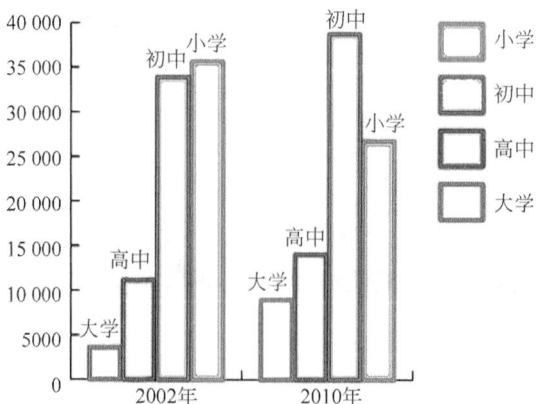

图 6.58　其他几种数据应用"霓虹效果"样式

步骤7 选择"文字工具" T,输入文字"人口普查受教育程度情况",字体为微软雅黑,大小为24pt,放置在画板上方作为标题。输入文字"注明：上述数据指每十万人中含有的该文化程度的人数。",放置在面板下方。

步骤8 选择"文字工具" T,分别选择图表中年份文字和教育程度文字,修改其字体为黑体,大小为12pt。最终效果如图6.59所示。

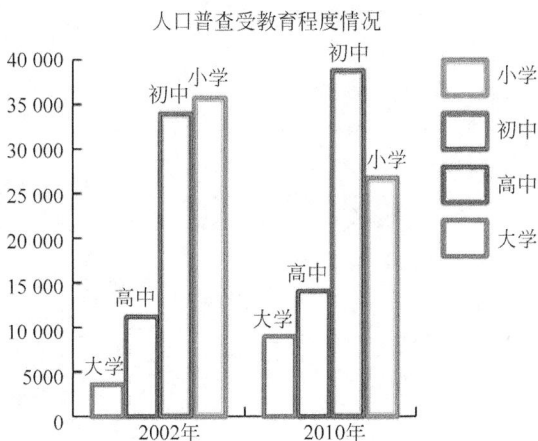

注明：上述数据指每十万人中含有的该文化程度的人数。

图 6.59　输入文字

6.2.3　制作产品市场份额预测图

1. 任务说明

在本任务中,将使用"饼图工具"制作如图6.60所示的饼图表效果,用以表述产品市场份额的预测。

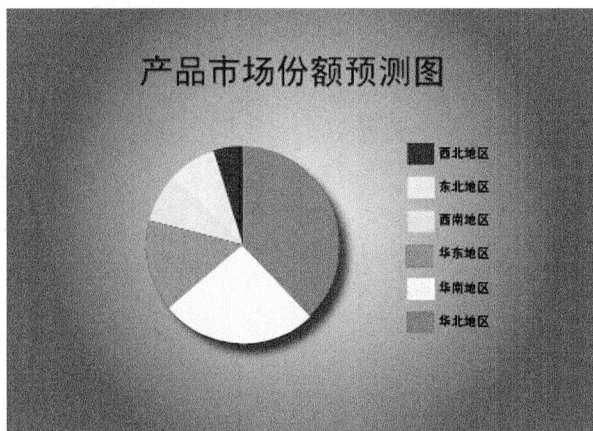

图 6.60　产品市场份额预测图

2. 操作步骤

步骤1 新建一个文件,设置名称为"产品市场份额预测图",画板数量为"1",宽度为

"297mm",高度为"210mm",单位为"毫米",在"高级"选项中设置颜色模式为RGB,如图6.61所示。

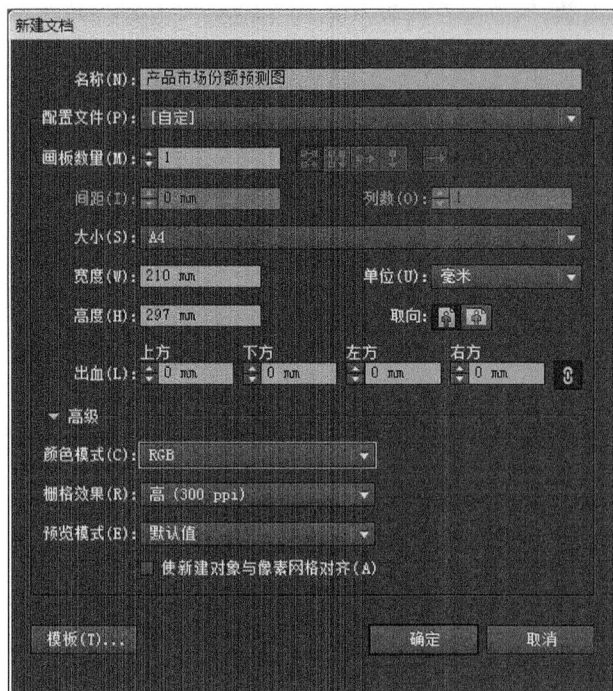

图6.61　新建文档

步骤2　选择"饼图工具" ，在画板上拖动画出一个区域,在弹出的"图表数据"面板中,输入相应数据,如图6.62所示。

步骤3　数据输入完毕后,单击窗口右上角的"应用"按钮 ，结果如图6.63所示。

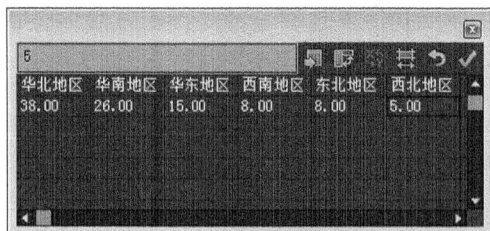

图6.62　输入数据

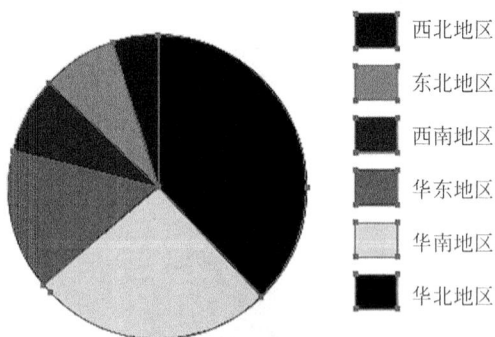

图6.63　生产饼图表

步骤4　双击"饼图工具" ，弹出"图表类型"对话框,在"位置"选项中选择"相等",使所有饼图的直径相同。如图6.64所示。

步骤5　选择"直接选择工具" ，选择饼图的每一个数据系列,去掉描边,并更改为不同颜色,依次为红色、黄色、洋红色、绿色、青色、蓝色,效果如图6.65所示。

步骤6　选择饼图表,按Shift＋Ctrl＋G键进行解组,将文字和饼图分解,解组后相

172

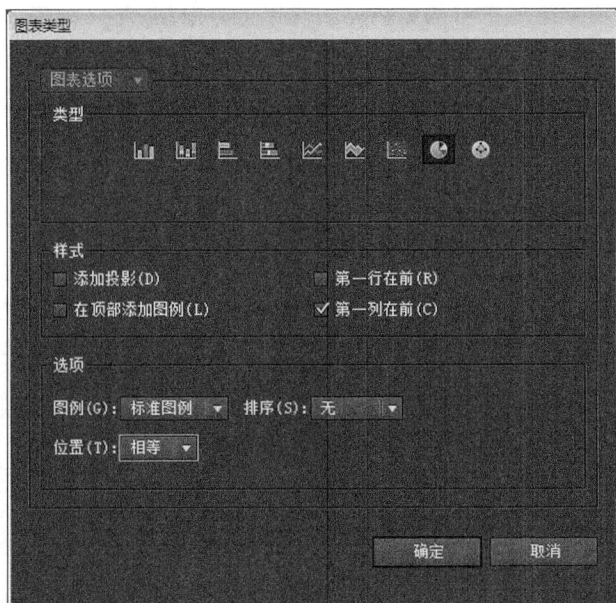

图 6.64 设置"图表类型"对话框

同颜色的图形对象为一组,如图 6.66 所示。继续对饼图对象进行解组,如图 6.67 所示,选择红色部分,按 Shift+Ctrl+G 键进行解组,图层变化如图 6.68 所示。

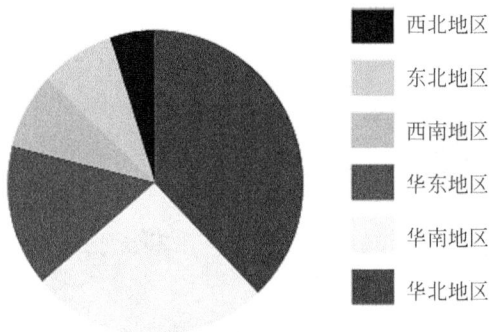

图 6.65 设置饼图数据颜色

图 6.66 第一次解组后图层变化

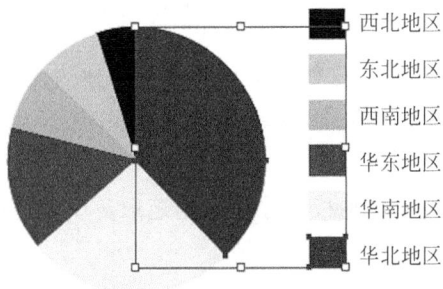

图 6.67 选择红色部分

图 6.68 红色部分解组后图层变化

步骤 7　按上述方法一次对其他颜色的对象进行解组,最终结果如图 6.69 所示。

步骤 8　如图 6.70 所示,同时选中 6 个图形对象,按 Ctrl＋G 键进行编组,如图 6.71 所示。

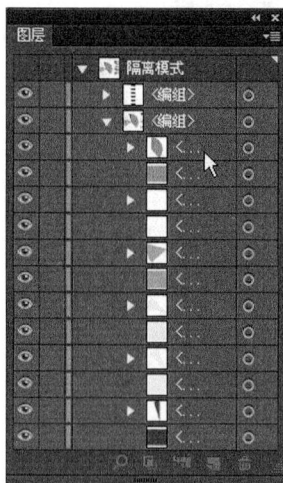

图 6.69　全部解组后图层变化　　　图 6.70　选择 6 个图形对象　　　图 6.71　图形对象编组后图层变化

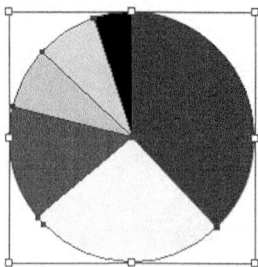

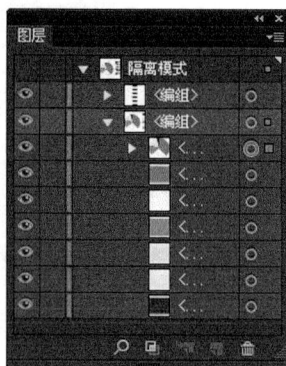

步骤 9　选择饼图,执行"效果"|"风格化"|"投影"命令,如图 6.72 所示,在弹出的"投影"对话框中设置"不透明度"为 60％,"X 位移"和"Y 位移"均为 5pt,添加阴影效果,结果如图 6.73 所示。

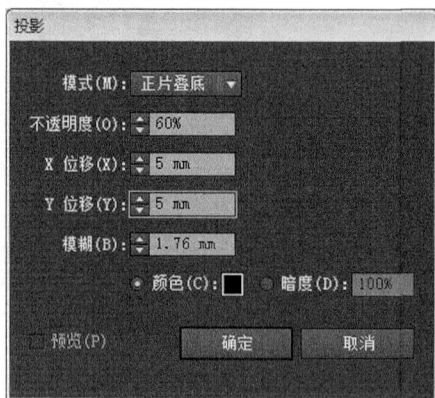

图 6.72　设置"投影"对话框　　　　图 6.73　添加阴影效果

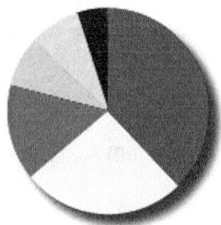

步骤 10　选择"文字工具" T 输入文字"产品份额市场预测图",字体为黑体,大小为 48pt,放置在画板上方作为标题。并选择图表文字,修改其字体为黑体,大小为 12pt。效果如图 6.74 所示。

步骤 11　新建图层,使用"矩形工具"绘制与画板尺寸相同的矩形。填充径向蓝色渐变,将图层放置底部,如图 6.75 所示。

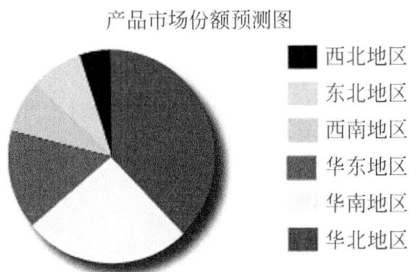

产品市场份额预测图

- 西北地区
- 东北地区
- 西南地区
- 华东地区
- 华南地区
- 华北地区

图 6.74　设置文字

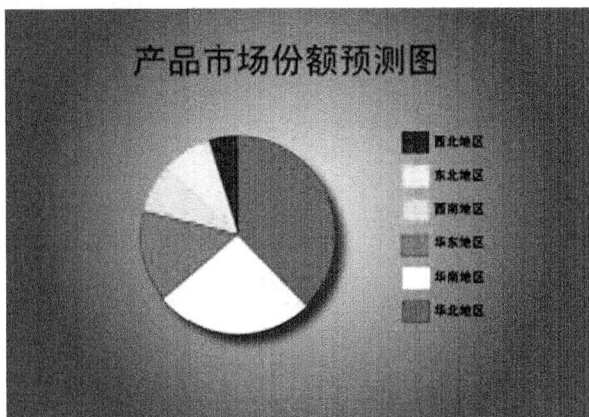

图 6.75　创建渐变矩形图形

6.3　独立练习

6.3.1　制作海边风景插图

1. 制作要求

运用"钢笔工具"、"渐变工具"、"符号"面板、"符号着色器工具"等绘制如图 6.76 所示的风景插图。

2. 操作步骤提示

（1）用"钢笔工具"绘制天空，设置为蓝色到白色的线性渐变填充，无描边。

（2）用"钢笔工具"绘制沙滩，设置填充为"＃F0D1AC"（R＝240，G＝209，B＝172），无描边。

（3）用"钢笔工具"绘制海水，设置为蓝色到白色的线性渐变填充，无填充。

（4）选中"符号"面板中"五彩纸屑"、"香槟"、"Tiki 棚屋"、"棕榈"、"长沙发"、"女性"、"男性"、"贝壳"、"岩石 1"、"岩石 2"符号样本，拖到画板中创建符号实例。

（5）用"符号缩放器工具"对"贝壳"、"香槟"和"岩石"实例进行大小修改。使用"符号缩放器工具"的同时，按住 Alt 键可缩小实例。

（6）用"符号位移器工具"移动实例到适当位置。

图 6.76　海报风景插图

（7）如果香槟在长沙发下方，则用"选择工具"选中香槟，单击鼠标右键，在快捷菜单中选择"排列"|"置于顶层"命令。

(8) 用"符号着色器工具"对"Tiki 棚屋"、"香槟"和"女性"实例进行重新着色。

(9) 复制"五彩纸屑"实例,设置不透明度为 50%。

6.3.2 制作房价走势图

1. 制作要求

运用"矩形工具"、"圆角矩形工具"、"折线图工具"、"文字工具"、"直线段工具"、"画笔库"面板、"符号库"面板等绘制如图 6.77 所示的房价走势图。

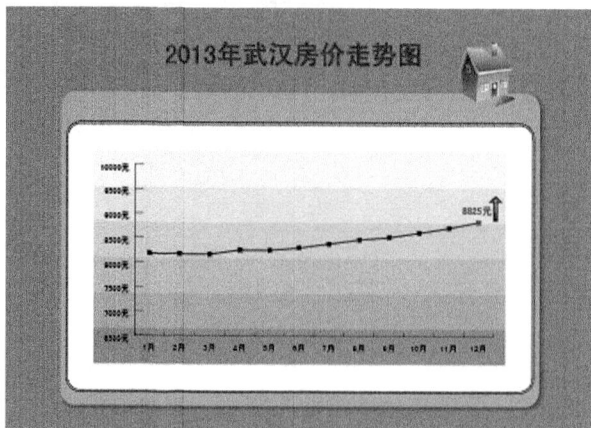

图 6.77 房价走势图

2. 操作步骤提示

(1) 用"矩形工具"绘制背景矩形,填充为"♯ EA9812"(R=234,G=152,B=18),无描边。

(2) 用"圆角矩形工具"绘制背景圆角矩形,填充为"♯ F9BD36"(R=249,G=189,B=54),无描边。

(3) 用"圆角矩形工具"绘制圆角矩形,填充为"白色",描边为"橙色箭头画笔",粗细为"1pt"。

(4) 用"矩形工具"在圆角矩形内绘制一个矩形,执行"对象"|"路径"|"分割为网格"命令,将矩形分割为 6 个小矩形,并填充不同的颜色。

(5) 用"文字工具"输入文本"2013 年武汉房价走势图",填充和描边均为"♯ B7332D"(R=183,G=51,B=45),放置在画板上方作为标题。

(6) 用"折线图工具"绘制房价走势图,在"图表类型"对话框中,设置"数据值"中"刻度值"最小值为"6500",最大值为"10000",刻度为 7,"添加标签"中后缀为"元"。

(7) 用"直接选择工具"选择图表最后一个数据点,修改填色为红色。

(8) 用"文字工具"输入文本"8825 元",填充为红色,放置在折线图表最后一个数据点旁。

(9) 用"直线段工具"在房价文字右侧绘制一条垂直线,设置画笔定义为"橙色箭头画笔",粗细为"2pt"。

(10) 在"符号"面板中,选择"房子"符号,拖到画面中创建符号实例。

第7章　图层与蒙版

本章学习目标
- 掌握"图层"面板的应用
- 掌握使用图层来编辑和管理创建对象的方法
- 了解蒙版的作用,掌握创建和编辑剪切蒙版的方法
- 掌握创建不透明蒙版的方法

Illustrator CS6 中,用户绘制或从外部置入的对象都处于图层上,在制作比较复杂的作品时,需要利用"图层"面板来对图形队形进行有效的管理。此外,Illustrator CS6 提供的蒙版功能,可以创建出更多的具有特效的图形。

7.1　知识准备

7.1.1　"图层"面板的应用

Illustrator CS6 中,所有图稿对象都可以使用"图层"面板来管理。一般情况下,每个新建的文档都包含一个图层,每个创建的对象都在该图层中。也可以新建图层,并根据需要对图稿的外观属性继续选择、隐藏、锁定和更改,还可以创建模板图层。

1. "图层"面板

选择"窗口"|"图层"命令,打开"图层"面板,如图 7.1 所示。

可视性列:控制图层中的项目显示或隐藏,并显示这些项目是模板图层、预览图层还是轮廓图层。

编辑列:显示图层或项目为锁定或非锁定状态。若显示锁状图表,则表示项目为锁定状态,内容不可编辑;若显示为空白,则表示项目可编辑。

目标列:显示项目是否被选择,以及是否应用"外观"面板中的效果和编辑属性。当目标按钮显示为双环图标时,表示项目已被选定;显示为单环图标时,显示项目未被选定。

选择列:指示是否已选定项目。当选定项目时,会显示一个实心颜色框,颜色和当前图层相同。如果一个图层或组包含一些已选定的对象以及其他一些未选定的对象,则会在父图层旁显示一个较小的选择颜色框,如果父图层中的所有对象均已被选中,则选择颜色框的大小将与对象旁的标记大小相同。

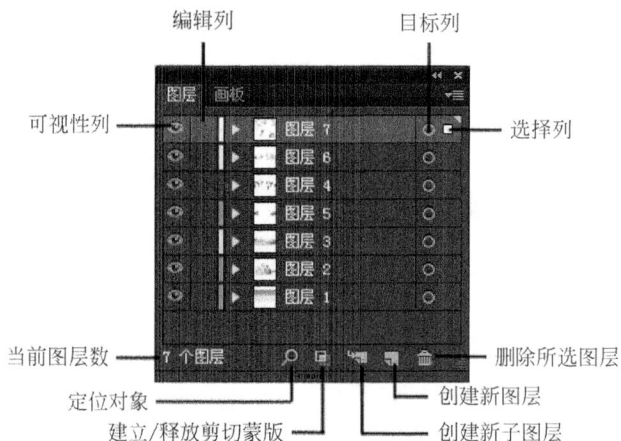

图 7.1 "图层"面板

图 7.2 删除图层提示对话框

定位对象：选中对象后，选择该命令，可在面板中查找对象的位置。

建立/释放剪切蒙版：用于建立或释放剪切蒙版。

创建新图层：创建新的父图层。

创建新子图层：在父图层中创建子图层，选中父图层，单击该按钮，可新建子图层。

删除所选图层：删除所选的图层或项目。选中要删除的图层或项目，单击该按钮，可直接删除。如果要删除的图层包含项目，会弹出如图 7.2 所示提示对话框，单击"是"按钮，可将图层及图层中的项目全删除。

2. 图层选项

双击任意图层，可弹出如图 7.3 所示"图层选项"对话框，可以控制图层的颜色显示、锁定、显示等信息。双击子图层则弹出"选项"对话框，如图 7.4 所示。

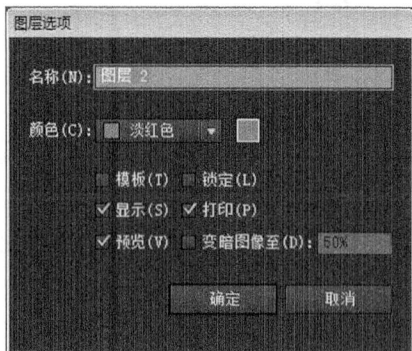

图 7.3 "图层选项"对话框

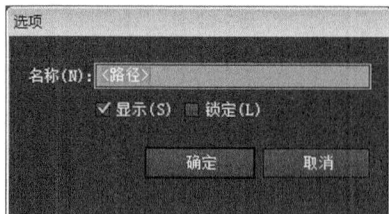

图 7.4 "选项"对话框

"图层选项"对话框中各个选项的含义如下。

名称：指定项目在"图层"面板中显示的名称。

颜色：指定图层的颜色。

模板：使图层成为模板图层。

锁定：隔离项目,使其不能被更改。

显示：显示画板图层中包含的所有图稿。选中该复选框,图层中的对象可以打印,取消选中,则所有对象依然显示但不被打印。

打印：使图层中所包含的图稿可供打印。

预览：以颜色而不是轮廓来显示图层中包含的图稿。默认状态下,该复选项框被选中,取消选中该复选框,对象将以轮廓显示。

变暗图像至：将图层中所包含的链接图像和位图图像的强度降低到指定的百分比。默认状态,可减少图像 50％的亮度。

7.1.2　编辑和管理图层

1．创建图层

使用鼠标左键选择图层名称或其名称右侧空白处来选择图层,再单击"面层"面板中"创建新图层"按钮![按钮],便可创建一个新的主图层在该选择图层上方。单击"创建新子图层"按钮![按钮],则在选择的图层内创建了一个新的子图层。

如果单击"创建新图层"按钮![按钮]时,同时按住 Ctrl 键,可以在所有现有图层的最顶层创建一个新图层。

如果单击"创建新图层"按钮![按钮]时,同时按住 Alt 键,可以在创建图层的同时弹出"图层选项"对话框。而所创建的图层位置在当前选中的图层的紧邻上方。

如果单击"创建新图层"按钮![按钮]时,同时按住 Ctrl＋Alt 键,弹出"图层选项"对话框,并在当前选择的图层紧邻下方创建一个新图层。

2．移动图层

1）拖动图层名称

按住鼠标左键选择要移动的图层,将其上下拖动到目标位置后释放,便可实现图层的移动。

如果要移动多个图层,可按住 Shift 键选择相邻的图层,或按住 Ctrl 键选择不相邻的图层,再进行拖动。也可以在选择多个图层后,如图 7.5 所示,选择"图层"面板菜单中"收集到新图层中"命令,可以自动新建一个图层,将选中的图层都移动到其中。

2）指示所选图稿

在"图层"面板中图层的最右侧单击,选中图层中所有的项目,或选中要移动的一个或多个图层中的项目,拖动出现的小方框,即"指示所选图稿"图标,移动到所需图层,如图 7.6 所示。

3．释放到图层

将项目释放到单独的图层,可以将图层中所有的项目都重新分配到各图层中,并根据对象的堆叠顺序在每个图层中构建新的对象。这个功能可以用于 Web 连续动画文件。

在"图层"面板中,选择图层或组项目,选择面板菜单"释放到图层（顺序）"命令,将每个项目都释放到新的图层。

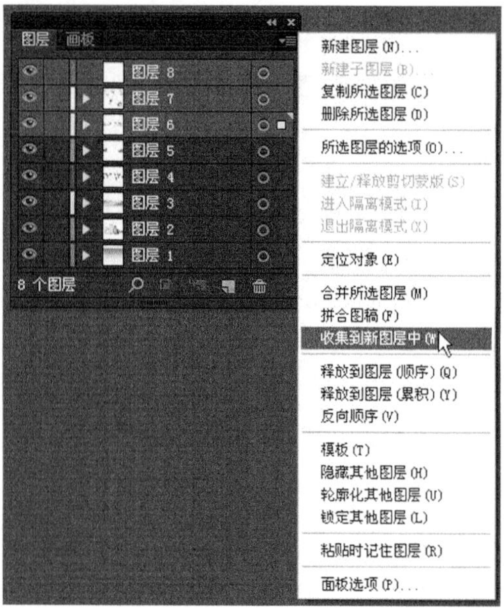

图 7.5 "收集到新图层中"命令

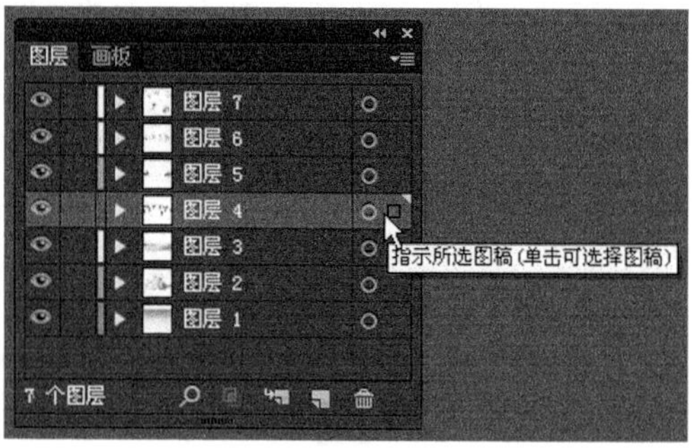

图 7.6 指示所选图稿

在"图层"面板中,选择图层或组项目,选择面板菜单"释放到图层(累积)"命令,将每个项目都释放到图层并复制对象以创建累积顺序,根据项目的上下层次属性,最底部的对象出现在每个新建的图层中,而最顶部的对象仅出现在最顶部的图层中。

如图 7.7 所示,选择图层 1,使用"释放到图层(顺序)"命令,则将图层中的三个图形分别释放到三个单独的新图层中。

图 7.7 使用"释放到图层(顺序)"命令释放项目到新图层

如图 7.8 所示,根据创建图形的先后顺序,将图层 1 使用"释放到图层(累积)"命令,将自动创建三个图层,最顶部包含所有的三个图形,最底层只有最先创建的星星图形,中间层包含矩形和星星两个图形。

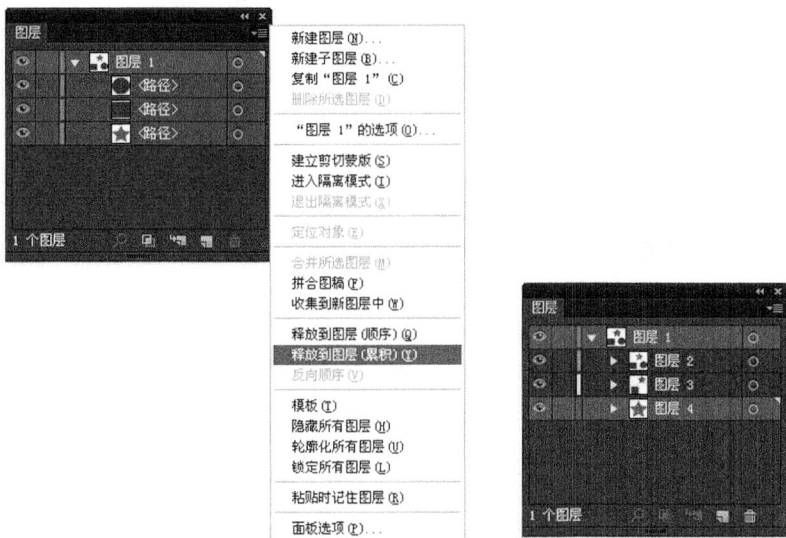

图 7.8 使用"释放到图层（累积）"命令释放项目到新图层

4. 合并图层和组

可以使用"合并所选图层"命令或"拼合图稿"命令来合并图层和组，将对象、组和子图层合并到同一图层或组中。

"合并所选图层"命令和"拼合图稿"命令的不同之处在于，使用"合并所选图层"命令可以选择要合并哪些项目，而"拼合图稿"命令则将图稿中的所有可见项目都合并在同一图层中。不过不管使用哪种命令，图稿的堆叠顺序都保持不变，但其他的图层级属性（如剪切蒙版属性）将不会保留。

图层只能与"图层"面板中相同层级上的其他图层合并，同样，子图层就只能和相同图层中处于同一层级上的其他子图层合并。

按之前讲述选择多个图层的方法，按住 Shift 键选择相邻的图层，或按住 Ctrl 键选择不相邻的图层，再使用面板菜单中"合并所选图层"命令，来完成选定图层的合并，将所有项目合并到最后选定的图层或组中。

5. 删除图层或对象

在"图层"面板中选择要删除的图层，单击"删除所选图层"按钮 便可删除该图层。也可以直接将该图层拖动到"删除所选图层"按钮上。

要删除对象，可以选择菜单栏中"编辑"|"清除"命令，或者选中对象后，使用 Delete 键或 Back Space 键。

7.1.3 图层的混合模式

混合模式可以用不同的方法将对象颜色与底层对象的颜色混合。Illustrator 提供了 16 种混合模式，为方便后面讲解，我们把混合色看成是选择对象、组或图层的原始色彩，基色是图稿的底层颜色，结果色是混合后得到的颜色。

1. "正常"混合模式

使用混合色对选区上色,而不与基色相互作用,这是默认模式。

2. "变暗混合"模式

选择基色或混合色中较暗的一个作为结果色。比混合色亮的区域会被结果色所代替,比混合色暗的区域保持不变。

3. "正片叠底"混合模式

将基色与混合色相乘,得到的颜色总是比基色和混合色都要暗一些。将任何颜色与黑色相乘都会产生黑色。将任何颜色与白色相乘,则颜色不变。

4. "颜色加深"混合模式

加深底色以反映混合色。与白色混合后不产生变化。

5. "变亮"混合模式

选择基色或混合色中较亮的一个作为结果色。比混合色暗的区域将被结果色所取代,比混合色亮的区域将保持不变。

6. "滤色"混合模式

将混合色的反相颜色与基色相乘,得到的颜色总是比基色和混合色都要亮一些。用黑色滤色时颜色保持不变。用白色滤色,将产生白色。

7. "颜色减淡"混合模式

加亮基色以反映混合色。与黑色混合则不发生变化。

8. "叠加"混合模式

对颜色进行相乘或滤色,具体取决于基色。图案或颜色叠加在现有的图稿上,在与混合色混合以反映原始颜色的亮度和暗度的同时,保留基色的高光和阴影。

9. "柔光"混合模式

使颜色变暗或变亮,具体取决于混合色,此效果类似于漫射聚光灯照在图稿上。如果混合色(光源)比 50% 灰色亮,图片将变亮,就像被减淡了一样。如果混合色(光源)比 50% 灰度暗,则图稿变暗,就像加深后的效果。使用纯黑或纯白上色会产生明显的变暗或变亮区域,但不会出现纯黑或纯白。

10. "强光"混合模式

对颜色进行相乘或过滤,具体取决于混合色。此效果类似于耀眼的聚光灯照在图稿上。如果混合色(光源)比 50% 灰色亮,图片将变亮,就像过滤后的效果,这对于给图稿添加高光很有用。如果混合色(光源)比 50% 灰度暗,则图稿变暗。就像正片叠底后的效果,这对于给图稿添加阴影很有用。用纯黑色或纯白色上色会产生纯黑色或纯白色。

11. "差值"混合模式

从基色减去混合色或从混合色减去某色,具体取决于哪一种的亮度值较大。与白色混合将反转基色值。与黑色混合则不发生变化。

12. "排除"混合模式

创造一种与差值模式相似但对比度更低的效果。与白色混合将反转基色分量。与黑色混合则不发生变化。

13. "色相"混合模式

用基色的亮度和饱和度以及混合色的色彩创建结果色。

14."饱和度"混合模式

用基色的亮度和色相以及混合色的饱和度创建结果色。在无饱和度(灰度)的区域上用此模式着色不会产生变化。

15."混色"混合模式

用基色的亮度以及混合色的色相和饱和度创建结果色。这样可以保留图稿中的灰阶,对于给单色图稿上色以及给彩色图稿染色都会很有用。

16."明度"混合模式

用基色的色相和饱和度以及混合色的亮度创建结果色。创建的效果与颜色模式相反。

7.1.4　剪切蒙版

剪切蒙版是一个可以用其形状遮盖其他图稿的对象。使用剪切蒙版只能看见蒙版形状内的区域。在 Illustrator CS6 中,当位于同一图层或不同图层的两个对象有重叠区域时,可位于上方的图形创建为蒙版,位于蒙版下方的对象只能透过蒙版显示出来,蒙版以外的内容不显示。

1．创建剪切蒙版

1)为对象添加剪切蒙版

在 Illustrator CS6 中,作为蒙版的对象可以是单一路径、复合路径、编组对象或文本对象;被蒙版的对象可以是任何图形对象,包括位图。

蒙版和被蒙版对象可以是在同一图层中或不同图层。需要同时选择被蒙版对象及蒙版图形,如图 7.9 所示选择,然后进行下列操作。

(1)选择"对象"|"剪切蒙版"|"建立"命令,或按 Ctrl+7 键。

(2)或在绘图窗口中单击鼠标右键,在弹出的快捷菜单中选择"建立剪切蒙版"命令。

创建后的效果如图 7.10 所示。

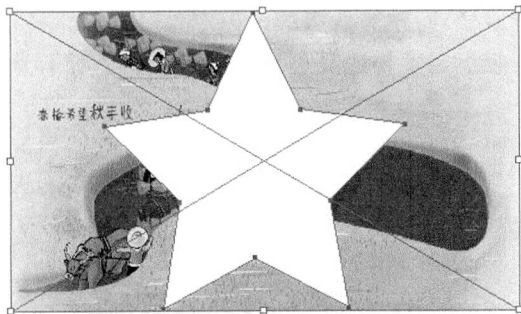

图 7.9　选择蒙版图形和被蒙版对象

图 7.10　创建剪切蒙版

蒙版和被蒙版对象在同一图层中,只需选择蒙版图形,进行下列操作。

单击"图层"面板中"建立/释放剪切蒙版"按钮。

2)为图层和组添加剪切蒙版

蒙版和被蒙版对象在同一图层中,单击图层或组的名称,进行下列操作。

（1）单击"图层"面板中"建立/释放剪切蒙版"按钮；

（2）或在面板菜单中选择"建立剪切蒙版"命令。

2．编辑剪切蒙版

创建剪切蒙版后的对象会自动编组，用户可以对蒙版或被蒙版对象执行移动、复制、旋转和扭曲等编辑操作来调整形状，或增加或减少蒙版内容，以及释放剪切蒙版。

1）选择蒙版或蒙版内容

（1）单击控制面板中的"编辑剪切路径"按钮，可选择蒙版图形；

（2）单击"编辑内容"按钮，可选择被蒙版对象；

（3）选择"对象"|"剪切蒙版"|"编辑内容"命令，然后可以进行形状、位置的相关编辑；

（4）使用"直接选择工具" 或"编组旋转工具" ，选中剪贴路径，可对其应用填色或描边操作。如图 7.11 所示为描边后效果。

2）添加被蒙版对象

拖动要添加的对象到蒙版图形的前面，选择"剪切"命令，选择被蒙版图形中的对象，再选择"贴在前面"或"贴在后面"命令，将要添加的对象粘贴到剪切蒙版内。

3）删除被蒙版对象

（1）选择"直接选择工具"，单击被蒙版对象的轮廓，按 Delete 键即可。

（2）在"图层"面板展开剪切蒙版组，选择要删除的对象，再单击面板底部的"删除所选图层"按钮。

4）从剪切蒙版中释放对象

选择并展开剪切蒙版组，在"图层"面板中将被蒙版图形拖动到剪切蒙版组以外的其他图层位置。

5）释放剪切蒙版

（1）选中一个或多个剪切蒙版，选择"对象"|"剪切蒙版"|"释放"命令；

（2）在"图层"面板中，单击包含剪切蒙版的组或图层的名称，单击面板底部"建立/释放剪切蒙版"按钮，或者从面板菜单中选择"释放剪切蒙版"命令。

剪切蒙版释放后，被遮盖对象将保持原样，而作为蒙版的图形对象只保留路径轮廓，而没有原来的描边或填充属性，为剪切蒙版指定了描边颜色除外，如图 7.12 所示为释放后效果。

图 7.11　为剪切蒙版添加描边

图 7.12　释放剪切蒙版后效果

7.1.5　不透明蒙版

使用不透明蒙版,可以更改底层对象的透明度。蒙版对象定义了透明区域和透明度。可以将任何着色对象或栅格作为蒙版对象。使用蒙版对象中颜色的等效灰度来表示蒙版中的不透明度。如果不透明蒙版为白色,则会完全显示被蒙版对象。如果不透明蒙版为黑色,则会隐藏被蒙版对象。蒙版中的灰阶会导致被蒙版对象中出现不同程度的透明度,如图 7.13 所示。

图 7.13　使用不透明度蒙版效果

1. 创建不透明蒙版

通过如图 7.14 所示的“透明度”面板可以查看并编辑不透明蒙版对象。

添加要创建透明度的对象、组或图层,在其上方绘制线性或径向渐变,如图 7.15 所示同时选中被蒙版与蒙版对象,单击如图 7.16 所示“透明度”面板右上角的二角按钮,选择“建立不透明蒙版”命令,结果如图 7.17 所示。

图 7.14　“透明度”面板

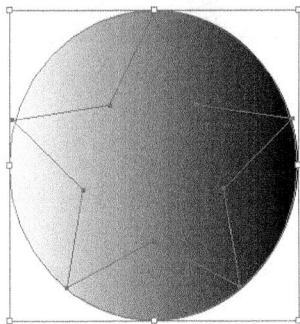

图 7.15　选中被蒙版和蒙版对象

图 7.16　使用“建立不透明蒙版”命令

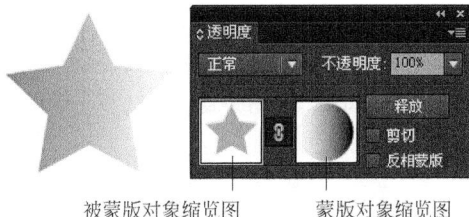

被蒙版对象缩览图　　蒙版对象缩览图

图 7.17　建立不透明度蒙版结果

当创建了不透明蒙版后,单击"透明度"面板中的蒙版对象缩览图,使用编辑工具可以更改蒙版的形状或透明度。

2. 编辑不透明蒙版

1) 取消不透明蒙版的链接

建立不透明度蒙版后,蒙版对象和被蒙版对象将被链接,此时单击移动蒙版对象缩览图移动蒙版对象,被蒙版对象不会随之移动。但单击被蒙版对象缩览图移动被蒙版对象时,蒙版对象会随之移动。

(1) 取消不透明蒙版的链接,可以在"图层"面板中选择被蒙版对象,然后单击"透明度"面板中缩览图之间的链接符号。或者从"透明度"面板菜单中选择"取消链接不透明蒙版"命令。结果如图7.18所示。

(2) 重新链接不透明度蒙版,再次单击面板中缩览图之间的区域,或者在"透明度"面板菜单中选择"链接不透明蒙版"命令。

2) 停用、启用或取消不透明蒙版

可以停用蒙版以取消所创建的透明度。

(1) 要停用蒙版,在"图层"面板中定位被蒙版对象,然后按住Shift键并单击"透明度"面板中的蒙版对象缩览图。或者从"透明度"面板菜单中选择"停用不透明蒙版"命令,结果如图7.19所示。

图 7.18　取消不透明蒙版链接　　　　图 7.19　停用不透明蒙版链接

(2) 重新启用蒙版,在"图层"面板中定位被蒙版对象,按住Shift键并单击"透明度"面板中的蒙版对象缩览图。或者从"透明度"面板菜单中选择"启用不透明蒙版"命令。

(3) 取消不透明蒙版,在"图层"面板中选中被蒙版对象,然后从"透明度"面板菜单中选择"释放不透明蒙版"命令,蒙版对象会重新出现在被蒙版对象的上方。

3. 剪切或反相不透明蒙版

选择被蒙版对象,在"透明度"面板中勾选"剪切"或"反相蒙版"复选框,可以调整蒙版状态。

(1) 勾选"剪切"复选框,为蒙版指定黑色背景,以将被蒙版的图稿剪切到蒙版对象边界;取消勾选,可关闭剪切行为。

(2) 勾选"反相蒙版"复选框,反相蒙版对象的透明度值,会反相被蒙版对象的不透明度。

7.2 任务实践

7.2.1 绘制手机屏保

1. 任务说明

在本任务中,将学习运用"剪切蒙版"、"变形工具"、"变换工具"等方法绘制如图 7.20 所示的手机墙纸。

2. 操作步骤

步骤 1 打开光盘文件"第 7 章\7.2.1\素材文件",选择一张手机风景图片拖入到文件中。使用"选择工具" 选择风景图片,选择菜单"对象"|"变换"|"缩放"命令,在弹出的"比例缩放"对话框中设置"等比 18%"将图片缩小,确定后效果如图 7.21 所示。

图 7.20 手机屏保

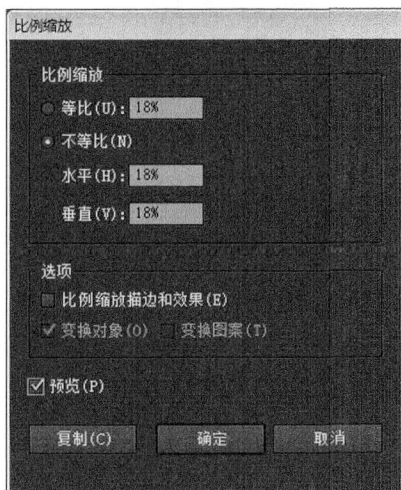

图 7.21 缩小图片

步骤 2 使用"矩形工具" 在手机屏幕上绘制一个如图 7.22 所示矩形。

步骤 3 使用"选择工具" 将旁边的风景图片拖动到矩形中,如图 7.23 所示。按住 Shift 键,将矩形和风景图片同时选中,如图 7.24 所示。选择菜单"对象"|"剪切蒙版"|"建立"命令或者按 Ctrl+7 键,创建剪切蒙版,效果如图 7.25 所示。

步骤 4 创建剪切蒙版后,可对剪贴路径和被遮盖的对象进行编辑。可以使用"编组选择工具" 选择和移动剪贴路径或被遮盖对象,效果如图 7.26 和图 7.27 所示;还可以用"变换工具"对用剪贴路径或被遮盖对象进行缩放或旋转。如图 7.28 所示为使用"自由变换工具" 放大剪贴路径,并对被遮盖风景图进行放大和旋转的效果。

步骤 5 还可以改变剪贴路径的形状。使用"直接选择工具" 调整剪贴路径的锚点,效果如图 7.29 所示。也可以使用"变形工具" 处理剪贴路径,效果如图 7.30 所示。

步骤 6 可以选择素材文件中其他风景图,利用剪切蒙版自己设计出不同效果的手机屏保。

图 7.22 绘制矩形

图 7.23 拖动风景图片图

图 7.24 选中矩形和风景图片

图 7.25 建立剪切蒙版

图 7.26 移动剪贴路径

图 7.27 移动被遮盖对象

图 7.28 变换剪贴路径和被遮盖对象

图 7.29 调整剪贴路径锚点

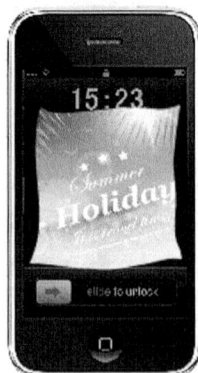

图 7.30 变形剪贴路径锚点

7.2.2 绘制个性字符画

1. 任务说明

在本任务中,将学习运用不透明蒙版对位图进行遮盖,制作出如图 7.31 所示的富有个性的字符画。

2. 操作步骤

步骤 1　打开光盘文件"第 7 章\7.2.1\素材文件",使用"选择工具" ![icon] 选择画面中的人物,选择"透明度"面板菜单中的"建立不透明蒙版"命令,如图 7.32 所示,建立不透明蒙版。

图 7.31　个性字符画

图 7.32　建立不透明度蒙版

步骤 2　单击蒙版缩览图,进入蒙版编辑状态,如图 7.33 所示。选择"文字工具" ![icon],在画面左上角拖动鼠标创建一个与画面尺寸相同大小的文本框,输入字符,设置文字颜色为白色,大小 6pt。字符不用输入太多,可用复制文本方法填满整个文本框。

步骤 3　在文本中,按 Ctrl＋A 键全选输入的文本,按 Ctrl＋C 键复制文本,在最后一个文字后面单击设置插入点,按 Ctrl＋V 键粘贴文本。重复执行粘贴命令,直到整个文本框里布满字符,效果如图 7.34 所示。

图 7.33　进入蒙版编辑状态

步骤 4　单击对象缩览图,结束蒙版的编辑,如图 7.35 所示。

步骤 5　回到"图层"面板,将"图层 1"的列表展开,如图 7.36 所示将"图像"图层拖动到面板底部的"创建新图层"按钮 ![icon] 上进行复制,结果如图 7.37 所示。

图 7.34　输入文字后效果

图 7.35　结束蒙版编辑状态

图 7.36　拖动图层进行复制

步骤6　此时,通过图像的重叠,使字符变得更加清晰,效果如图7.38所示。如果希望得到更清晰的效果,可以重复之前的步骤,对"图像"图层再进行多次复制,效果如图7.39所示。

图7.37　复制图层　　　　图7.38　重叠图像后效果　　　　图7.39　多次重叠图像后效果

7.2.3　制作儿童插画

1. 任务说明

在本任务中,将学习运用剪切蒙版制作趣味气球,完成如图7.40所示的儿童插图。

图7.40　儿童插画

2. 操作步骤

步骤1　新建一个文件,设置名称为"儿童插画",画板数量为"1",宽度为"200mm",高度为"160mm",单位为"毫米",在"高级"选项中,设置"颜色模式"为RGB,如图7.41所示。

步骤2　选择菜单"文件"|"置入"命令,将光盘文件"第7章\7.2.3\素材1"置入到文件中,使用"选择工具"将背景图移动到画面中适当位置,效果如图7.42所示。为方便后面绘制图形,将背景素材所在的图层1隐藏。

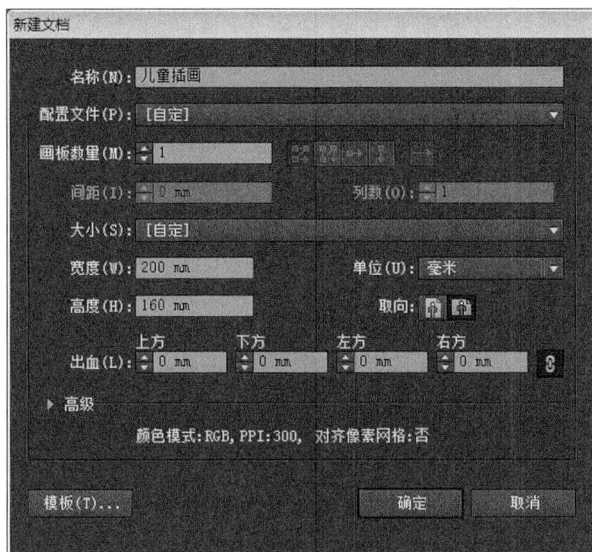

图 7.41　新建文档

图 7.42　置入背景图

步骤 3　新建图层 2,使用"椭圆工具" ⬭ 画一个圆形,然后使用"直接选择工具" ▶,调整椭圆形的锚点,修改其形状,直到得到如图 7.43 所示的气球外形。使用"选择工具" ▶ 选择气球,设置前景色为"♯E50811"(R＝229,G＝8,B＝17)作为椭圆的填充色,描边色设置为无,填充效果如图 7.44 所示。

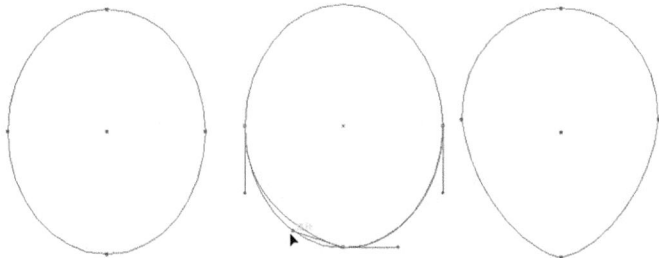

图 7.43　绘制气球

图 7.44　填充气球

步骤4　使用"钢笔工具"✐，设置填充色为"＃E50811"，描边色设置为无，绘制如图 7.45 所示小三角造型。

步骤5　将光盘文件"第 7 章\7.2.3\素材 2"置入到文件中，单击鼠标右键，选择快捷菜单"变换"|"缩放"命令，在弹出的"比例缩放"对话框中，设置"等比 35％"，如图 7.46 所示。也可以自行设置适当的比例，以实现气球不同的填充效果。

步骤6　选择置入的图片所在图层，拖动到气球图层下方，并使用"选择工具"▸将图片移动到气球下方的适当位置，如图 7.47 所示。

图 7.45　绘制气球小三角　　图 7.46　设置"比例缩放"对话框　　图 7.47　拖动素材图片到气球下方

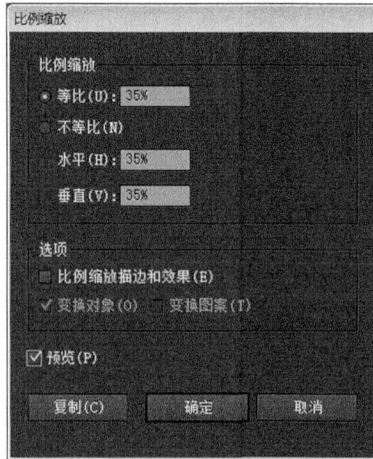

步骤7　按住 Ctrl 键，单击如图 7.48 所示的椭圆路径和气球背景两个图层的目标列，同时选择椭圆及气球背景图，效果如图 7.49 所示。然后选择"对象"|"剪切蒙版"|"建立"命令，或按 Ctrl＋7 键创建剪切蒙版，效果如图 7.50 所示。可以通过移动被蒙版图片或蒙版对象椭圆来调整气球图案效果。

图 7.48　选择椭圆和气球背景图层　　图 7.49　同时选中椭圆和气球背景对象　　图 7.50　蒙版效果

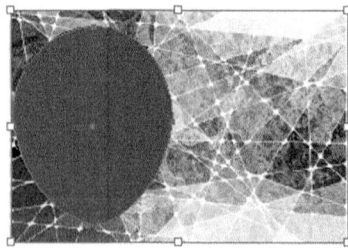

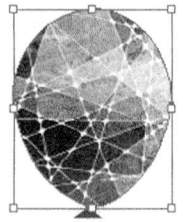

步骤8　使用"画笔工具"✐，设置描边色为"＃"（R＝102，G＝0，B＝0），描边粗细为"0.5pt"，绘制如图 7.51 所示的气球绳子。显示隐藏的背景素材所在图层，如图 7.52 所示。

步骤9　如图 7.53 所示，单击图层 2 的目标列，将整个气球都选中。使用"自由变换工具"▨，对气球进行缩放、旋转，并放置到画面适当位置，效果如图 7.54 所示。

步骤10　为了增加画面层次，用同样的方法绘制多个气球，如图 7.55 所示。

图 7.51 绘制气球绳子

图 7.52 显示隐藏的背景图层

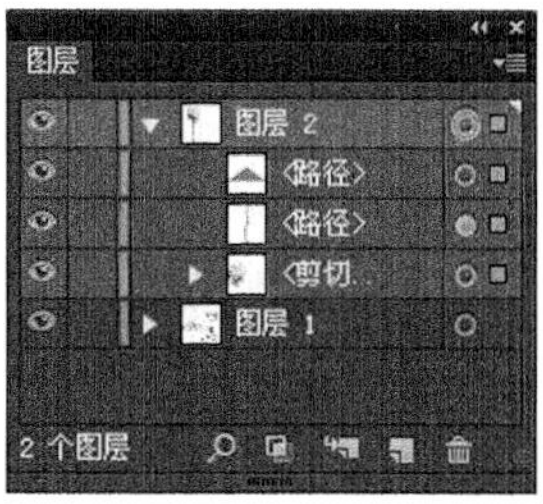

图 7.53 单击图层 2 目标列图

图 7.54 缩放旋转气球

图 7.55 绘制另一个气球

7.3 独立练习

7.3.1 制作结婚请柬

1. 制作要求

运用"矩形工具"、"钢笔工具"、"文字工具"、"剪切蒙版"等绘制如图 7.56 所示的结婚请柬。

2. 操作步骤提示

(1) 用"矩形工具"绘制背景矩形。

(2) 用"矩形工具"绘制背景边框矩形,填色为无,描边粗细为 0.75pt,画笔为"几何图形 8",为矩形设置几何图案描边效果。

(3) 用"钢笔工具"绘制边框四周装饰图案。

(4) 用"钢笔工具"、"椭圆工具"绘制人物。

图 7.56 结婚请柬

（5）用"钢笔工具"绘制画面上方横幅和心形图案。

（6）创建剪切蒙版，为新娘娃娃填充花瓣图案。

（7）用"文字工具"输入"love"和"MARRIED"，字体为"华文琥珀"。

7.3.2　制作卡通画

1．制作要求

运用"矩形工具"、"钢笔工具"、"自由变换工具"、"椭圆工具"、"符号"面板等绘制如图 7.57 所示的卡通图。

图 7.57　卡通画

2．操作步骤提示

（1）用"矩形工具"绘制背景矩形。

（2）新建图层，用"钢笔工具"绘制草地。

（3）新建图层，用"钢笔工具"绘制小马。

（4）新建图层，用"钢笔工具"绘制礼物。

（5）复制礼物图层来创建新图层，用"自由变换工具"对新图层中的礼物进行缩放，并放置到适当位置。用"直接选择工具"选择礼物不同部位，修改其颜色。

（6）新建图层，用"椭圆工具"绘制阴影，填充设置为径向渐变。复制多个阴影图层，将阴影分别放置在小马和礼物下方。

（7）用"符号"面板，单击"符号库菜单"按钮，在弹出的菜单中选择"原始"命令，在"原始"符号库中选择符号"树木"置入。用"自由变换工具"对树木符号实例进行缩放，并移动到适当位置。

第8章 图形特效的运用

本章学习目标
- 掌握 3D 效果的创建方法
- 掌握设置风格化效果和 Photoshop 效果的方法
- 掌握外观面板的使用方法

Illustrator 软件提供了多种为图形创建特效的方法。本章首先介绍 3D 特效、风格化效果和 Photoshop 效果的创建方法,然后介绍外观面板的使用方法,最后通过多个任务的实践来帮助读者掌握图形特效与外观面板的使用方法。

8.1 知识准备

8.1.1 应用 3D 效果

"效果"菜单中的 3D 子菜单中的命令可以将二维对象创建为三维效果,并且可以通过改变高光方向、阴影、旋转及更多的属性来控制 3D 对象的外观,而且还可以将对象转换为符号后贴到 3D 图形中的每一个表面上。

1. 凸出与斜角

"凸出和斜角"命令可以将一个二维对象沿着 Z 轴拉伸成为三维对象,是通过挤压的方法为路径增加厚度来创建立体对象。选择对象,执行"效果"|3D|"凸出和斜角"命令,会弹出"3D 凸出和斜角选项"对话框,下面分别介绍各个选项的含义。

1) 设置位置、旋转角度与透视

"位置"下拉列表框中可以选择一个预设的位置选项,使对象以固定的角度变为立体效果,图 8.1 显示了选择"离轴-右方"的效果。

在预览框中拖动观察模拟立方体的表面,可以手动设置立体效果的角度。当鼠标放到图形的边缘时,光标会变为双向箭头,边缘的颜色也会发生变化。红色表示 X 轴,绿色表示 Y 轴,蓝色表示 Z 轴,图 8.2 显示了拖动"X 轴"的效果。在右边的"指定绕 X 轴旋转"、"指定绕 Y 轴旋转"和"指定绕 Z 轴旋转"文本框中输入数值旋转角度,也可以设置旋转效果。

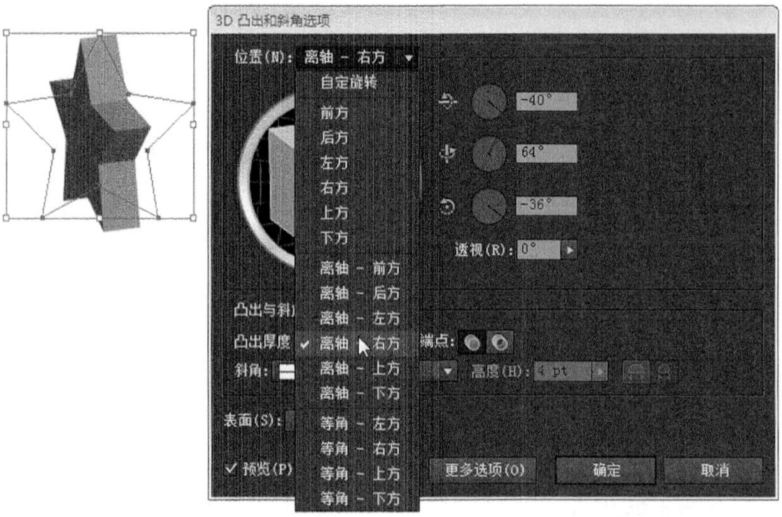

图 8.1　设置 "位置"

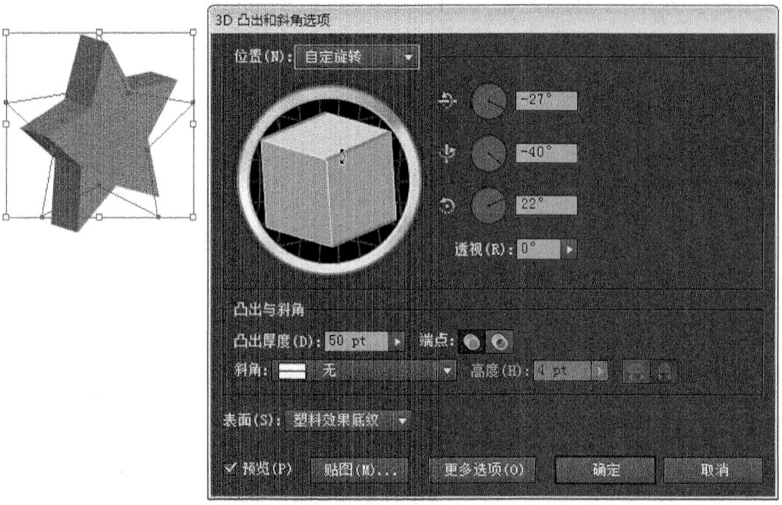

图 8.2　设置 "旋转" 角度

在 "透视" 选项中输入数值或拖动滑块可以改变对象的透视角度,使对象更贴近现实的立体效果,图 8.3 显示了设置透视角度为 "60°" 的效果。

2)设置凸出与斜角

"凸出厚度" 选项可以设置对象的深度,取值范围为 0~2000,图 8.4 显示了设置厚度为 "100pt" 的效果。"端点" 选项指定显示的对象是实心的还是空心的,图 8.5 显示了单击 "关闭端点以建立空心外观" 按钮的效果。

在 "斜角" 下拉列表框中可以选择沿对象的深度轴(Z 轴)应用所选类型的斜角边缘。"高度" 选项可以设置斜角的高度值,取值范围为 0~100。"斜角外扩" 按钮,可将斜角添加至对象的原始形状;单击 "斜角内缩" 按钮,可自对象的原始形状去除斜角。图 8.6 显示了选择斜角为 "长圆形"、高度为 "10pt"、"斜角内缩" 的效果。

图 8.3 设置"透视"角度

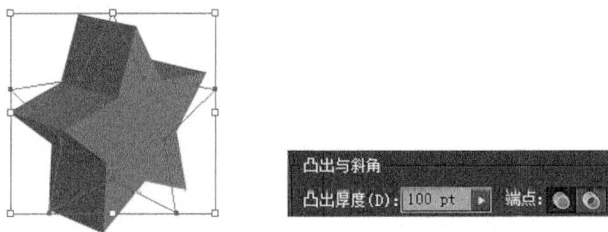

图 8.4 设置"凸出厚度"

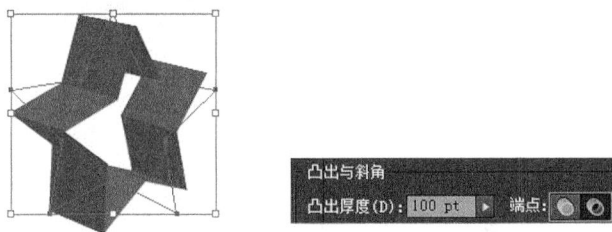

图 8.5 设置"端点"

图 8.6 设置"斜角"

3）设置表面

在"表面"下拉列表框中提供了 4 种不同的表面模式。"线框"模式下,显示对象的几何形状轮廓;"无底纹"模式不显示立体的表面属性,但保留立体的外轮廓;"扩散底纹"模式使对象以一种柔和、扩散的方式反射光;而"塑料效果"底纹模式,会使对象模拟塑料的材质及反射光效果。图 8.7 显示了分别设置 4 种表面的效果。

图 8.7 设置"表面"

单击"更多选项"按钮,会弹出更多的选项,在其中可以设置光源强度、环境光、高光强度、高光大小、混合步骤以及底纹颜色等。在左边的缩略图中可以拖动光点改变光源的方向,如图 8.8 所示。

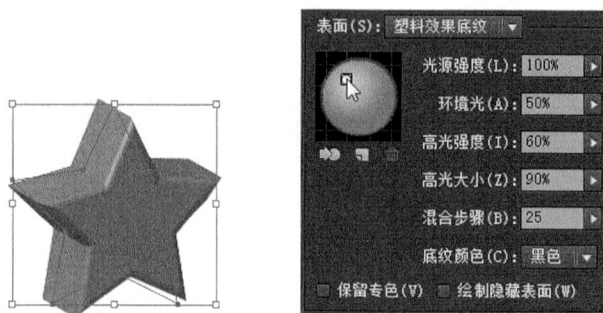

图 8.8 设置"更多选项"

4）设置贴图

单击"贴图"按钮,会弹出"贴图"对话框。在"符号"下拉列表中会显示当前"符号"面板中的符号,选择其中一个即可作为表面的贴图。在"表面"选项中可以选择在立体图形的哪一个表面设置贴图。在缩略图中可以修改图片的大小。"缩放以适合"按钮可以使选择的符号适合所选表面的边界。"清除"和"全部清除"按钮可以清除当前所选表面或所有表面的贴图符号。"贴图具有明暗调"选项可使添加的符号与立体表面的明暗保持一致。"三维模型不可见"显示作为贴图的符号,而不显示立体对象的外形。图 8.9 显示了为多个表面设置贴图的效果。

2. 绕转

"绕转"命令围绕全局 Y 轴(绕转轴)绕转一条路径或剖面,使其作圆周运动。由于绕转轴是垂直固定的,因此用于绕转的路径应为所需立体对象面向正前方时垂直剖面的一半。选择对象,执行"效果"|3D|"绕转"命令,会弹出"3D 绕转选项"对话框,如图 8.10 所示。该对话框与"3D 凸出和斜角选项"对话框中的大部分选项都相同,不同的只有绕转

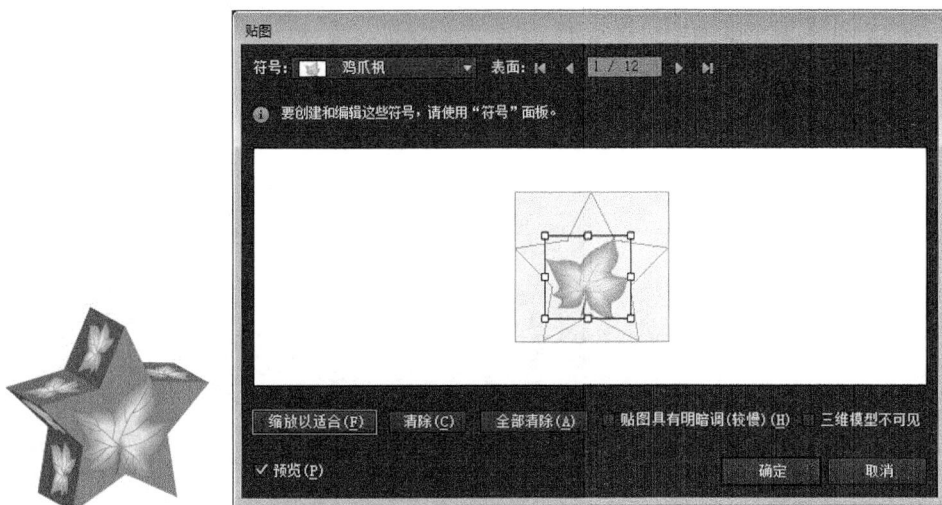

图 8.9 设置"贴图"

角度、位移与自左边还是自右边选项。图 8.11 分别显示了三角形设置默认选项、绕转"220°"、位移"30pt"以及自"右边"选项的效果。

图 8.10 "3D 绕转选项"对话框

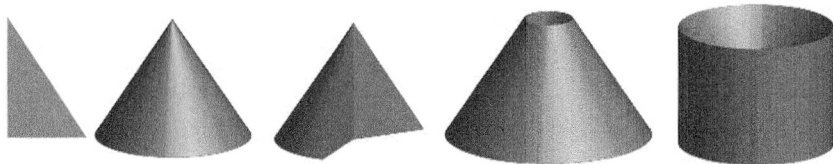

图 8.11 设置不同的绕转效果

3. 旋转

"旋转"效果可以将图形对象在模拟的三维空间中旋转。选中对象后,执行"效果" | 3D | "旋转"命令,在"3D旋转选项"对话框内的预览框中拖动模拟立方体,可以设置选项,效果如图8.12所示。

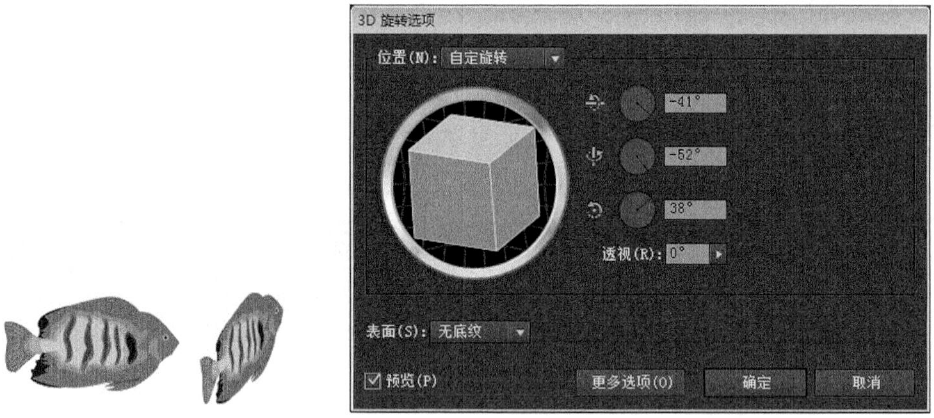

图 8.12　设置旋转效果

8.1.2　应用风格化效果

"效果"菜单中的"风格化"子菜单中的命令是较为常用的特效命令,主要为对象添加投影、圆角、羽化边缘、发光以及涂抹风格的外观。

1. 内发光与外发光

选择要添加特效的对象,执行菜单"效果" | "风格化" | "内发光"命令,会弹出"内发光"对话框,在其中可以设置图层混合模式、不透明度、模糊大小以及中心或边缘等选项,单击"确定"按钮即可设置内发光效果,如图8.13所示。

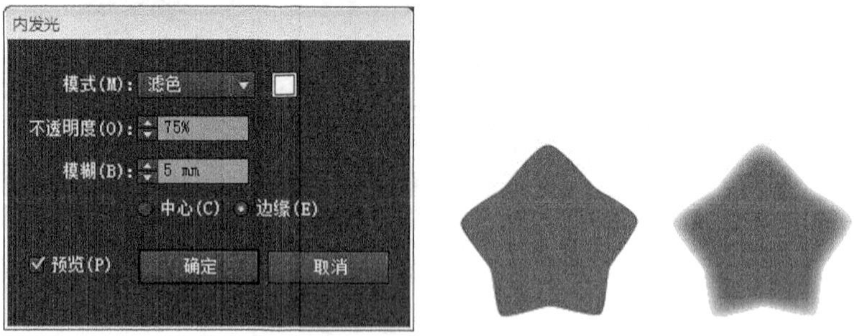

图 8.13　设置内发光效果

选择对象,执行菜单"效果" | "风格化" | "外发光"命令,会弹出"外发光"对话框,在其中可以设置图层混合模式、不透明度、模糊大小等选项,单击"确定"按钮即可设置外发光效果,如图8.14所示。

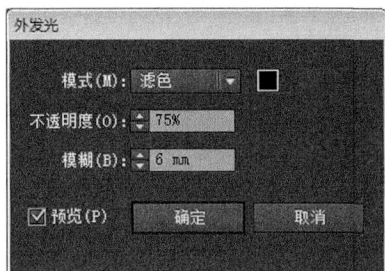

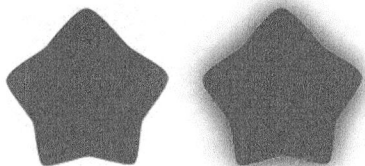

图 8.14 设置外发光效果

2. 投影

投影效果可以为对象添加阴影。选择对象,执行菜单"效果"|"风格化"|"投影"命令,会弹出"投影"对话框,在其中可以设置图层混合的模式、"不透明度"、投影的"X 位移"和"Y 位移"距离、"模糊"大小、投影的颜色以及暗度等选项,如图 8.15 所示。

图 8.15 设置投影效果

3. 涂抹

"涂抹"效果是一个较为特别的命令,它可以为对象的描边或填色添加类似手绘的效果。选择对象,执行菜单"效果"|"风格化"|"涂抹"命令,弹出"涂抹选项"对话框,如图 8.16 所示。通过该对话框可以设置线条的角度、重叠部位、宽度、曲度、间距等属性,以得到不同的涂抹效果。在"设置"下拉列表中还可以选择不同的预设选项,图 8.17 显示了分别设置"默认值"和"缠结"的效果。

4. 羽化

"羽化"效果可以创建出边缘柔化的效果。方法是选择对象,执行"效果"|"风格化"|"羽化"命令,在"羽化"对话框中设置羽化"半径"即可,如图 8.18 所示。

5. 圆角

"圆角"效果可以使对象边缘变成圆角的效果。选择对象,执行"效果"|"风格化"|"圆角"命令,在"圆角"对话框中设置圆角"半径"即可,如图 8.19 所示。

图 8.16 "涂抹选项"对话框

图 8.17 设置"默认值"和"缠结"的涂抹效果

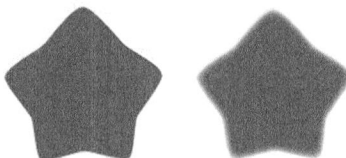

图 8.18 设置羽化效果

图 8.19 设置圆角效果

8.1.3 应用 Photoshop 效果

"效果"菜单中有一组"Photoshop 效果"命令，这些效果是从 Photoshop 的滤镜中借鉴过来的，可以使矢量图呈现位图的外观特效，也可以用于处理位图。

1. 效果画廊

选中对象，执行菜单"效果"|"效果画廊"命令，会弹出"效果画廊"对话框，在其中集成了风格化、画笔描边、扭曲、素描、纹理和艺术效果等效果命令，单击其中的一种效果，即可在左边的预览区中预览该效果，在右边的参数控制区还可以调整效果参数，如图 8.20 所示。

图 8.20 "效果画廊"对话框

2. 像素化

"像素化"命令是通过将颜色值相近的像素集结成块来清晰地定义一个选区。在该命令中包括彩色半调、晶格化、点状化与铜版雕刻，如图 8.21 所示。

图 8.21 彩色半调、晶格化、点状化与铜版雕刻

3. 模糊

"模糊"效果可在图像中对指定线条和阴影区域的轮廓边线旁的像素进行平衡，从而润色图像，使过渡显得更柔和。它包括三个命令："径向模糊"、"特殊模糊"和"高斯模糊"

命令。

"径向模糊"命令模拟前后移动相机或旋转相机拍摄物体产生的效果。"特殊模糊"命令能够精确地模糊图像。"高斯模糊"命令以可调的量快速模糊选区,此效果将移去高频出现的细节,并产生一种朦胧的效果。图8.22分别显示了径向模糊、特殊模糊和高斯模糊的效果。

图 8.22 径向模糊、特殊模糊与高斯模糊

8.1.4 应用图形样式

在 Illustrator CS6 中,用户可以使用"图形样式"面板来快速设置对象的外观。

1. "图形样式"面板

选择菜单"窗口"|"图形样式"命令,打开"图形样式"面板,如图8.23所示。单击"图形样式"面板下方的"图形样式库菜单"按钮，在菜单中选择一种图形样式,如"照亮样式",即可打开"照亮样式"面板,如图8.24所示。

"图形样式"面板中的样式只能够以缩览图和列表方式显示,当无法清楚地查看样式效果时,可以通过右击样式缩览图的方式放大显示图形样式,如图8.25所示。

图 8.23 "图形样式"面板   图 8.24 "照亮样式"面板   图 8.25 右击样式缩览图放大显示图形样式

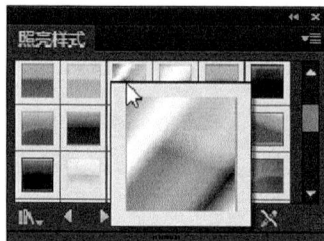

2. 应用图形样式

当绘制图形对象后,要想应用"图形样式"面板中的样式效果,只要选中该对象后,单击面板中的某个样式缩览图即可。如图8.26显示了五角星图形应用不同的"3D效果"样式的效果。

3. 创建图形样式

在"图形样式"面板中除了预设的类型样式外,还可以将现有对象中的效果存储为图形样式,以方便以后的应用。

创建图形样式的方法是选中对象后,单击"图形样式"面板底部的"新建图形样式"按

钮 ![图标]，或者直接将图形拖入到"图形样式"面板中，均能够创建图形样式，如图 8.27 所示。当没有选中任何对象时，或者是在一个空白文档中，单击"图形样式"面板底部的"新建图形样式"按钮，会以工具箱中"填色"和"描边"参数来创建图形样式。

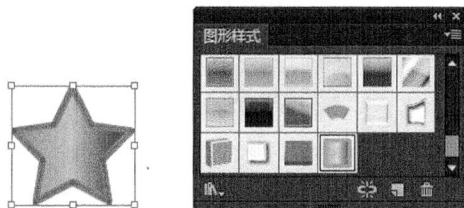

图 8.26 应用图形样式 图 8.27 创建图形样式

8.1.5 应用外观属性

外观属性是一组在不改变对象基础结构的前提下影响对象外观的属性。外观属性包括描边、填色、效果和不透明度。

1. "外观"面板

"外观"面板可以保存、修改和删除对象的外观属性。为对象填色、描边或应用效果时，"外观"面板会按照先后顺序记录对象所应用的外观属性。执行菜单"窗口"|"外观"命令，弹出"外观"面板，如图 8.28 所示。

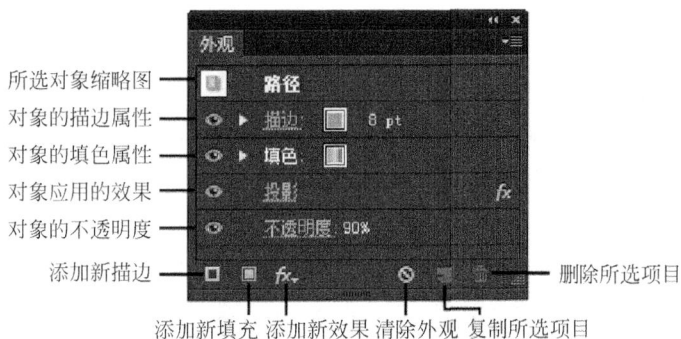

图 8.28 "外观"面板

2. 修改外观属性

选中对象，在"外观"面板中选择属性中的任意一项即可进行修改，图 8.29 显示了修改填色属性的效果。

3. 添加外观属性

选中对象，在"外观"面板中单击最下方"添加新描边"、"添加新填充"或"添加新效果"按钮，可以在原有的外观属性基础上添加新的外观属性，图 8.30 显示了在单色填充的基础上添加图案填色属性的效果。

4. 复制外观属性

属性的复制包括两种方式，一种是为所选对象复制属性；另一种是将所选对象的属性复制到其他对象中。

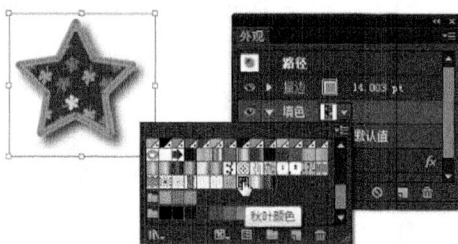

图 8.29　修改填色属性

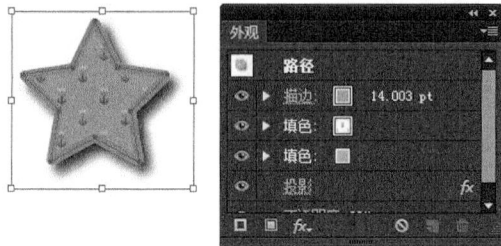

图 8.30　添加填色属性

在"外观"面板中选中某属性,单击"复制所选项目"按钮,或者将该属性拖至"复制所选项目"按钮,即可复制该属性。

所选对象的属性复制到其他对象中的方法是:在"外观"面板选中所选对象的缩略图,然后将其拖到其他对象中,如图 8.31 所示。也可以选中需要应用外观的对象,用"吸管工具"在已有外观的对象上单击。

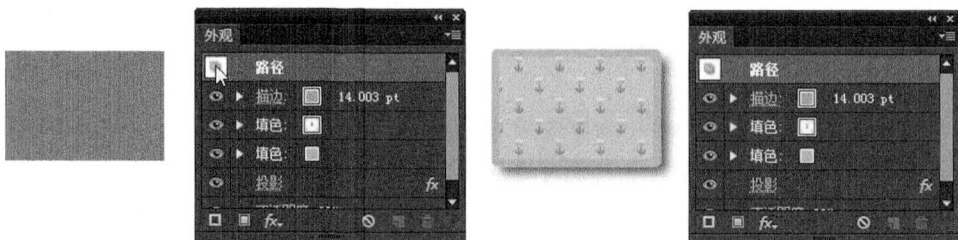

图 8.31　复制对象的外观属性

5. 显示和隐藏外观

选中对象以后,在"外观"面板中单击某个属性前面的"可视"图标 ,即可隐藏该外观属性,再次单击即可显示该外观属性。

6. 删除外观

选中对象以后,在"外观"面板中选择某个属性,单击"删除所选项目"按钮 ,可以删除选中的属性。选中对象以后,单击"清除外观"按钮 ,则会清除对象所有的外观属性。

8.2　任务实践

8.2.1　制作糖果瓶

1. 任务说明

在本任务中,通过绘制如图 8.32 所示的糖果瓶,学习 3D 效果、图形样式、投影效果、羽化效果的创建方法。

2. 操作步骤

步骤 1　新建一个文件,设置名称为"糖果瓶",画板数量为"1",大小为"A4",单位为"毫米",颜色模式为 RGB。

步骤2 按 Ctrl＋R 快捷键打开标尺，在垂直方向拖出一条参考线。

步骤3 选择"圆角矩形工具" ，在参考线上按住 Alt 键以参考线为中心，绘制一小一大两个圆角矩形。设置描边粗细为"1pt"，描边色的 RGB 值为：255,207,243 填充色为"无"，如图 8.33 所示。

步骤4 选中两个矩形，在"路径查找器"面板中单击"联集"按钮，使两个矩形合成为一个图形，如图 8.34 所示。

图 8.32 糖果瓶 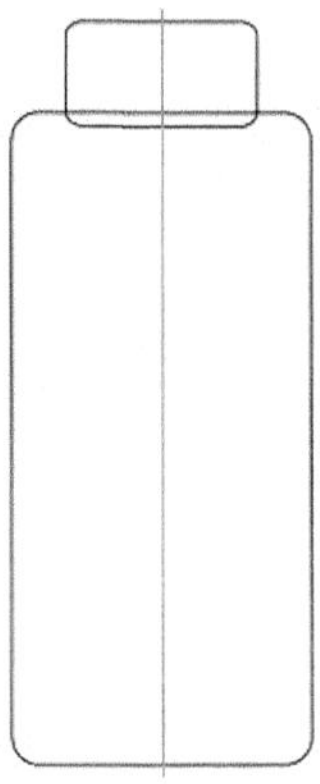   图 8.33 绘制圆角矩形 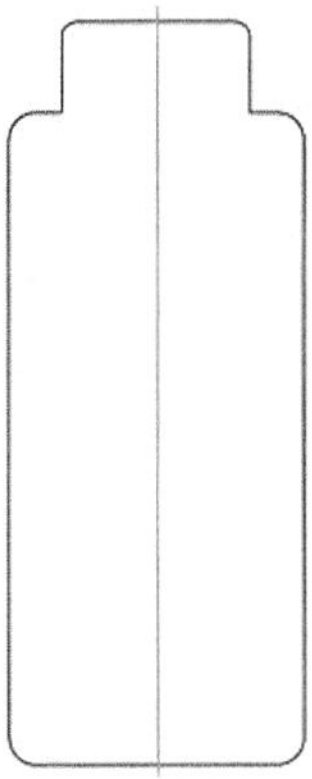   图 8.34 将两个圆角矩形合成为一个图形

步骤5 选中合成图形，选择"剪刀工具" ，在图形与参考线交叉的两个点上单击，将图形分成两半，然后删除右边的一半，如图 8.35 所示。

步骤6 选中剩下的一半图形，执行"效果"|3D|"绕转"命令，在"3D 绕转选项"对话框中设置旋转角度、透视、自"右边"等选项，如图 8.36 所示。

图 8.35 删除右半边的图形   图 8.36 在"3D 绕转选项"对话框中设置选项

步骤7 单击"更多选项"按钮，显示光源设置选项，在缩略图中调整光源的位置。在"底纹颜色"下拉列表中选择"自定"，单击右边的颜色块，在弹出的"拾色器"中设置底纹

颜色的 RGB 值为：112,71,84,如图 8.37 所示。

图 8.37 设置"更多选项"

步骤 8　单击"确定"按钮后,3D 绕转效果形成,如图 8.38 所示。

步骤 9　打开"图形样式"面板,单击"新建图形样式"按钮[图],将绕转效果保存到图形样式中,方便以后使用,如图 8.39 所示。

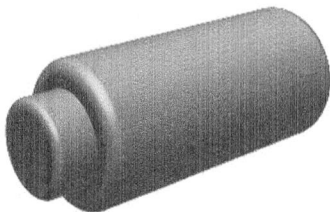

图 8.38 3D 绕转效果

图 8.39 保存图形样式

步骤 10　选择"直线段工具"[图],按住 Shift 键绘制直线段,设置描边粗细为"10pt",颜色为橙色。复制直线,并向下移动,再按 Ctrl＋D 组合键再次变换,生成一组直线,并分别设置不同的描边色,如图 8.40 所示。

步骤 11　打开"符号"面板,将这一组直线拖入其中,作为一个自定义的符号,如图 8.41 所示。

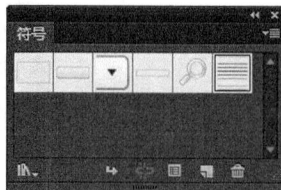

图 8.40 绘制一组直线

图 8.41 自定义符号

步骤12 打开"外观"面板,单击"3D 绕转"效果,在打开的对话框中单击"贴图"按钮,打开"贴图"对话框。单击右侧的"下一个表面"按钮 ▶,切换到要进行贴图的表面,在"符号"下拉列表中选择自定义的新符号,在预览框中调整符号的位置,使彩色条纹完整地覆盖到瓶身上,并勾选"贴图具有明暗调"复选框,如图 8.42 所示。

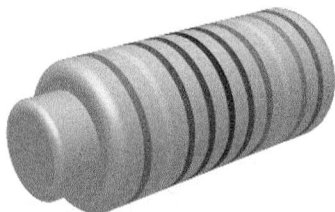

图 8.42 添加贴图

步骤13 单击"确定"按钮后,糖果瓶的效果如图 8.43 所示。

步骤14 选择"矩形工具" 🔳绘制一个矩形,设置填充色的 RGB 值为:217,126,170,描边色的 RGB 值为:150,72,135,描边粗细为"5pt",如图 8.44 所示。

步骤15 将矩形拖入"符号"面板,作为一个自定义的符号,如图 8.45 所示。

图 8.43 瓶身添加贴图后的效果

图 8.44 绘制矩形

图 8.45 添加自定义符号

步骤16 打开"外观"面板,单击"3D 绕转"效果,在打开的对话框中单击"贴图"按钮,打开"贴图"对话框。单击右侧的"下一个表面"按钮 ▶,切换到瓶盖的表面,在"符号"下拉列表中选择矩形符号,在预览框中调整符号的位置,使矩形完整地覆盖到瓶盖上,如图 8.46 所示。

步骤17 单击"确定"按钮后,瓶盖的效果如图 8.47 所示。

步骤18 选择"圆角矩形工具" 🔲绘制一个圆角矩形,设置描边粗细为"1pt",描边色的 RGB 值为:255,207,243,填充色为"无"。然后选择"剪刀工具" ✂,将矩形分为两半,删除右边的一半,如图 8.48 所示。

步骤19 选中图形后,单击"图形样式"面板中自定义的样式,如图 8.49 所示。

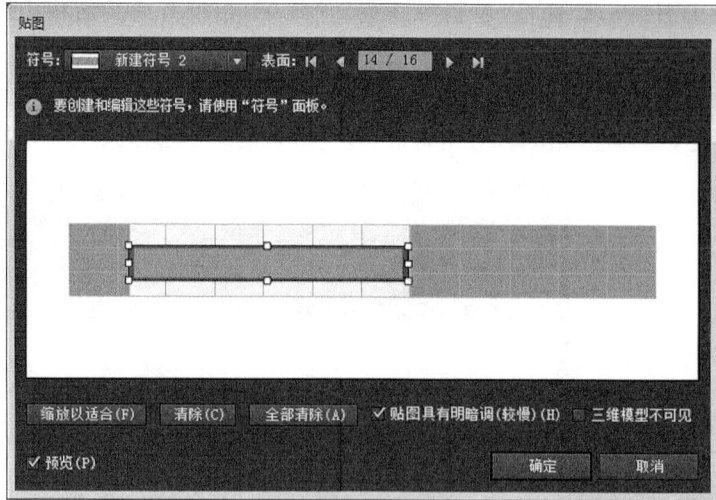

图 8.46　将符号应用到瓶盖贴图上

图 8.47　瓶盖添加贴图后的效果　　图 8.48　绘制矩形并删
　　　　　　　　　　　　　　　　　　　除右边的一半

图 8.49　应用自定义的图形样式

步骤 20　将描边色的 RGB 值改为：185,0,173。在"外观"面板中将不透明度改为
"80％"，并将该图形移动到瓶盖上，如图 8.50 所示。

图 8.50　修改描边色与不透明度

步骤 21　执行菜单"效果"|"风格化"|"投影"命令，在"投影"面板中设置不透明度为
"68％"，X 位移为"2mm"，Y 位移为"7mm"，模糊为"1.76mm"，设置投影效果，如图 8.51
所示。

步骤 22　使用"椭圆工具" 绘制一个正圆，并用"直接选择工具" 选择右边的锚
点并删除，如图 8.52 所示。单击"图形样式"面板中自定义的样式，如图 8.53 所示。将
描边色的 RGB 值改为：255,114,113，如图 8.54 所示。

图 8.51 设置投影效果

图 8.52 绘制半圆　　　　图 8.53 应用图形样式　　　　图 8.54 修改描边色

步骤 23 使用"椭圆工具" ◉绘制一个椭圆,执行菜单"效果"|"风格化"|"羽化"命令,在"羽化"面板中设置半径为"2.5mm",如图 8.55 所示。

步骤 24 将椭圆置于底层,作为糖果的阴影,如图 8.56 所示。

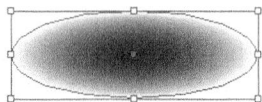

图 8.55 绘制椭圆并设置羽化效果　　　　图 8.56 制作糖果阴影

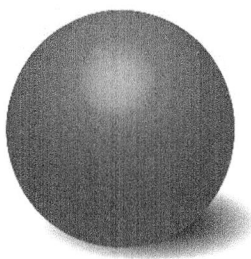

步骤 25 复制多个糖果图形,并设置不同的描边色。

8.2.2 制作光盘封面

1. 任务说明

在本任务中,将通过设置透明度效果、羽化效果、外发光效果、圆角效果制作如图 8.57 所示的光盘封面。

2. 操作步骤

步骤 1   新建一个文件,设置名称为"光盘封面",画板数量为"1",大小为"A4",颜色模式为 CMYK。

步骤 2   选择"椭圆工具" ◯ ,在画板上单击,绘制一个高度和宽度均为"118mm"的正圆,并设置填充色为黑色,描边色为"无",如图 8.58 所示。

图 8.57   光盘封面   图 8.58   绘制黑色正圆

步骤 3   将正圆图形按快捷键 Ctrl+C 复制,再按 Shift+Ctrl+V 键就地粘贴,然后在"变换"面板中将其宽度和高度都改为"15mm",如图 8.59 所示。

步骤 4   将两个圆都选中,在"路径查找器"面板中单击"减去顶层"按钮,得到如图 8.60 所示的环形。

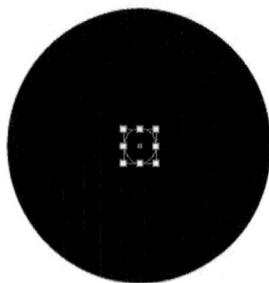

图 8.59   复制并缩小正圆   图 8.60   制作环形

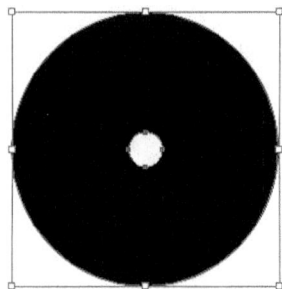

步骤 5   用同样的方法在图形的正中间制作一个大圆直径为"35mm"和小圆直径为"15mm"的环形,并设置填充色为"灰—白—灰—白—灰"的线性渐变填充,如图 8.61 所示。

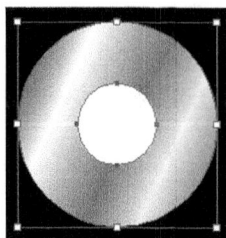

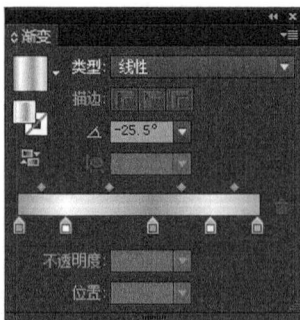

图 8.61   制作环形并设置线性渐变填充

步骤6　将刚才制作的光盘图形按快捷键 Ctrl＋G 编组，再按 Ctrl＋2 快捷键将其锁定。

步骤7　选择"椭圆工具" ，在光盘的中间再绘制一个宽度和高度均为"95mm"的正圆，设置描边粗细为"30pt"，描边色的 CMYK 值为：0,55,88,0，填充色为"无"。在"外观"面板中设置不透明度为"30％"，如图 8.62 所示。

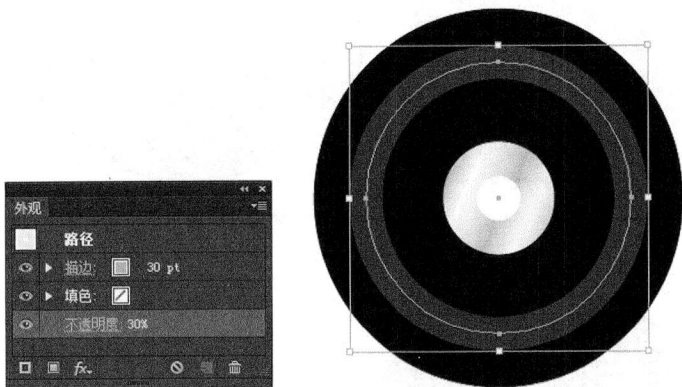

图 8.62　绘制椭圆并设置外观属性

步骤8　使用"剪刀工具" 在圆形上的几处单击，然后删除其中的两段弧形，效果如图 8.63 所示。

步骤9　用同样的方法再绘制一个正圆，将其描边粗细改为"15pt"，并删除一段弧形，效果如图 8.64 所示。

图 8.63　删除两段弧形

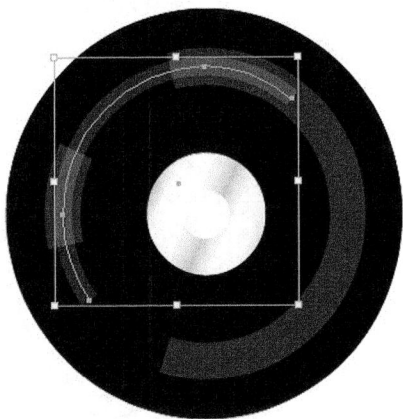

图 8.64　绘制第二层弧形

步骤10　用同样的方法再绘制一个正圆，将其描边粗细改为"6pt"，不透明度改为"100％"，并删除一段弧形，效果如图 8.65 所示。

步骤11　将第三层弧形复制并就地粘贴，将描边色的 CMYK 值改为：0,0,100,0，并删除其中的三段弧形。执行菜单"效果"|"风格化"|"外发光"命令，在"外发光"对话框中设置模式为"滤色"，颜色为黄色，不透明度为"75％"，模糊为"2mm"，如图 8.66 所示。

步骤12　将刚才绘制的4层弧形全部选中并编组。双击"比例缩放工具" ，设置等比缩小"60％"，并单击"复制"按钮。适当旋转后效果如图 8.67 所示。

图 8.65　绘制第三层弧形

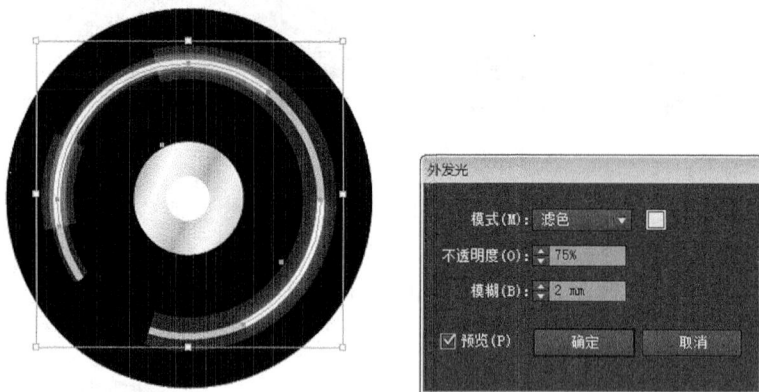

图 8.66　绘制第四层弧形，并设置外发光效果

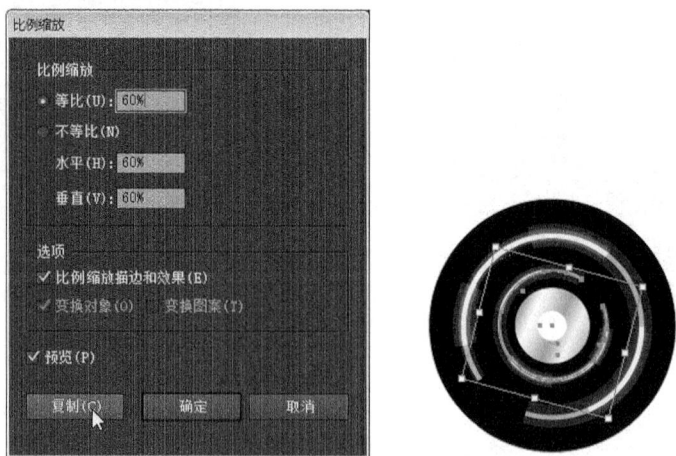

图 8.67　缩小、复制并旋转弧形组合

　　步骤 13　　使用"椭圆工具"在光盘下方绘制一个椭圆，执行菜单"效果"|"风格化"|"羽化"命令，设置羽化半径为"8mm"，如图 8.68 所示。

　　步骤 14　　将该椭圆置于底层，作为光盘的阴影效果，如图 8.69 所示。

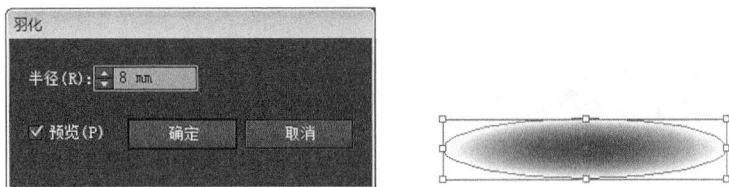

图 8.68 绘制椭圆并设置羽化效果

步骤 15 在光盘的右边绘制一个高度和宽度均为"120.5mm"的正方形,然后按 Ctrl+2 组合键将其锁定,如图 8.70 所示。

步骤 16 选择"钢笔工具" 在正方形上绘制电波图形,设置描边粗细为"3pt",描边色的 CMYK 值改为:0,0,100,0,如图 8.71 所示。

图 8.69 将椭圆置于底层   图 8.70 绘制正方形   图 8.71 绘制电波图形

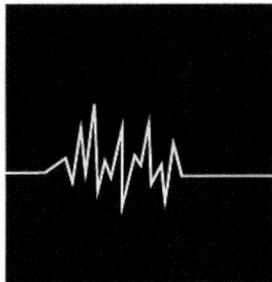

步骤 17 执行菜单"效果"|"风格化"|"圆角"命令,设置圆角半径为"3mm",如图 8.72 所示。

步骤 18 执行菜单"效果"|"风格化"|"外发光"命令,添加与第四层弧形同样的外发光效果。在"外观"面板中将不透明度设置为"40%",如图 8.73 所示。

图 8.72 设置圆角效果   图 8.73 设置外发光与不透明度

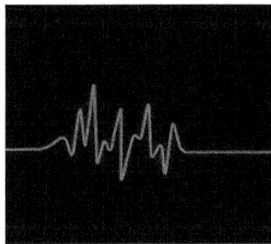

步骤 19 将光盘上的弧形组合复制三个,并适当缩放旋转后,效果如图 8.74 所示。

步骤 20 选择"文字工具" 输入文本"COVER",设置字体为 Franklin Gothic Demi Cond,字号为"40pt",如图 8.75 所示。

步骤 21 在文本上单击右键,在快捷菜单中选择"创建轮廓"命令,然后取消编组,并将每一个字母分别填充不同的颜色,如图 8.76 所示。

图 8.74 复制并适当缩放旋转弧形组合

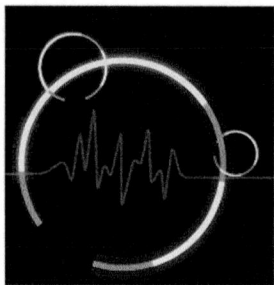

图 8.75 输入文本 "COVER"

步骤 22 输入文本 "Compact Disc"，设置字体为 Eras Light ITC，字号为 "16pt"，如图 8.77 所示。

图 8.76 将文本创建为轮廓并设置不同的颜色

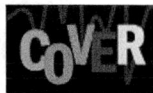

图 8.77 输入文本 "Compact Disc"

步骤 23 使用"矩形工具"  在光盘封套下方绘制一个与光盘封套同样宽度的矩形，执行菜单"效果"|"风格化"|"羽化"命令，设置羽化半径为 "11mm"，如图 8.78 所示。

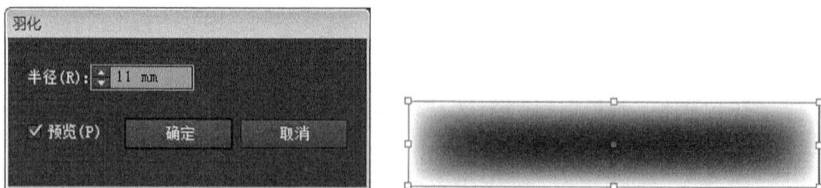

图 8.78 绘制椭圆并设置羽化效果

步骤 24 将矩形置于底层后，效果如图 8.79 所示。

图 8.79 将阴影图形置于底层

8.2.3 制作油画挂图

1. 任务说明

在本任务中,将运用 Photoshop 效果中的玻璃效果、绘画涂抹效果、成角的线条效果、纹理化效果等制作油画挂图,如图 8.80 所示。

图 8.80 油画挂图

2. 操作步骤

步骤 1 新建一个文件,设置名称为"油画挂图",画板数量为"1",大小为"A4",颜色模式为 CMYK。

步骤 2 执行菜单"文件"|"置入"命令,选择文件"第 8 章\8.2.3 \风景图",勾选"链接"复选框,将风景图置入画板中,如图 8.81 所示。

图 8.81 置入风景图

步骤 3 执行菜单"效果"|"扭曲"|"玻璃"命令,设置扭曲度为"1",平滑度为"3",纹理为"磨砂",如图 8.82 所示。

217

图 8.82　设置"玻璃"效果

　　步骤 4　执行菜单"效果"|"艺术效果"|"绘画涂抹"命令,设置画笔大小为"6",锐化程度为"1",画笔类型为"简单",如图 8.83 所示。

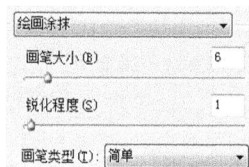

图 8.83　设置"绘画涂抹"效果

　　步骤 5　执行菜单"效果"|"画笔描边"|"成角的线条"命令,设置方向平衡为"46",描边长度为"3",锐化程度为"1",如图 8.84 所示。

　　步骤 6　执行菜单"效果"|"纹理"|"纹理化"命令,设置纹理为"画布",缩放为"65％",凸现为"2",光照为"上",如图 8.85 所示。

　　步骤 7　在"图层"面板中,单击并拖动"图像"到"创建新图层"按钮 进行复制。然后锁定下方"图像"图层,选中上方"图像"图层,单击"控制面板"中的"嵌入"按钮将图像嵌入到文件中。执行"编辑"|"编辑颜色"|"转换为灰度"命令,将选中的彩色图像转换为灰色,如图 8.86 所示。

　　步骤 8　选中灰度图像,打开"透明度"面板,执行"模式"下拉列表中的"柔光"命令,并设置"不透明度"为"50％"提高油画亮度。如图 8.87 所示。

　　步骤 9　新建图层,绘制一个与图像同样大的矩形,设置填充色为"无",在"画笔"面板的画笔库菜单中选择"边框"|"边框_装饰"|"花卉 2"作为矩形的描边,如图 8.88 所示。

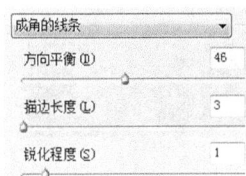

图 8.84 设置"成角的线条"效果

图 8.85 设置"纹理化"效果

图 8.86 复制图层，并将图像转换为灰度图像

图 8.87　设置不透明度

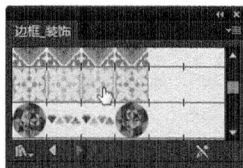

图 8.88　绘制油画边框

步骤 10　选中所有的图形,按 Ctrl+G 组合键编组,然后执行"效果"|"风格化"|"投影"命令,如图 8.89 所示。

图 8.89　设置"投影"效果

8.3 独立练习

8.3.1 制作青花瓷瓶

1．制作要求

运用本章所学的 3D 绕转效果制作如图 8.90 所示的青花瓷瓶。

2．操作步骤提示

（1）置入素材图片"第 8 章\8.3.1\青花瓷图片"，将其嵌入到文件中。

（2）将素材图片拖入"符号"面板。

（3）用"钢笔工具"绘制花瓶的半截图。

（4）选择"效果"菜单中的"3D 绕转"命令，创建 3D 绕转效果。

（5）在贴图选项中将素材图片放到青花瓷的表面。

图 8.90　青花瓷瓶

图 8.91　展览海报

8.3.2 制作展览海报

1．制作要求

运用本章所学的"扭曲-玻璃"效果、"外观"面板制作如图 8.91 所示的展览海报。

2．操作步骤提示

（1）绘制与画板一样大的矩形，设置径向填充。

（2）置入素材图片"第 8 章\8.3.2\荷花图"，并将其嵌入到文件中，设置混合模式为"明度"。

（3）复制图像图层，设置混合模式为"变亮"。

（4）选择"效果"菜单中的"扭曲-玻璃"命令。

（5）绘制两个正圆，在画笔库中选择"边框-装饰"中的"前卫"作为描边，设置混合模式为"明度"，不透明度为"50%"。

（6）输入标题文本。

（7）绘制矩形，创建剪切蒙版。

第 9 章　Web 图形对象

本章学习目标

- 了解 Web 安全颜色的概念
- 了解像素预览模式
- 掌握创建与编辑切片的方法
- 掌握导出切片图像的方法

本章主要介绍 Illustrator 软件制作 Web 图片的方法,包括创建与编辑切片、导出切片等,通过本章的学习可以了解使用 Illustrator 软件制作 Web 网页的制作流程和方法。

9.1　知识准备

9.1.1　Web 安全颜色

网页使用了合理且美观的网页配色方案时,网页中的色彩会受到外界因素的影响,而使每个浏览者观看到不同的效果。因为即使是一模一样的颜色,也会由于显示设备、操作系统、显示卡以及浏览器的不同而有不同的显示效果。

216 网页安全颜色是指在不同硬件环境、不同操作系统、不同浏览器中都能够正常显示的颜色集合,这些颜色在任何终端浏览用户显示设备上的显示效果都是相同的。所以使用 216 网页安全颜色进行网页配色可以避免原有的颜色失真问题。

216 网页安全颜色在实现高精度的真彩图像或者照片时会有一定的欠缺,但是用于显示徽标或者二维平面效果时却绰绰有余。所以 216 网页安全颜色和非网页安全颜色应该合理搭配使用。

Illustrator 虽然不是制作网页图像的常用软件,但是由于其绘制功能强大,同样能够为网页提供图标、按钮、背景等各种网页元素的矢量效果图像。所以在该软件中提供了用于网络图像的颜色,只要单击"色板"面板底部的"'色板库'菜单"按钮即可,如图 9.1 所示。

图 9.1　选择 Web 色板

9.1.2 关于像素预览模式

像素预览模式是在矢量环境中模拟栅格化的对象显示情况,如果要在栅格化图形中控制对象的精确位置、大小和对象的消除锯齿效果,这个功能尤其有用。方法是执行"视图"|"像素预览"命令(或按快捷键 Ctrl+Alt+Y),即可由矢量效果转换为位图,效果如图 9.2 所示。

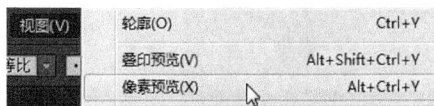

图 9.2 选择"像素预览"命令

为了使网页设计师能够创建像素精确的设计,已在 Illustrator CS5 中添加了像素对齐属性。为对象启用像素对齐属性后,该对象中的所有水平和垂直段都会对齐到像素网格,像素网格可以为描边提供清晰的外观。另外,在"变换"面板中,通过启用"对齐像素网"复选框,图形对象都会根据新的坐标重新对齐像素网格。

9.1.3 创建与编辑切片

切片工具主要用于 Web,是将完整的网页图像划分为若干较小的图像,这些图像可在 Web 页上重新组合。在输出网页时,可以对每块图形进行优化。通过划分图像,可以指定不同的 URL 链接以创建页面导航或制作动态按钮。在保证图像品质的同时得到更小的文件,从而缩短图像的下载时间。切片按照其内容类型以及创建方式进行分类,分为使用"切片工具"创建的切片和执行切片命令创建的切片。当创建新切片时,将会生成附加自动切片来占据图像的其余区域。

1. 创建切片

1)使用"切片工具"创建切片

使用"切片工具"创建切片是裁切网页图像最常用的方法。在工具箱中选择"切片工具"后,在画板中单击并且拖动即可创建切片,如图 9.3 所示。

图 9.3 使用"切片工具"创建切片

2)从参考线创建切片

建立参考线,从参考线创建切片的前提是文档中存在参考线。按 Ctrl+R 组合键显示出标尺,并拉出参考线,设置切片的位置。执行"对象"|"切片"|"从参考线创建"命令,即可根据文档的参考线创建切片,如图 9.4 所示。

3)从所选对象创建切片

选中网页中一个或多个图形对象,执行"对象"|"切片"|"从所选对象创建"命令,根

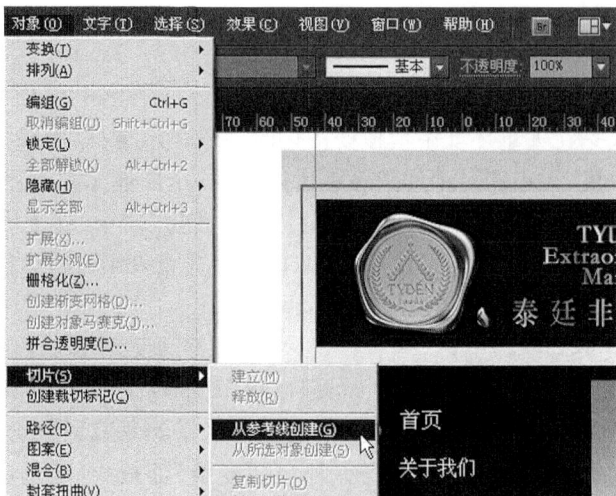

图 9.4　从参考线创建切片

据选中图形最外轮廓划分切片,如图 9.5 所示。

4) 创建单个切片

如果希望切片尺寸与网页图稿中的图形
元素边界匹配,可使用"对象"|"切片"|"建立"
命令。如果移动或修改图形元素,则切片区域
会自动调整以包含新图稿。还可以使用此命
令创建切片,该切片可从文本对象捕捉文本和
基本格式特征;如果希望切片尺寸与底层图稿
无关,可使用切片工具、"从所选对象创建"命
令或"从参考线创建"命令。以其中任意一种
方式创建的切片将显示为"图层"面板中的项,
可以使用与其他矢量对象相同的方式移动和
删除它们以及调整其大小。

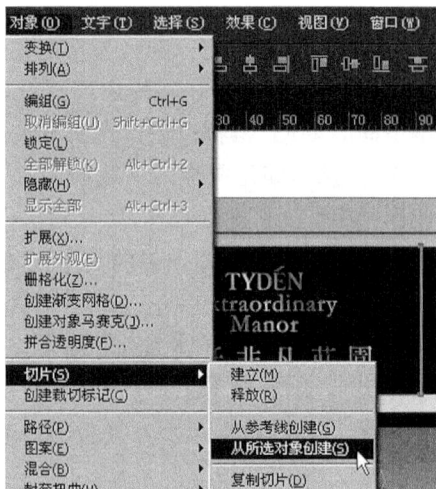

2. 编辑切片

无论以何种方式创建切片,都可以对其进

图 9.5　从所选对象创建切片

行编辑。只是不同类型的切片,其编辑方式有所不同。对于切片,可以进行选择、调整、
隐藏、删除、锁定等各种操作。

1) 选择切片

使用"切片选择工具" 可以对切片进行选择即可。如果需要同时选择多个切片可
以结合 Ctrl 键来选择切片,如图 9.6 所示。

2) 调整切片

如果使用"对象"|"切片"|"建立"命令创建切片,切片的位置和大小将捆绑到它所包
含的图稿。因此,如果移动图稿或调整图稿大小,切片边界也会自动进行调整。如果使
用"切片工具"、"从所选对象创建"命令或"从参考线创建"命令创建切片,则可以按下列
方式手动调整切片。

224

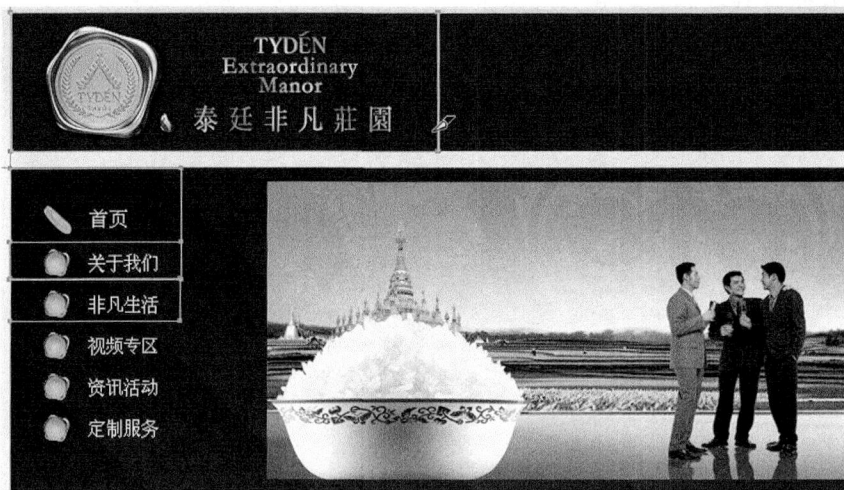

图 9.6 选择多个切片

调整切片大小 使用"切片选择工具" ![icon] 选择切片，并拖动切片的任一角或边；也可以使用"选择工具"和"变换"面板来调整切片的大小。

9.1.4 导出切片图像

在 Illustrator 中制作完成整个网页图稿后，切片的创建只是完成网页图像的第一步，有一种特殊的储存方式可以将切割后的网页分块保存起来。执行"文件"|"存储为 Web 或设备所用格式"命令，打开"存储为 Web 所用格式"对话框。使用对话框中的优化功能，预览具有不同文件格式和不同文件属性的优化图像，如图 9.7 所示。

图 9.7 导出切片

在"存储为 Web 所用格式"对话框中,单击"存储"按钮,弹出"将优化结果存储为"对话框,输入文件名,选择存储图像。生成一个"图像"文件夹,如图9.8所示。

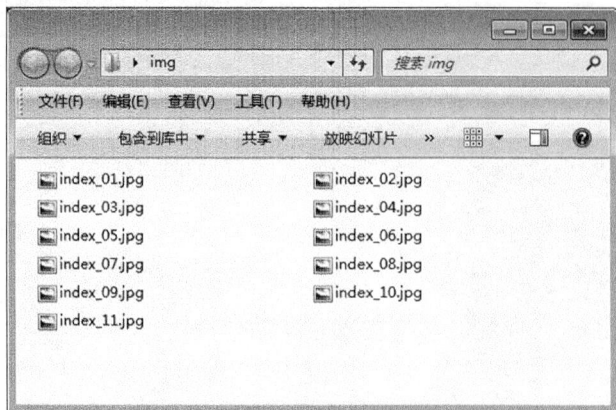

图9.8 导出后的图片文件夹

9.2 任务实践

9.2.1 制作幼儿教育网站 Banner

1. 任务说明

在本任务中,将学习运用绘图工具绘制如图9.9所示的幼儿教育网站 Banner。

图9.9 幼儿教育网站 Banner

2. 操作步骤

步骤1 新建一个文件,设置名称为"Banner",宽度为"900pt",高度为"660pt","颜色模式"为 RGB。

步骤2 执行菜单"文件"|"置入"命令,选择"第9章\9.2.1\照片",将图片置入到画面中,如图9.10所示。

步骤3 选择"钢笔工具" ,将填充色设置为"无",将描边色设置为"黑色",粗细设置为"2pt"。在"画笔"面板的"画笔库菜单"中执行"边框"|"边框_虚线"命令,打开"边框_虚线"面板,在其中选择"虚线1.1",绘制一个如图9.11所示的线框。

图 9.10　置入图片

图 9.11　绘制虚线框

步骤 4　选择绘制好的线框按 Ctrl＋C 组合键复制，按 Ctrl＋V 组合键粘贴对象，对绘制好的线框进行备份，使用"移动工具"将线框移动到图片的下面，框选与图片重叠的线框，按 Ctrl＋7 组合键快速建立蒙版，如图 9.12 所示。

图 9.12　建立图像蒙版

步骤 5　使用"选择工具" 将线框移动到图片上面，即可得到如图 9.9 所示的最终效果。

9.2.2 制作幼儿教育网站首页

1. 任务说明

在本任务中,将学习运用各类绘制工具绘制对象,制作如图9.13所示的幼儿教育网站首页,并使用"切片工具"绘制与添加切片,编辑与导出切片。

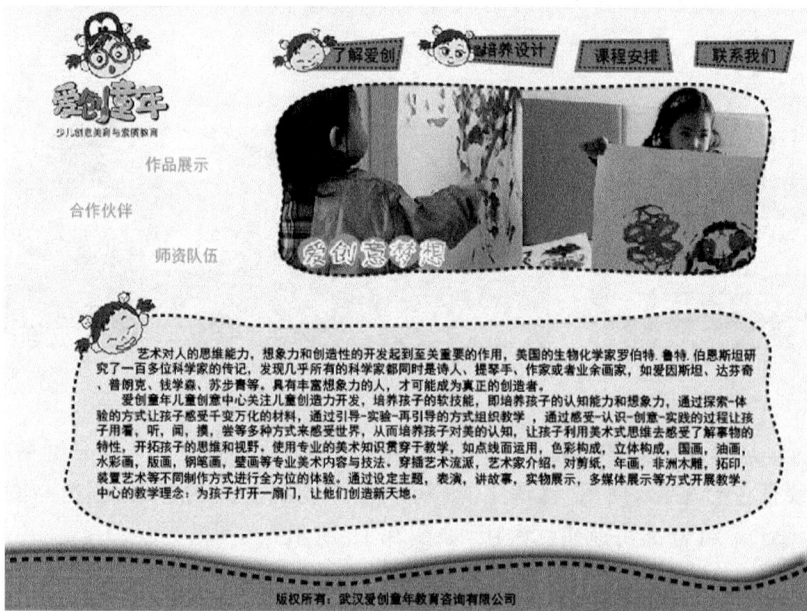

图9.13 幼儿教育网站首页

2. 操作步骤

步骤1 执行"文件"|"打开"命令,打开"第9章\9.2.1\banner.ai"。

步骤2 选择"矩形工具" ,设置填充色的RGB为:255,255,0。绘制一个与页面等大的矩形,并将其置于底层,如图9.14所示。

图9.14 绘制矩形

步骤3 执行菜单"文件"|"置入"命令,将"第9章\9.2.2"文件夹中的"logo","表情1","表情2"分别置入到画面中,如图9.15所示。

图9.15 将图片置入画面

步骤4 选择"钢笔工具"，将填色设置为红色,绘制一个不规则色块。接着设置填色为"无",在"边框_虚线"面板中选择"虚线1.1",绘制一个黑色虚线框,如图9.16所示。

图9.16 绘制导航按钮

步骤5 使用同上的方法绘制出其他几个导航按钮,如图9.17所示。

图9.17 绘制导航其他导航按钮

步骤6 选择"文本工具"，在文字属性中设置字体为"黑体",字号为"18",在导航色块上输入文字"了解爱创",如图9.18所示。

步骤7 同上,设置添加文字"培养设计,课程安排,联系我们",如图9.19所示。

图9.18 为导航添加文字

图9.19 为导航添加文字

步骤8 选择"钢笔工具" ，设置填色为"白色"，描边为"无"，绘制一个云朵的形状，如图9.20所示。

图9.20 绘制云朵

步骤9 使用"选择工具" 选中绘制好的云，按住 Alt 键拖动云朵，复制两个云的图案，如图9.21所示。

步骤10 选择"文本工具" ，设置字体为"黑体"，字号为"18pt"，填充色的 RGB 值为：46,167,224。在云朵按钮上输入文字"作品展示，师资队伍，合作伙伴"，如图9.22所示。

步骤11 选择"钢笔工具" ，设置填充色的 RGB 值为：166,255,77。在"边框_虚线"面板中选择"虚线1.1"，设置描边粗细为"3pt"，绘制如图9.23所示的绿色底色色块。

步骤12 选择"文本工具" ，设置字体为"黑体"，字号为"14"，填充色设置为"黑色"，打开光盘文件"第9章\9.2.2\首页文字.txt"，复制文字到刚才绘制的背景色前，如图9.24所示。

步骤13 选择"钢笔工具" ，设置填充色的 RGB 值为：0,128,255。描边设置为"无"，绘制如图9.25所示的蓝色底色色块。

图 9.21　绘制其他云朵

图 9.22　为按钮添加文字

图 9.23　绘制文字框

图 9.24　为文字框添加文字

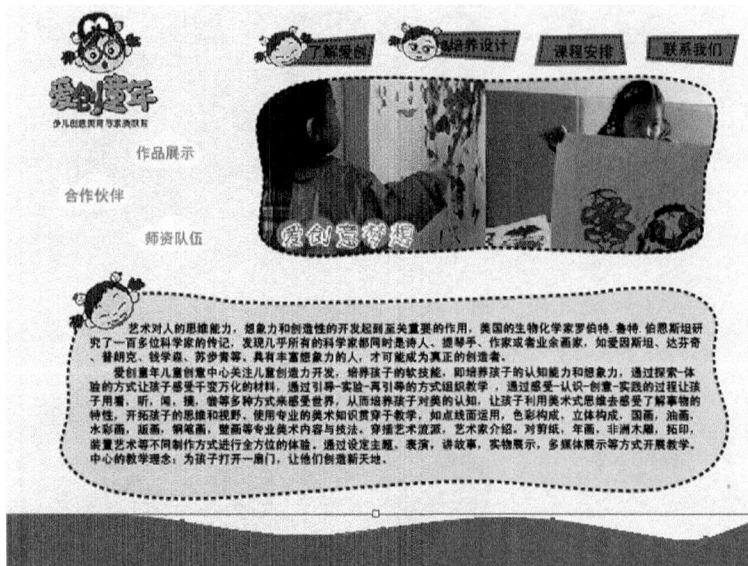

图 9.25　绘制版权信息栏

步骤 14　选择"钢笔工具" ，设置填充色为"无"，描边色设置为"黑色"，"画笔定义"为"虚线 1.1"，描边粗细为"3pt"，绘制如图 9.26 所示的线条。

步骤 15　使用"选择工具" 选中绘制好的蓝色色块，执行菜单"效果"|"风格化"|"投影"命令，如图 9.27 所示。在弹出的菜单中选择"X 位移"为"−4pt"，"Y 位移"为"−7pt"其他参数不变，效果如图 9.28 所示。

步骤 16　选择"文本工具" ，设置字体为"黑体"，字号为"14"，填充色设置为"黑色"，输入文字"版权所有：武汉爱创童年教育咨询有限公司"，如图 9.29 所示。

图 9.26　为版权信息区添加虚线装饰

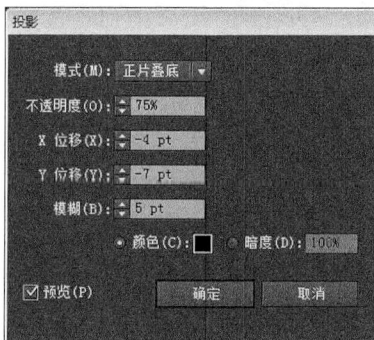

图 9.27　设置投影参数

图 9.28　设置投影后的效果

图 9.29　为版权信息添加文字

步骤 17　使用"选择工具" ，选中网站中的 logo，选择"对象"|"切片"|"从所选对象创建"，为图片创建一个切片，如图 9.30 所示。

图 9.30　为 logo 创建切片

步骤 18　用同上的方法为网页的 Banner，文字框，左边云朵按钮创建切片，最终效果如图 9.31 所示。

步骤 19　选择"切片工具" ，绘制导航与版权信息块的切片，如图 9.32 所示。

步骤 20　执行菜单"文件"|"存储为 Web 所有格式"命令，在弹出的对话框中选择"格式"为"jpg"，"导出"为"所有切片"，单击"导出"按钮，如图 9.33 所示。在"路径"面板中选择好路径后单击"确定"按钮，软件会自动生成一个叫做图像的文件夹。

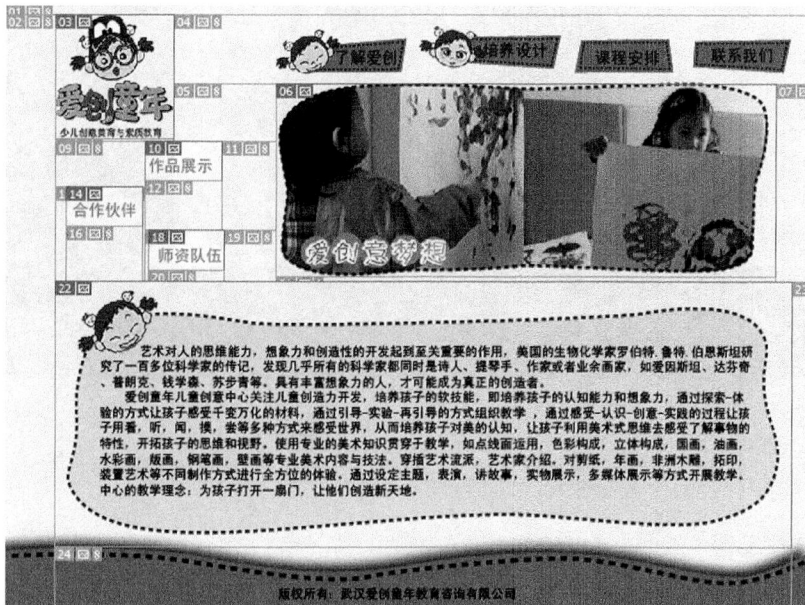

图 9.31 为图片添加切片

图 9.32 为导航与版权信息块添加切片

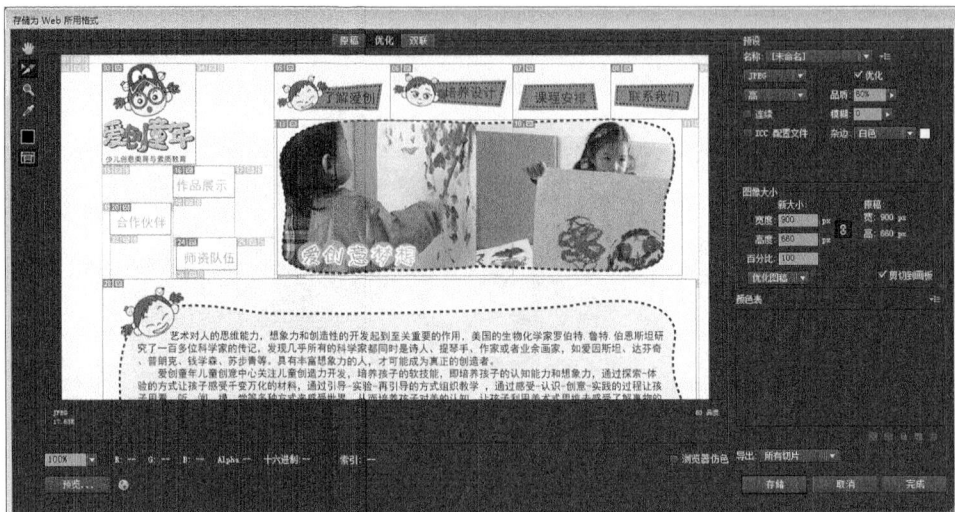

图 9.33　选择导出切片

9.3　独立练习

9.3.1　制作宝宝树网站首页

1. 制作要求

运用本章所学的网页制作与导出的知识制作如图 9.34 所示的宝宝树网站首页。

图 9.34　宝宝树网站首页

2. 操作步骤提示

（1）制作导航栏。

（2）导入素材图片。

（3）制作内容板块。

（4）添加切片。

（5）导出页面。

第 10 章　综合实例

本章学习目标
- 了解 VI 设计的概念与程序,插画设计的类别与表现技法,产品设计的概念与表达方式
- 掌握 VI 设计案例的制作方法
- 掌握插画设计案例的制作方法
- 掌握产品设计案例的制作方法

综合实例中结合了设计中的常见形式 VI,插画与产品设计等专业知识,对前面所学的 Illustrator 知识进行了综合应用,对设计知识进行了补充,对 Illustrator 的软件知识进行了强化。

10.1　VI 设计

10.1.1　VI 设计的概念与程序

1. VI 设计的概念

指将企业深层的精神、文化、信仰和哲学进行视觉化的体现,实现企业视觉信息传递的各种形式的统一化,也称具体化、视觉化的传达形式,根本的目的是对企业的所有视觉信息传达实行统一规范。

在企业形象构成中,VI 起到了非常重要的作用。视觉识别系统是通过视觉识别符号传达企业管理理念和战略目标,展示其独特形象的设计系统,是企业内在本质的外在表现。通过 VI 的开发创造出的形象,会影响企业整体形象,如图 10.1 所示为天香果园 VI 设计。

视觉识别虽是非语言的信息,但却是影响广泛、效果最直接、传播力与感染力最强的视觉传达形式。一些名牌之所以产生影响,不仅因为其品质的优良,也因为具有独特的、可信赖的形象,从而引导人们再购买,人们容易注意招牌上的颜色和图形,很多人都承认"可口可乐"的广告牌是引人注目的优秀设计,受众不必阅读上面的文字,只要看到方形的红色招牌上有一条白色的波浪图形,就知道是"可口可乐",优秀视觉识别的魅力即在于此。

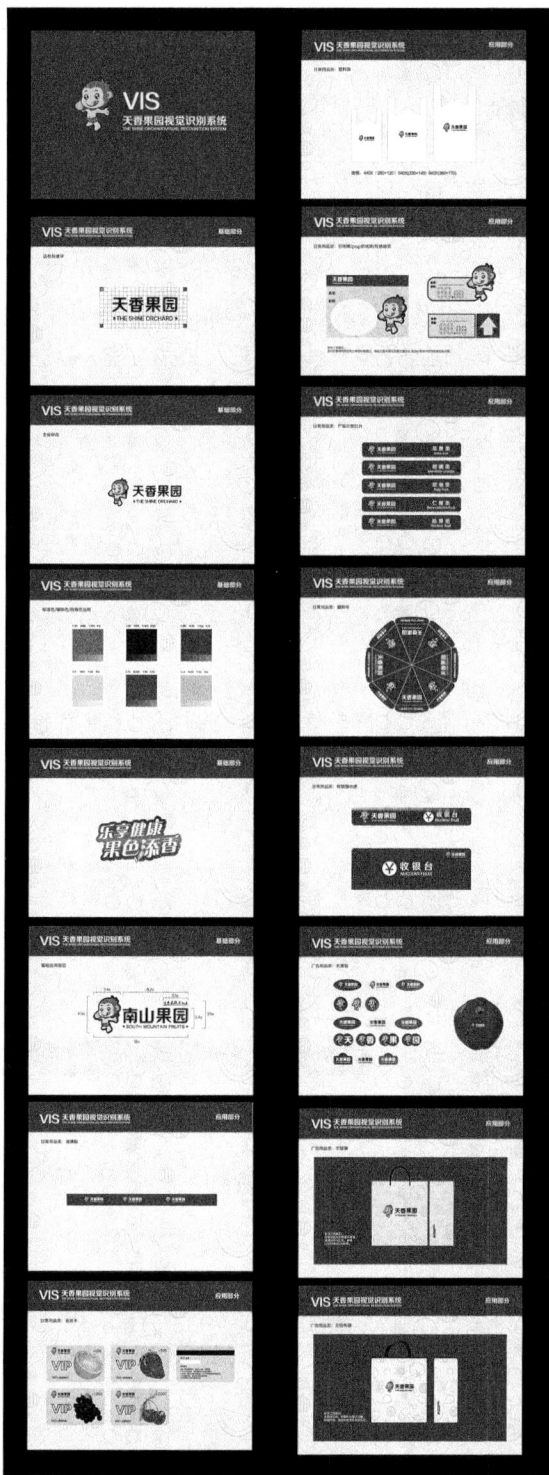

图 10.1　天香果园 VI 设计

　　企业是不断发展更新的,因此对自身形象设计常常提出新的要求。由于 VI 体系框架的确定和具体内容的设计是在某一特定时间内进行的,设计者不可能完全预见今后企

业经营方向的各种发展变化,因此在 VI 设计完成之后,企业根据发展的需要,可对 VI 体系和设计进行调整、扩充乃至修改。

2. VI 设计的基本程序

1)准备阶段

成立 VI 设计小组,理解消化 MI,确定贯穿 VI 设计的基本形式,搜集相关资讯,以利比较。VI 设计小组由各具所长的人士组成。

人数不在于多,在于精干,重实效。一般说来,应由企业的高层主要负责人担任。因为该人士比一般的管理人士和设计师对企业自身情况的了解更为透彻,宏观把握能力更强。其他成员主要是各专门行业的人士,以美工人员为主体,以行销人员、市场调研人员为辅。如果条件许可,还可邀请美学、心理学等学科的专业人士参与部分设计工作。

2)设计开发阶段

VI 设计小组成立后,首先要充分地理解、消化企业的经营理念,把 MI 的精神吃透,并寻找与 VI 的结合点。这一工作有利于 VI 设计人员与企业间的充分沟通。在各项准备工作就绪之后,VI 设计小组即可进入具体的设计阶段。

3)反馈修正阶段

4)调研与修正反馈

5)修正并定型

在 VI 设计基本定型后,还要进行较大范围的调研,以便通过一定数量、不同层次的调研对象的信息反馈来检验 VI 设计的各细部。

6)编制 VI 设计手册

10.1.2 VI 设计案例制作

1. 任务说明

在本任务中,将综合运用前面所学知识制作如图 10.2 所示的"金叶惠民"VI 项目。

图 10.2 "金叶惠民"VI 项目

2．操作步骤

步骤 1　新建一个文件，设置名称为"金叶惠民标志"，画板数量为"1"，宽度为"200mm"，高度为"100mm"，单位为"毫米"，全部"出血"为"3mm"，在"高级"选项中，设置"颜色模式"为 CMYK。

步骤 2　选择"椭圆工具" ，按 Shift＋Alt 组合键以鼠标的所在位置为中心，绘制三个大小不一的正圆，由外向内分别设置填充色的 CMYK 值为：0，30，100，0；5，37，96，0；0，0，0，0，如图 10.3 所示。

步骤 3　使用"选择工具" 选中三个圆，执行菜单"窗口"|"路径查找器"命令，打开"路径查找器"面板，单击"路径查找器"中的"分割"按钮 ，分割对象后三个圆会自动编组，选中圆后按 Shift＋Ctrl＋G 组合键取消对象的编组，选中最小的圆按 Delete 键删除对象，编辑完成后的对象如图 10.4 所示。

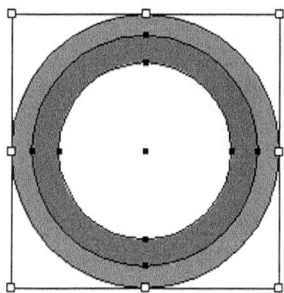

图 10.3　绘制三个大小不一的正圆　　　　　　　　图 10.4　分割圆形成环状

步骤 4　选择"矩形工具" 绘制一个如图 10.5 所示的矩形，使用同上的方法框选全部对象，在"路径查找器"中单击"分割"按钮 ，将分割后的对象按 Shift＋Ctrl＋G 组合键取消编组，选择矩形的部分并删除，删除后的效果如图 10.6 所示。

步骤 5　选择"钢笔工具" ，设置"填色"的 CMYK 值为：0，30，100，0，如图 10.7 所示，使用"增加锚点工具" 在两个外圈图形上分别添加三个锚点，如图 10.8 所示，选择"直接选择工具" 调节外圈的形状，如图 10.9 所示。

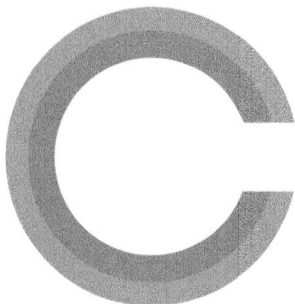

图 10.5　绘制矩形　　　　　图 10.6　分割后的图形　　　　　图 10.7　绘制新图形

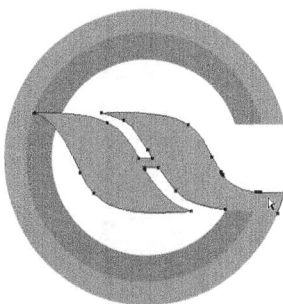

步骤 6　选择"钢笔工具" 设置"填色"CMYK 值为：5，37，96，0，"描边"为"无"，绘制两个色块完成标志的绘制，如图 10.10 所示。

图 10.8　为图像增加新的锚点　　　　　图 10.9　调节锚点　　　　　图 10.10　绘制完成标志

步骤 7　选择"文字工具"![T]，在标志右边输入文本"金叶惠民"，设置字体为"方正大黑"，字号为"65pt"。在汉字下方输入英文"GOLDEN LEAVES HUMAN"，设置字体为"Times New Roman"，字号为"20pt"。然后选中所有的文字，单击右键选择"创建轮廓"命令，将文字转换为图形。效果如图 10.11 所示。

图 10.11　输入文本

步骤 8　执行菜单"文件"|"保存"命令，保存标志图形。

步骤 9　执行"文件"|"新建"菜单命令，在"新建文档"对话框中设置"名称"为"VI 设计"，画板数量为"6"，"宽度"为"270mm"，"高度"为"270mm"，全部"出血"为"3mm"，"颜色模式"为 CMYK，单击"确定"按钮出现如图 10.12 所示的页面布局。

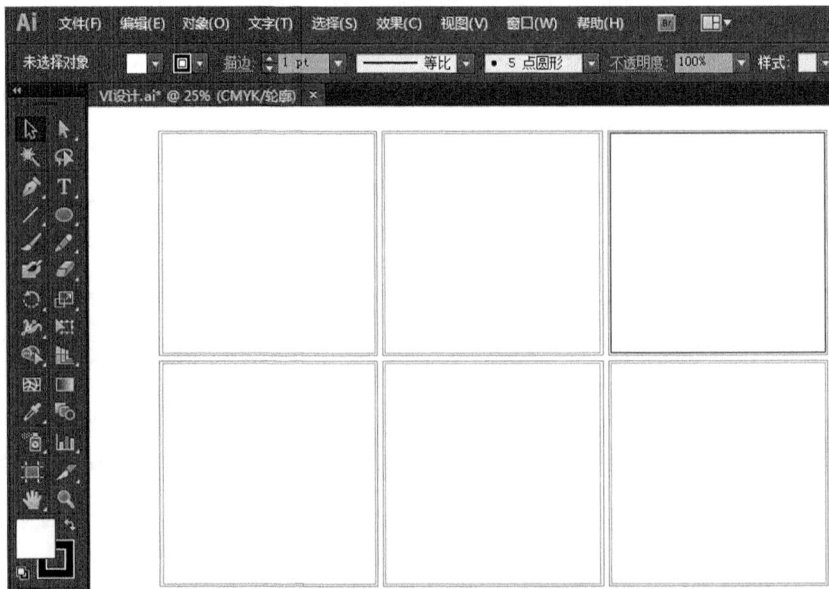

图 10.12　新建多个页面文档

步骤10 导入标志,调节界面下边的画布导航页数为"1",画布比例调节为"80%"。选择菜单"文件"|"置入",选择光盘文件"第10章\10.2.1\金叶惠民标志",在弹出的置入对话框中选择"裁剪到"为"作品框",如图10.13所示。单击"确定"按钮将标志图形置入到画布中,并将文字的填充色改为白色。

步骤11 制作封面。选择"矩形工具" ,设置填充色的CMYK值为:100,40,80,0,描边为"无"。单击画面,绘制一个宽度和高度均为"270mm"的矩形。选中矩形按快捷键Ctrl+[,将矩形调节到置入的标志后面,如图10.14所示。

图10.13 置入标志

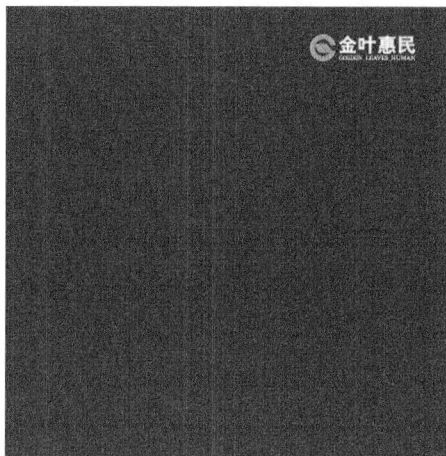

图10.14 绘制与画布等大的矩形

步骤12 选择"矩形工具" ,设置填充色的CMYK值为:0,30,100,0,绘制一个长矩形放置在绿色矩形下方,如图10.15所示。

步骤13 选择"文本工具" ,设置字体为Arial,字体样式为Black,字号为"72pt",输入文字"VIS",如图10.16所示。

图10.15 绘制黄色色块

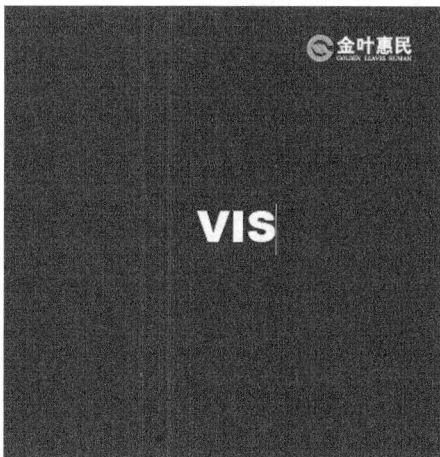

图10.16 添加文字

步骤14 用同上的方法分别输入文字"企业视觉形象识别系统"与"Visual Idebtity Manual",分别放置到如图10.17所示的位置。

步骤15 制作内页版式,在页面下边的"画布导航"中输入"2"进入文件的第二页接着编辑内页内容,如图10.18所示。

图10.17 添加小文字

图10.18 通过画面导航进入第二页编辑

步骤16 选择"矩形工具" ,设置填充色的CMYK值为:100,40,80,0,分别在画板的上方和下方绘制两个矩形。再设置填充色的CMYK值为:0,30,100,0,绘制一个长矩形,如图10.19所示。

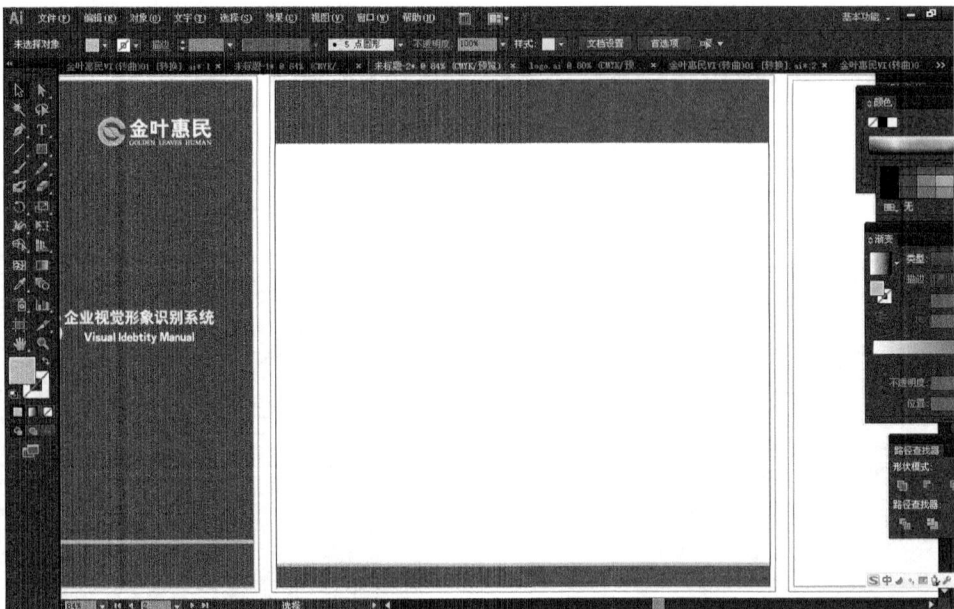

图10.19 绘制板式

步骤17 选择"文本工具" ,在图形上面的绿色块上输入如图10.20所示的文字。

步骤18 复制内页版式到其他页面,使用"选择工具" 框选刚才绘制的内页版式,按快捷键Ctrl+V复制对象,在画布导航中单击右箭头 进入下一画布,按快捷键Ctrl+V粘贴并放置到下一画布,同样的操作将版式图形粘贴到第4,5,6页面,如图10.21所示。

图 10.20　添加文字

图 10.21　将版式复制到其他页面

步骤 19　制作内页内容,在页面下边的"画布导航"中输入"2"进入文件的第二页接着编辑内页内容,使用"选择工具" 选中标志,按 Ctrl＋C 组合键复制对象,按 Ctrl＋V 组合键粘贴标志到画面中,如图 10.22 所示。

步骤 20　在页面下边的"画布导航"中输入"3"进入文件的第三页接着编辑内页内容,使用"选择工具" 选中标志,按 Ctrl＋C 键复制对象,按 Ctrl＋V 键粘贴标志到画面中,选择"矩形网格工具" ,将填充设置为"无",描边的 CMYK 值为：0,0,0,20,单击画面在弹出的对话框中设置"宽度"为"148.5","高度"为"45","水平分割线数量"为"7","垂直分割线数量"为"25",绘制出一个网格放置于标志的后面,如图 10.23 所示。

图 10.22 复制粘贴标志

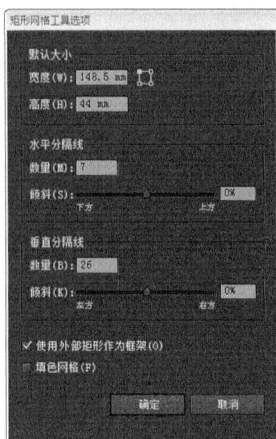

图 10.23 添加网格

步骤 21 根据前面所学内容将其他的图形文字添加到内页,如图 10.24 所示。

图 10.24 制作其他页面内容

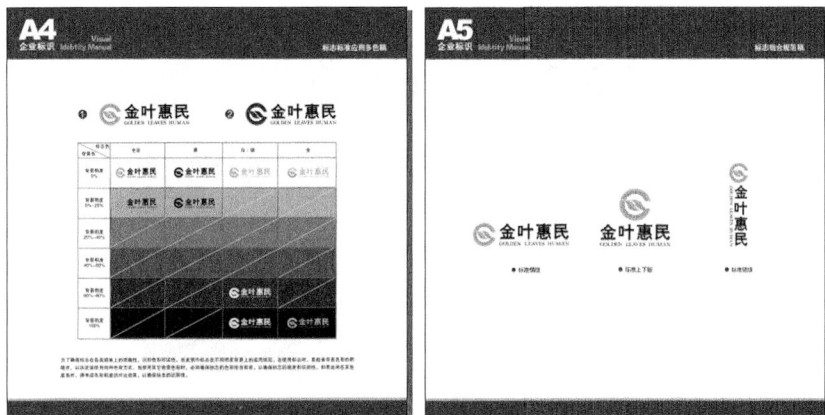

图 10.24 （续）

10.2 插画设计

10.2.1 插画设计的类别与表现技法

在现代设计中插画无处不在,插画是技术与艺术的结合,是创意与图形的碰撞,在各类设计中凸显其独特魅力。

插画在西文中统称为"Illustration",源自于拉丁文"Illustraio",照亮之意,也就是说插画可以使文字意念变得更明确清晰。在平面设计领域,人们接触最多的是文学插图与商业插画。文学插图是再现文章情节、体现文学精神的可视艺术形式。而商业插画则是为企业或产品传递商品信息,集艺术与商业的一种图像表现形式,如图 10.25所示。

1. 现代插画的类别

1）矢量时尚

矢量时尚插画是现在设计中使用频率最高的插画类别,因为矢量插画的色彩艳丽,质感丰富,造型简洁明确,符合现在设计的审美要求效果,如图 10.26 所示。矢量时尚插画在绘制时最常使用的软件是 Illustrator。

2）卡通低幼

这类市场的插画需求量非常大,而且对制作者的要求也比较高,中国的卡通低幼类插画发展迅

图 10.25 商业插图

速,有一些作品已经打入了国外市场,卡通低幼类插画中也包含各种插画绘制的技法,使用 Illustrator 绘制的卡通低幼类作品也受到广大受众的认可与喜爱,如图 10.27 所示。

图 10.26　矢量风格插图

图 10.27　卡通低幼类插图

3）写实唯美

写实唯美类插图与传统的绘画息息相关,使用艺术化的创造再现逼真的对象,能达到与其他艺术形式插画不一样的审美感受,如图 10.28 所示。

图 10.28　写实类插图

4）韩漫插图

韩国漫画风格插画是现在设计中非常受推崇的插画形式，风格多样，形式感强，非常适合商业设计操作，如图10.29所示。

图10.29 韩漫风格插图

5）概念设定

这部分插画主要运用于影视、游戏的前期设定，在行业中也是比较新型的插画类别之一，概念画的绘制主要以位图的形式为主，体现宏大奇幻的视觉效果与场景，如图10.30所示。

图10.30 概念设定插图

2．插画的表现技法

插画设计之所以有它的魅力就在于它的绘画技法多种多样，归结起来有以下几种。

1）黑白绘制技法

黑白绘制技法，使用黑白线条，点线面的结合，体现出独特的图形魅力。这种绘制技法主要使用点线的绘制，通过艺术化处理产生千变万化的视觉效果，如图10.31所示。

2）色块平涂技法

使用色块的拼图表现对象的结构，这样的技法凸显造型的简洁明快，易于记忆，也是与平面设计结合紧密的表现技法，在绘制时不需要过多的修饰。这类技法常常与抽象夸张的表现形式结合在一起，如图10.32所示。

图 10.31 黑白绘制技法

图 10.32 色块拼图法

3）写实绘制技法

这类绘制技法与传统的绘画基本相同,注重光影结构色彩的表现,如图 10.33 所示。

4）纹理填充技法

这类插图使用比较多的纹理对对象进行填充,有很强的装饰效果,如图 10.34 所示。

图 10.33 写实绘制技法

图 10.34 纹理填充技法

10.2.2 插画设计案例制作

1. 任务说明

在本任务中,将综合运用所学知识绘制如图 10.35 所示的插画。

2．操作步骤

步骤 1　新建一个文件，设置名称为"插画"，画板数量为"1"，大小为"A4"，取向为"横向"，"颜色模式"为 RGB。

步骤 2　绘制人物头部，使用"钢笔工具" 绘制出女孩脸部，在属性中设置"描边"为"6"，线框色为"R：0，G：0，B：0"黑色，填充设置为"R：250，G：218，B：179"，如图 10.36 所示。

图 10.35　插画

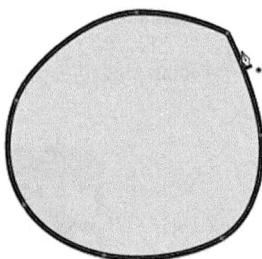

图 10.36　绘制脸部图

步骤 3　绘制五官与头发，使用"钢笔工具" 绘制耳朵，选中左耳使用快捷键 Ctrl＋]将其向上移一层，选中右耳按快捷键 Ctrl＋[向下移一层，如图 10.37 所示。

步骤 4　将"填充"设置为"无"，继续绘制线条状的眼睛、眉毛与嘴巴，如图 10.38 所示。继续绘制将线条色设置为"R：234，G：121，B：108"，绘制脸上的线条，如图 10.39 所示。

图 10.37　绘制耳朵

图 10.38　绘制眼镜眉毛与嘴巴

图 10.39　绘制脸上的线条

步骤 5　使用如上相同的方法绘制头发，头发的填充色为"R：78，G：75，B：73"，如图 10.40 所示。

步骤 6　设置填充色为"R：211，G：70，B：78"，绘制蝴蝶结两边的图形，设置填充色为"R：47，G：58，B：127"，绘制蝴蝶结中间的图形，如图 10.41 所示。

步骤 7　绘制人物身体，使用同绘制脸部相同的方法，绘制出身体和衣服，衣服的颜色分别为"R：220，G：92，B：108"、"R：107，G：39，B：111"，如图 10.42 所示。

步骤 8　绘制背景糖果，选择"钢笔工具" ，绘制糖果，然后填充渐变色，打开"渐变"面板，设置渐变类型为"线性"，设置渐变滑块的颜色值分别为"R：255，G：241，B：0"、"R：255，G：255，B：255"，如图 10.43 所示。

图 10.40 绘制头发   图 10.41 绘制蝴蝶结   图 10.42 绘制完成人物

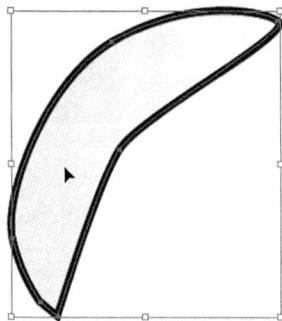

图 10.43 绘制糖果色块

步骤 9   继续绘制糖果的第二个色块,同样使用"钢笔工具" ,在"渐变"面板中设置渐变类型为"线性",设置渐变滑块的颜色值分别为"R：228，G：0，B：127"，"R：255，G：255，B：255"，如图 10.44 所示。

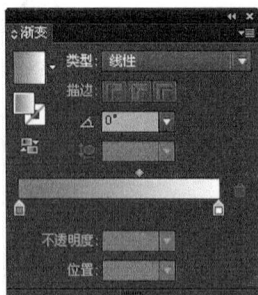

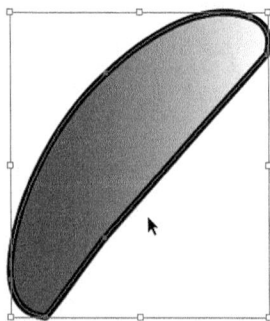

图 10.44 绘制糖果局部

步骤 10   使用同前面的步骤,结合"吸管工具" 为绘制出来的新图形吸取刚才的渐变色,绘制出糖果的其他部分,最终效果如图 10.45 所示。

步骤 11   将绘制的人物和糖果图层隐藏起来。

步骤 12   选择"矩形工具" ,绘制一个与画板一样大的矩形,在"渐变"面板中设置

图 10.45　绘制完成整个糖果

渐变类型为"径向",设置渐变滑块的颜色值分别为"R：232,G：56,B：40","R：96,G：25,B：134",为矩形设置渐变填充,描边为"无",如图 10.46 所示。

步骤 13　使用"钢笔工具"  绘制一个三角形,设置与矩形一样的填充色,如图 10.47 所示,选中图形单击"旋转工具"  后,按住 Alt 键选择图形最上面的顶点,在弹出的"旋转"对话框中进行设置："角度"设置为"－8°",单击"复制"按钮,如图 10.48 所示。再按 Ctrl＋D 键执行"再次变换",使三角形旋转一周,效果如图 10.49 所示。

图 10.46　绘制背景矩形

图 10.47　绘制一个
三角形

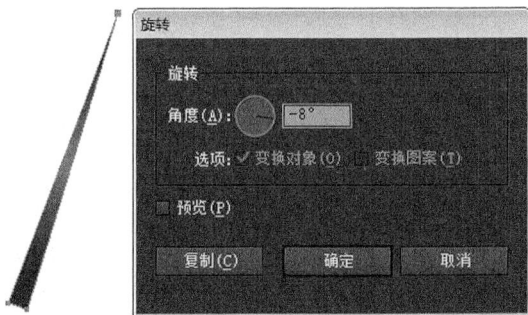

图 10.48　设置旋转角度

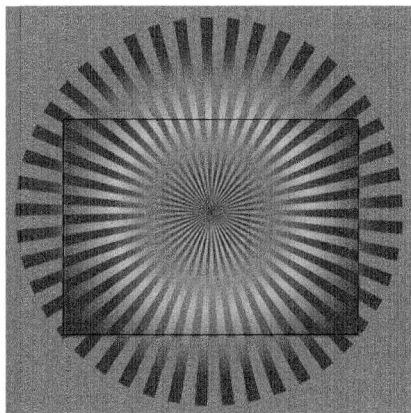

图 10.49　复制旋转对象

步骤14 选择"矩形工具"■绘制一个矩形,调整位置,"填充"为"白色","描边"为"无",效果如图10.50所示。将图案和矩形同时选中,执行菜单命令"对象"|"剪切蒙版"|"建立",如图10.51所示。

图10.50 绘制一个长方形

图10.51 建立蒙版

步骤15 显示之前绘制的人物和糖果图形,形成最终效果。

10.3 产品设计

10.3.1 产品设计的概念与表达方式

1. 产品设计的概念

产品设计是以工学、美学、经济学为基础而对批量生产的工业产品进行的设计,它是20世纪初工业化社会的产物。随着以机械化为特征的工业社会向以信息化为特色的知识社会迈进,产品设计也正由专业设计师的工作向更广泛的用户参与演变,用户参与、以用户为中心成为设计的关键词,并展现出未来设计的创新趋势。

根据时代背景和表现途径的不同,产品设计表达分为传统设计表达方式和现代数字技术下的产品设计表达方式;根据呈现方式和特征的不同,可以将设计表达分为两大类:二维设计表达和三维设计表达。

二维设计表达呈现三种特征:第一,以图纸表达的空间形态特征,包括平面图、立体透视图、爆炸图、故事版;第二,以实用工具和材料为特征,包括传统表达形式的干性画法和湿性画法,现代表达形式的二维表达和三维表达;第三,以设计过程中图纸的视觉化作用为特征,包括设计草图和效果图。

2. 现代数字技术条件下的产品设计表达方式

伴随着数字技术手段的成熟,产品设计表现方式越来越多。作为数字技术时代的设计师,有必要了解现代数字技术条件下的产品设计表达方式以及相关软件和硬件。

1) 数码草图

草图是跨语言、文化和时代的交流方式,也是一种设计表达的基本手段。数码草图(Digital Sketch)相对于传统的手绘草图而言,显得更加灵活和便捷。数码草图以数码板作为输入媒介,真实地模拟马克笔、彩色铅笔等设计工具的物理属性,能够根据笔触类

型、颜色和施加压力的不同，表现出丰富的笔触变化；能够很快地记录设计构思，快速表达设计方案；也能够进行细致的刻画，如图 10.52 所示。

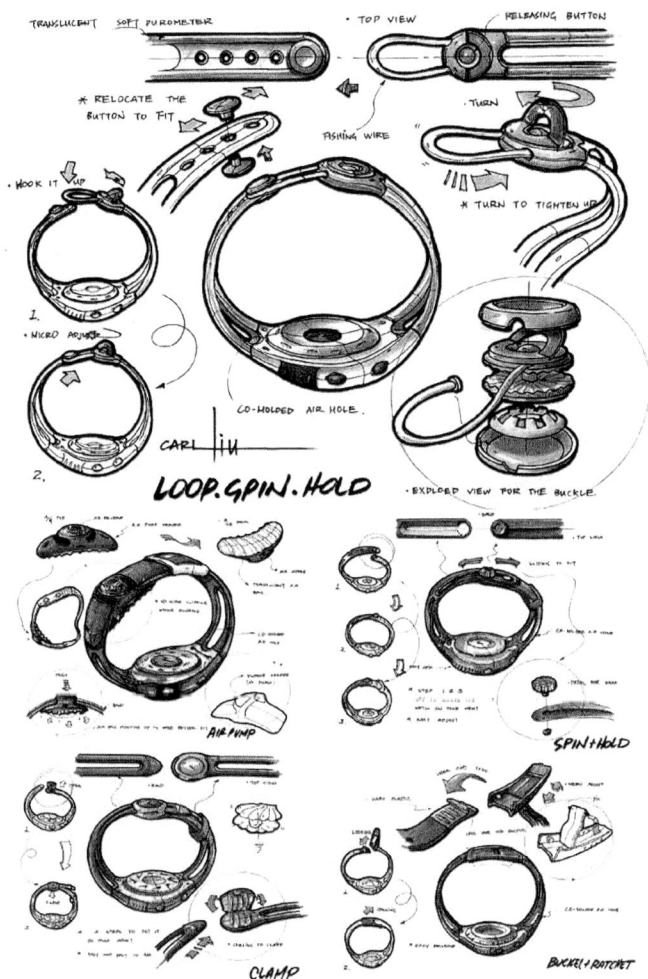

图 10.52 数码草图

2）二维效果图

二维效果图（2D Rendering）是利用图形图像软件，通过二维投影图面形态、光影、色彩和材质的变化来表现产品三维效果。产品二维效果图以其绘制快速、表现灵活、易于修改等优点，逐渐为越来越多的设计公司所青睐，成为产品概念设计阶段、表达设计思想和预想产品最终效果的重要手段，熟练掌握产品二维效果图的绘制技术也成为产品设计师所必备的一项素质。目前，常用的二维效果图绘制软件有 Photoshop、Illustrator 和 CorelDraw 等。Photoshop、Illustrator 和 CorelDraw 是目前主流的平面设计软件，都具有强大的功能，可以满足产品二维设计表达的需要。就笔者个人而言，更倾向于 Photoshop 和 Illustrator 的软件组合。可以用 Illustrator 绘制线稿，表现大的光影关系和色彩，然后导入 Photoshop，描绘产品细节，突出质感。Photoshop 和 Illustrator 都是 Adobe 公司的产品，操作类似，数据转换方便，工作效率高。

3）三维效果图

三维效果图（3D Rendering）是利用三维造型软件和相关的渲染插件，进行产品建模和渲染，立体地表现产品的形态、色彩、光影和材质。相对于二维效果图，三维效果图更加直观，能够更好地体现体量感和空间感，但是可修改性和工作效率相对不足。

常用的三维造型建模软件有 Autodesk Alias Studio、Rhino 3D、Cinema 4D 等。渲染软件或插件有 V-Ray、Brazil、FinalRender 等。

4）虚拟现实技术

随着科学的发展与信息技术的应用，虚拟现实（Virtual Reality，VR）技术已经开始使用于企业的生产与制造之中，使虚拟设计技术得到有效提升，加强了设计人员对虚拟设计技术的应用，特别是在企业进行新产品开发的设计与制造阶段更受重视。

虚拟现实属于多学科交叉技术，涉及众多的学科和专业技术知识，它是随着科学技术的发展，特别是计算机辅助技术的发展，开始广泛地应用于企业的生产与制造之中。由于虚拟设计技术在新产品开发过程中的应用，使产品设计实现更自然的人机交互，采用并行设计工作模式，系统考虑各种因素，使相关的人员之间相互理解、相互支持，把握新产品开发周期的全过程，提高产品设计的一次成功率，从而缩短产品开发周期，降低生产成本，提高了产品质量，给企业带来更多的商机。

5）快速成型技术

快速成型技术（Rapid Prototyping，RP）又称快速原型制造技术，是 20 世纪 90 年代发展起来的一项先进制造技术。它在产品三维数据模型的基础上，将 CAD 的设计构想快速、精确而又经济地生成可触摸的物理实体，具有直观性和启示性，大大缩短了产品开发周期，为企业抢占市场赢得了宝贵的时间。如图 10.53 所示为快速成型模型。

图 10.53　快速成型模型

10.3.2　产品设计案例制作

1. 任务说明

在本任务中，将运用前面所学绘制如图 10.54 所示的一个酒瓶产品。

2. 操作步骤

步骤 1　新建一个文件，设置名称为"酒瓶"，画板数量为"1"，大小为"A4"，单位为"毫米"，在"高级"选项中设置颜色模式为 RGB。

步骤 2　选择"圆角矩形工具" ![icon]，绘出一个圆角矩形，设置描边色为"无"，填充色为渐变填充，类型为"径向"，颜色滑块的 RGB 值分别为：0,160,198；0,96,182；34,16,210，如图 10.55 所示。

图 10.54　酒瓶

图 10.55　绘制矩形

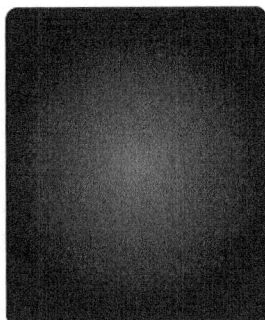

步骤 3　调整矩形的形状，选择"添加锚点工具" ![icon]为矩形添加节点，添加后使用"直接选择工具" ![icon]调节锚点，形成如图 10.56 所示的图形。

步骤 4　使用"钢笔工具" ![icon]在蓝色图形的上面和下面分别绘制出两个图形，将描边设置为"无"，填充色为渐变填充，类型为"径向"，颜色滑块的 RGB 值分别为：255,191,0；255,127,0；255,127,0；139,92,41；0,0,0，如图 10.57 所示。

图 10.56　添加并调整锚点

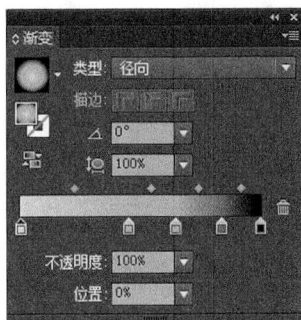

图 10.57　绘制黄色图形

步骤 5　使用"钢笔工具" ![icon]绘制商标中间的图形，将描边设置为白色，填充色为渐变填充，类型为"线性"，角度为"180°"，颜色滑块的 RGB 值分别为：228,151,0；245,244,191；255,255,255；245,244,191；228,158,0，如图 10.58 所示。

步骤 6　将商标中间的图形复制并适当缩小，将描边设置为"无"，填充色为渐变填充，类型为"径向"，颜色滑块的 RGB 值分别为：255,255,0；255,191,0，如图 10.59 所示。

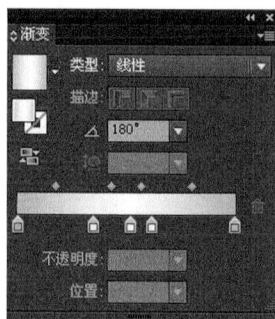

图 10.58 绘制中间图形

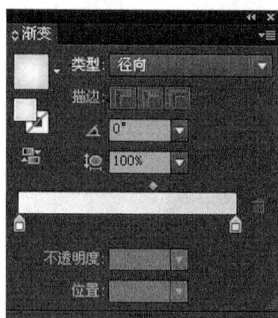

图 10.59 将中间图形复制缩小并设置颜色

步骤 7 使用"椭圆工具" ⬭ 绘制正圆,将描边设置为白色,填充色为渐变填充,类型为"线性",角度为"135°",颜色滑块的 RGB 值与步骤 5 中的相同,如图 10.60 所示。

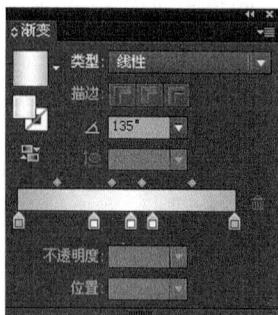

图 10.60 绘制正圆

步骤 8 复制并缩小正圆,将描边设置为"无",填充色的 RGB 值为:228,151,0,如图 10.61 所示。

步骤 9 再次复制并缩小正圆,将描边设置为"无",填充色与步骤 4 中的相同,如图 10.62 所示。

步骤 10 选择"椭圆工具" ⬭,调整描边粗细为"1.5mm",描边色的 RGB 值为:228,151,0。执行菜单命令"对象"|"路径"|"轮廓化描边",将描边变为填充图形,效果如图 10.63 所示。

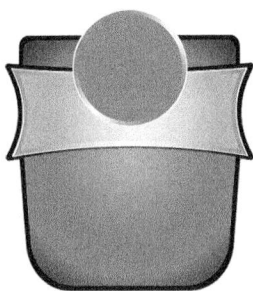

图 10.61　黄色填充

图 10.62　渐变效果填充

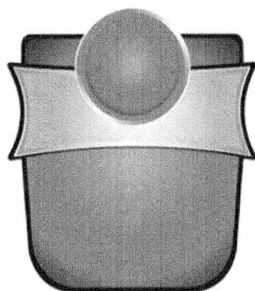

步骤 11　选择"钢笔工具" 绘制纹样，颜色与边框属性不变，绘制后如果需要调整可以使用"直接选择工具" 调节形状，调整完成的图形如图 10.64 所示。

步骤 12　选中绘制好的花纹双击"镜像工具" 。

步骤 13　在弹出的对话框中选择垂直镜像，选择"复制"，将复制出的花纹放置到圆形的右边，如图 10.65 所示。

图 10.63　绘制圆形

图 10.64　绘制纹样

图 10.65　镜像复制纹样

步骤 14　使用"选择工具" ，将圆形和图案全部选中，执行菜单命令"窗口"|"路径查找器"，选择面板中的"联集"命令，将三个图形创建成一个复合图形。使用"选择工具" 选中对象放置到绘制好的瓶贴上，缩放到合适的大小，如图 10.66 所示。

步骤 15　选择"文本工具" ，设置字体为 Georgia，字体大小为"18pt"，并输入文字"CHINA YEARSAGO"，设置描边色为"无"，填充色为白色，如图 10.67 所示。

图 10.66　将圆形与纹样合并

图 10.67　添加文字

步骤 16　使用“钢笔工具”绘制瓶贴下方的图形，设置填充色为白色。选择“文本工具”，设置字体为 Georgia，字体大小为“24pt”，并输入文字“DAYS”。再在下方输入文字“2009”，修改字体大小为“18pt”，如图 10.68 所示。

步骤 17　使用“圆角矩形工具”绘制圆角矩形，设置描边色为白色，填充色为渐变填充，类型为“线性”，角度为“－174°”，颜色滑块的 RGB 值分别为：228，151，0；245，244，191；255，255，255；245，244，191；213，153，0；176，103，20。使用“直接选择工具”适当调整圆角矩形中间的锚点。选择“文本工具”，设置字体为 Georgia，字体大小为“22pt”，并输入文字“DAVID CLUB”，填充色为黑色。效果如图 10.69 所示。

图 10.68　绘制图形并添加文字

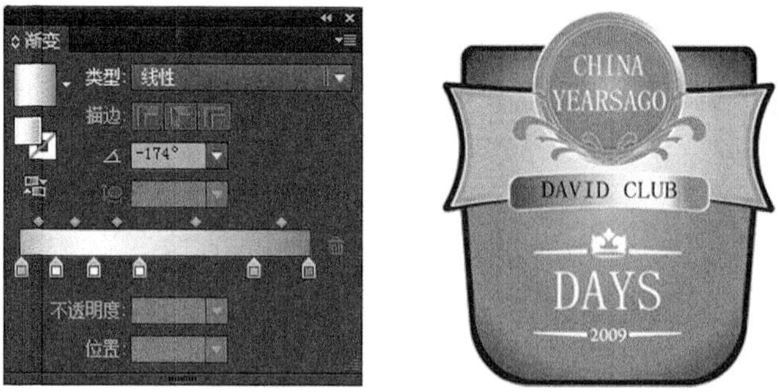

图 10.69　标签圆角矩形并输入文字

步骤 18　将瓶贴编组，在菜单中选择“对象”|“栅格化”命令，勾选“透明”单选按钮，其他参数不变，如图 10.70 所示。

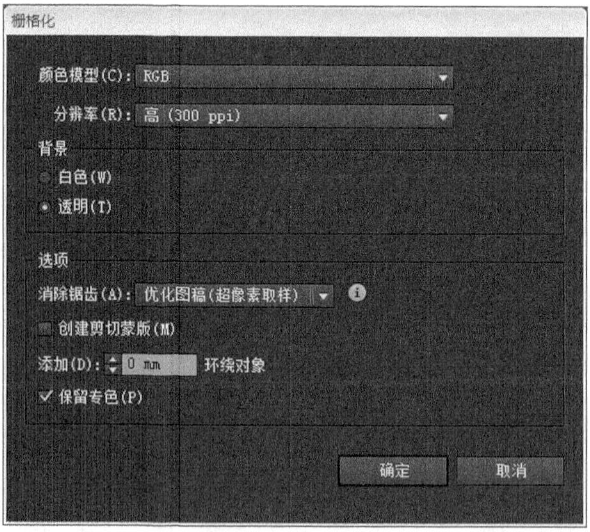

图 10.70　将图形栅格化

步骤 19　使用“选择工具”选中绘制好的瓶贴，打开“窗口”菜单中的“符号”面板，单击面板中的“新建”按钮，在弹出的菜单中将名称命名为“瓶贴”，单击“确定”按钮添加一个新的符号，此时，瓶贴会出现在“符号”面板中，如图 10.71 所示。

步骤 20　使用“钢笔工具”绘制红酒瓶截面轮廓，设置描边为“无”，填充色为黑

图 10.71 将瓶贴图形新建为符号

色,如图 10.72 所示。

步骤 21　选中截面图形,执行菜单命令"效果"|3D|"绕转",在弹出的窗口中打开"预览","位置"为"自定义旋转",在"3D 旋转选项"对话框中设置为"绕转 X 轴"为"−18°"、"绕转 Y 轴"为"−29°"、"绕转 Z 轴"为"8°"、"角度"为"360°",在面板中选择"更多效果",在光源中选择"添加光源",选择光源,调节光源的位置如图 10.73 所示。

图 10.72　绘制酒瓶截面

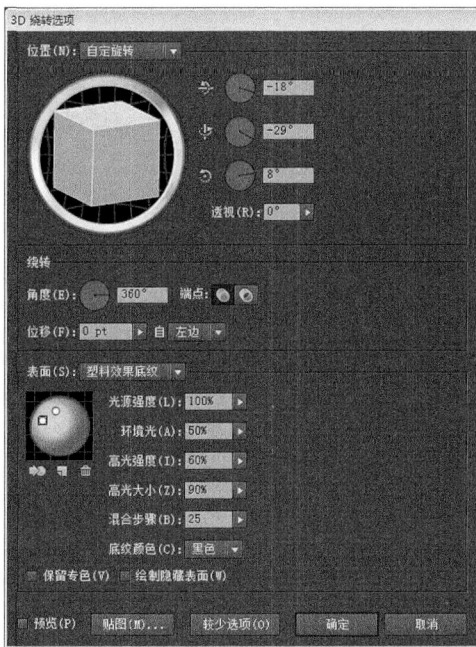

图 10.73　设置 3D 绕转选项

步骤 22　在面板中单击"贴图"按钮,选择"瓶贴",调整大小,单击"确定"按钮,为红酒瓶添加贴图,如图 10.74 与图 10.75 所示。

步骤 23　选择"矩形工具" 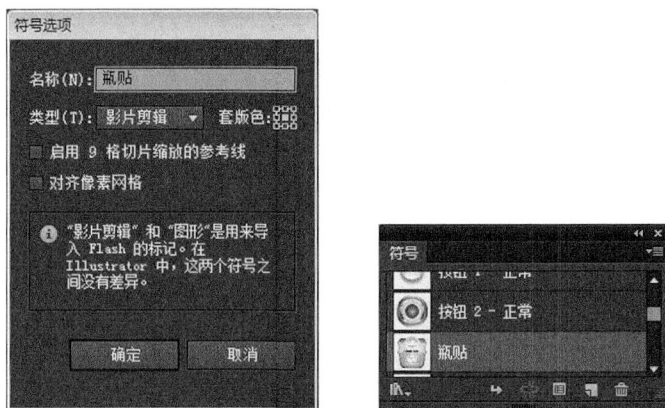,绘制一个宽度为"23mm",高度为"68mm"的矩形,设置描边为无,填充色的 RGB 值为:243,244,195,效果如图 10.76 所示。选中矩形,执行

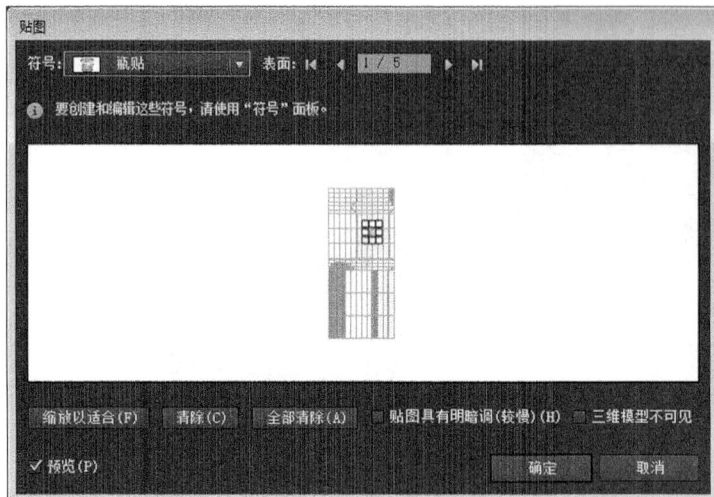

图 10.74 "贴图"对话框

图 10.75 3D 贴图效果

菜单命令"效果"|3D|"绕转",在弹出的窗口中打开"预览","位置"为"自定义旋转",在
"3D 旋转选项"对话框中设置"绕转 X 轴"为"－18°"、"绕转 Y 轴"为"－26°"、"绕转
Z 轴"为"8°"、"角度"为"360°",效果如图 10.77 与图 10.78 所示。

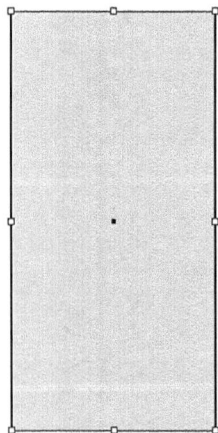

图 10.76 绘制矩形

图 10.77 设置 3D 绕转

步骤 24 选择"矩形工具"▇及文字工具,绘制如图 10.79 所示的图形。打开"窗
口"菜单中的"符号"面板,单击面板中的"新建"按钮▇,在弹出的菜单中将名称命名为
"瓶塞",单击"确定"按钮添加一个新的符号。

步骤 25 在面板中选择贴图"瓶塞",调整大小后单击"确定"按钮,为红酒瓶塞添加
贴图,效果如图 10.80 与图 10.81 所示。

步骤 26 选中红酒瓶身,调整不透明度为 90％后,将瓶塞选中后置于底层,制作出玻

图 10.78 3D 绕转效果

图 10.79 绘制瓶塞贴图所用符号

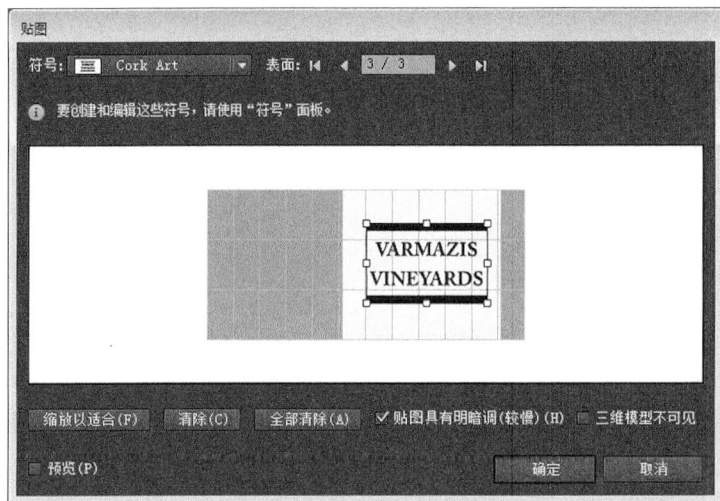

图 10.80 选择贴图所用符号及表面

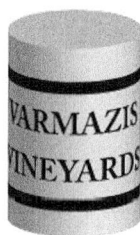

图 10.81 瓶塞贴图效果

璃半透明的显示效果,效果如图 10.82 所示。将瓶塞选中,在当前位置复制一个副本,将其调整到最前面。选择"椭圆工具",按照瓶口透视弧度,绘制一个椭圆,将其放在瓶塞上面,效果如图 10.83 所示。将最上面的椭圆和瓶塞同时选中,单击鼠标右键,选择建立剪切蒙版,效果如图 10.84 所示。将图形全部选中,进行群组,效果如图 10.85 所示。

图 10.82 调整图层位置 图 10.83 复制瓶塞副本并绘制椭圆 图 10.84 剪切蒙版制作 图 10.85 将图形编组

参 考 文 献

［1］ ACAA 专家委员会，DDC 传媒. ADOBE ILLUSTRATOR CS6 标准培训教材. 北京：人民邮电出版社,2013.

［2］ 彭麒,贾斌,张予,林丹妍. Adobe Illustrator CS5 图形设计与制作标准实训教程. 北京：印刷工业出版社,2011.

［3］ 王素娟,谭坤. Adobe Illustrator CS5 图形设计与制作技能基础教程. 北京：印刷工业出版社,2011.

［4］ 苗玉敏,杨红霞. Illustrator CS5 从入门到精通. 北京：电子工业出版社,2010.

［5］ 林兆胜. Illustrator 商业案例精粹. 北京：科学出版社,2009.